El mayor estudio mundial para responder a la pregunta más importante de todas: ¿Qué nos hace felices?

Dr. ROBERT WALDINGER
y Dr. MARC SCHULZ

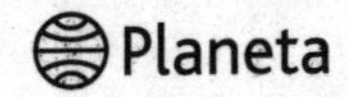

Obra editada en colaboración con Editorial Planeta – España

Título original: *The Good Life. Lessons from the World's Longest Scientific Study of Happiness*

Diseño de la maqueta: Ruth Lee-Mui
Diseño de portada: Planeta Arte & Diseño a partir de la idea original de Adly Elewa
Adaptación de portada: Karla Anaís Miravete
Ilustración de portada: © Creative Crop, © Alfred Evelina/ Getty Images
Fotografía de los autores: Robert Waldinger, cortesía del Massachusetts General Hospital / Marc Schulz, © Ann Chwatsky

Bajo el sello editorial PLANETA M.R.
Avenida Presidente Masarik núm. 111,
Piso 2, Polanco V Sección, Miguel Hidalgo
C.P. 11560, Ciudad de México
www.planetadelibros.com.mx

Primera edición en esta presentación: agosto de 2023
ISBN: 978-607-39-0233-5

Impreso en los talleres de Bertelsmann Printing Group USA
25 Jack Enders Boulevard, Berryville, Virginia 22611, USA.
Impreso en U.S.A - *Printed in the United States of America*

AUTORES

Robert Waldinger es profesor de Psiquiatría en la Facultad de Medicina de Harvard, director del Centro de Terapia Psicodinámica e Investigación del Hospital General de Massachusetts, y director del Estudio Harvard sobre el Desarrollo en Adultos. Ha publicado numerosos estudios científicos y dos libros académicos. Waldinger es psiquiatra, psicoanalista y monje zen.

Marc Schulz es doctor en Psicología Clínica por la Universidad de California en Berkeley y profesor de Psicología en Bryn Mawr College. Es director asociado del Estudio Harvard sobre el Desarrollo en Adultos, autor de numerosas publicaciones científicas y editor de dos libros. Schulz tiene formación posdoctoral en psicología clínica y de la salud en la Facultad de Medicina de Harvard, y ejerce como terapeuta.

Elogios para *Una buena vida*

«Un libro fundamental, quizá el más importante escrito sobre el bienestar humano».

Daniel H. Pink, autor de
La sorprendente verdad
sobre qué nos motiva

«Una buena vida nos enseña de forma científica y práctica cómo definir, construir y, sobre todo, vivir una vida feliz».

Jay Shetty, autor de
Piensa como un monje

«Un libro al alcance de todos y que, sin duda, influirá en la vida de millones de personas».

Tal Ben-Shahar, autor de
La búsqueda de la felicidad

«En un mercado saturado de libros con consejos para una vida plena, este sobresale de entre todos los demás».

Angela Duckworth, autora de *Grit*

A las familias en las que nacimos
y a las que ayudamos a crear.

ÍNDICE

NOTA DE LOS AUTORES

El Estudio Harvard sobre el Desarrollo en Adultos ha seguido las vidas de dos generaciones de individuos de las mismas familias durante más de ochenta años. Llevar a cabo un estudio de este tipo implica una enorme confianza que, en parte, surge de un profundo compromiso con la protección de la confidencialidad de los participantes. Hemos cambiado nombres y detalles que podrían identificarlos para protegerla. Sin embargo, todas las citas del libro son textuales o están basadas en entrevistas, grabaciones, observaciones y otros datos reales del estudio.

1

¿QUÉ HACE BUENA UNA VIDA?

> No hay tiempo, tan breve es la vida, para riñas, ni para disculpas, ni acritud ni rendición de cuentas. Solo hay tiempo para amar y apenas un instante.
>
> MARK TWAIN[1]

Vamos a empezar con una pregunta:

Si ahora mismo te vieras en la obligación de tomar una única decisión vital para emprender el camino hacia tu salud y tu felicidad futuras, ¿cuál sería?

¿Ahorrar más dinero todos los meses? ¿Cambiar de profesión? ¿Viajar más? ¿Qué decisión tiene más probabilidades de garantizarte que, al llegar a tus últimos días y echar la vista atrás, vayas a sentir que tuviste una buena vida?

En una encuesta de 2007 se preguntó a los *millenials* sobre sus objetivos vitales más importantes.[2] El 76 % respondió que su principal meta era enriquecerse. El 50 %, que uno de sus grandes objetivos vitales era alcanzar la fama. Más de una década después, cuando los *millenials* llevaban ya un tiempo siendo adultos, se les plantearon de nuevo preguntas similares en un par de encuestas. Esta vez, la fama quedó más abajo en la lista, pero entre las principales metas seguían apareciendo cosas como ganar dinero, tener una carrera exitosa y librarse de las deudas.

Estos objetivos son habituales y prácticos y se encuentran en distintas generaciones y territorios. En muchos países, casi desde el momento en el que empiezan a balbucear, se pregunta a las criaturas qué quieren ser de grandes, es decir, qué profesión van a querer desempeñar. Cuando los adultos conocen gente nueva, una de las primeras preguntas que formulan es: «¿A qué te dedicas?». El éxito en la vida se mide a menudo en función del cargo, el salario y el reconocimiento obtenidos, aunque la mayoría entendemos que estas cosas no dan la felicidad por sí mismas. Quienes logran alzarse con algunos o incluso todos estos objetivos a menudo acaban sintiéndose más o menos igual que al principio.

Mientras tanto, el bombardeo de mensajes sobre qué nos hará felices, qué deberíamos desear para nuestras vidas y quién está llevando la suya «bien» es constante. Los anuncios nos dicen que comer tal marca de yogur mantendrá nuestro cuerpo sano, que comprar tal *smartphone* llenará nuestras vidas de una alegría inédita y que usar tal crema facial nos mantendrá eternamente jóvenes.

Otros mensajes son menos explícitos y se ocultan en el tejido de nuestro día a día. Si un amigo se compra un coche nuevo, quizá nos preguntemos si hacerlo nosotros mejorará nuestra vida. Cuando deslizamos el dedo por la pantalla para bucear por las redes sociales y solo encontramos imágenes de fiestas increíbles y playas paradisiacas, quizá nos preguntemos si eso es lo que nos falta. Ante nuestros conocidos, en el trabajo, pero, sobre todo, en las redes sociales, tendemos a mostrar versiones idealizadas. Colgamos nuestra mejor cara y la comparación entre lo que vemos de los demás y lo que sentimos nos hace pensar que nos estamos perdiendo algo. Aunque, como dice el proverbio: las apariencias engañan.

Con el tiempo, acabamos con la sensación, sutil pero insistente, de que nuestra vida está aquí y ahora, pero que las cosas que necesitamos para tener una buena vida están allí, en el futuro. Siempre fuera de nuestro alcance.

Si observamos el mundo a través de esta lente, es fácil creer que la buena vida en realidad no existe, o bien que solo es posible para los demás. Al fin y al cabo, nuestra existencia rara vez coincide con la imagen que hemos creado en nuestra mente de cómo debería ser una buena vida. La nuestra es demasiado caótica y complicada para ser buena.

Voy a arruinarte el final de esta historia: la buena vida es complicada. Para todo el mundo.

La buena vida tiene alegrías... y dificultades. Está llena de amor, pero también de dolor. Y nunca sucede en sentido estricto, sino que más bien se despliega a lo largo del tiempo. Es un proceso.[3] Un proceso que incluye confusión, calma, frivolidad, líos, preocupaciones, logros, contratiempos, grandes avances y terribles tropiezos. Y, claro está, la buena vida siempre acaba en la muerte.

Sí, ya sabemos que este argumento de venta no es muy alegre.

Pero no vamos a andarnos con eufemismos. La vida, incluso cuando es buena, no es fácil. Sencillamente, no hay forma de hacer que la vida sea perfecta y, si la hubiera, entonces no sería buena.

¿Por qué? Pues porque una vida rica, una buena vida, se forja precisamente con las cosas que la hacen difícil.

Este libro se construye sobre las bases de la investigación científica. En su núcleo se encuentra el Estudio Harvard sobre el Desarrollo en Adultos, un extraordinario proyecto científico que empezó en 1938 y que, contra todo pronóstico, sigue desarrollándose correctamente hoy en día. Bob es su cuarto director y Marc, su director adjunto. Radical para su época, este estudio pretende entender la salud humana no investigando lo que hace que la gente se sienta mal, sino lo que la hace prosperar. Para ello se recopilaron las experiencias vitales de sus participantes más o menos en el mismo momento en el que sucedían, desde sus problemas infantiles a sus primeros amores y sus últimos momentos. Al igual que estas vidas, la trayectoria del Estudio Harvard ha sido larga y sinuosa y su método ha ido evolucionando a lo largo de las décadas para expandirse e incluir en la actualidad tres generaciones y más de 1300 descendientes de sus 724 participantes originales. Hoy en día sigue evolucionando y ampliándose y es el estudio en profundidad longitudinal más largo que se ha hecho sobre la vida humana.

Pero no hay ninguna investigación, por muy rica que sea, que baste para poder hacer afirmaciones generales sobre nuestra existencia. De modo que, aunque este libro se alza directamente sobre los cimientos del Estudio Harvard, se apoya también en cientos de otros estudios científicos que implican a muchos miles de personas de todo el mundo. A lo largo de las siguientes páginas también encontramos sabiduría del pasado reciente y lejano; ideas que han sobrevivido a lo largo del tiempo y que enriquecen la comprensión moderna y científica de la experiencia humana. Este es, principalmente, un libro sobre el poder de las relaciones y está profundamente documentado, como no podía ser de otra manera, gracias a la larga y fructífera amistad de sus autores.

Pero la presente obra no existiría sin los seres humanos que participaron en el Estudio Harvard, cuya sinceridad y generosidad hicieron posible en primera instancia esta improbable investigación.

Personas como Rosa y Henry Keane.

—¿Cuál es tu mayor temor?

Rosa leyó la pregunta en voz alta y luego miró a su marido, Henry, que estaba al otro lado de la mesa de la cocina. Rosa y Henry, que ya tenían más de setenta años, habían vivido en aquella casa y se habían sentado juntos frente a esa misma mesa la mayoría de las mañanas durante más de cincuenta años. Entre ellos había una tetera, un paquete abierto de galletas Oreo (a medias) y una grabadora. En la esquina de la habitación, una cámara de video. Al lado de ella estaba sentada una joven investigadora de Harvard llamada Charlotte, que observaba en silencio y tomaba notas.

—No es una pregunta cualquiera —dijo Rosa.

—¿Mi mayor temor? —le preguntó Henry a Charlotte—. ¿O nuestro mayor temor?

Rosa y Henry no se veían como sujetos especialmente interesantes para un estudio. Ambos habían crecido en familias pobres, se habían casado a los veintitantos y habían criado juntos a cinco hijos. Habían vivido la Gran Depresión y muchos momentos difíciles, sí, pero igual que todas las personas que conocían. Así que nunca entendieron por qué los investigadores de Harvard se habían interesado en ellos en primera instancia, ni, claro está, por qué seguían estándolo ni por qué les llamaban, les enviaban cuestionarios y cruzaban el país en avión de vez en cuando para ir a verlos.

Henry solo tenía catorce años y vivía en el West End de Boston, en un bloque de viviendas de alquiler sin agua potable, cuando los investigadores del estudio llamaron por primera vez a la puerta de su casa y les preguntaron a sus perplejos padres si podían hacer un informe de su vida. El estudio estaba en pleno desarrollo cuando se casó con Rosa en agosto de 1954 y su expediente muestra que, cuando ella accedió a su proposición, Henry no podía creerse lo afortunado que era. Ahora era octubre de 2004, dos meses después de su cincuenta aniversario de bodas. A Rosa le pidieron que participara de forma más directa en el estudio a partir de 2002. «Ya era hora», respondió ella. Harvard llevaba monitoreando a Henry año tras año desde 1941. Rosa solía decir que le resultaba raro que, a su edad, él siguiera accediendo a participar, porque en el resto de los ámbitos de su vida era un hombre muy reservado. Pero Henry aseguraba que para él era una obligación y, además, le había tomado cariño al proceso, porque le proporcionaba cierta perspectiva sobre las cosas. Así, durante sesenta y tres años había abierto su vida al equipo de investigación. De hecho, les había contado tanto sobre sí mismo y durante tanto tiempo, que no era siquiera capaz de recordar qué sabían y qué no. Aunque él asumía que lo conocían todo, incluidas ciertas cosas que nunca le había contado a nadie excepto a Rosa, porque siempre que le hacían una pregunta él se esforzaba al máximo por responder con la verdad.

Y lo cierto es que preguntaban bastante.

«Al señor Keane le halagó mucho que yo acudiera a Grand Rapids para entrevistarlos —escribió más tarde Charlotte en sus notas de campo— y esto creó un clima cordial para la entrevista. Me encontré con una persona con mucho interés y ganas de cooperar. Pensaba todas las respuestas y a menudo hacía una breve pausa antes de contestar. Sin embargo, también era amigable y me dio la sensación de que encajaba bastante bien en el estereotipo de hombre callado de Michigan». Charlotte se pasó dos días entrevistando a los Keane y llevando a cabo su encuesta, una muy larga, con preguntas sobre su salud, sus vidas individuales y su vida en común. Como la mayoría de nuestros investigadores jóvenes, apenas empezando sus carreras, Charlotte tenía sus propias interrogantes sobre qué hace buena una vida y cómo podrían afectar al futuro sus decisiones actuales. ¿Era posible que la sabiduría que necesitaba estuviera atrapada en las vidas de otros? La única forma de descubrirlo era plantear preguntas y prestar mucha atención a todas las personas que entrevistaba. ¿Qué era importante para ese individuo en concreto? ¿Qué daba sentido a sus días? ¿Qué había aprendido de sus experiencias? ¿De qué se arrepentía? Cada entrevista le daba a Charlotte nuevas oportunidades de conectar con alguien cuya vida había avanzado más que la suya y se había desarrollado en circunstancias distintas y en otro momento de la historia.

Hoy iba a entrevistar a Henry y a Rosa al mismo tiempo, a hacerles la encuesta y a grabarlos en video hablando juntos sobre sus mayores temores. También los entrevistaría por separado para lo que denominamos «entrevistas de apego». De vuelta en Boston se estudiarían los videos y las transcripciones de las entrevistas para codificar y convertir en datos sobre la naturaleza de su vínculo la forma en que Henry y Rosa se dirigían el uno al otro, su comunicación no verbal y muchos otros detalles. Esta información pasaría a formar parte de sus expedientes personales y se convertirían en una pieza pequeña pero importante de una base de datos gigantesca sobre cómo es en realidad una vida vivida.

—¿Cuál es tu mayor temor?

Charlotte ya había grabado sus respuestas individuales a esta pregunta en entrevistas separadas, pero había llegado el momento de discutir juntos el tema.

La conversación transcurrió así:

—Creo que en el fondo me gustan las preguntas difíciles —dijo Rosa.

—Muy bien —respondió Henry—. Pues tú primero.

Rosa se quedó un momento en silencio y entonces le dijo a Henry que su mayor temor era que él desarrollara una enfermedad grave o que ella tuviera otro infarto. Henry coincidió en que esas cosas le daban miedo. Pero, añadió, en esos momentos se aproximaban a un punto en el que un suceso así era seguramente inevitable. Hablaron mucho sobre cómo una enfermedad grave podría afectar a sus vidas y las de sus hijos adultos. Al final, Rosa admitió que las personas no pueden anticiparse a todo y que no tenía sentido preocuparse antes de tiempo.

—¿Hay más preguntas? —le preguntó Henry a Charlotte.

—¿Cuál es tu mayor temor, Hank? —intervino Rosa.

—Tenía la esperanza de que se te olvidara preguntármelo —respondió Henry y ambos se echaron a reír. Le sirvió más té a Rosa, agarró otra Oreo y se quedó en silencio un momento—. No es una pregunta difícil de responder —reflexionó—. Solo es que, sinceramente, no me gusta pensar en ello.

—Bueno, esta pobre chica vino hasta aquí desde Boston, así que será mejor que contestes.

—Es que es feo, me temo —dijo él con voz temblorosa.

—Dilo.

—Mi temor es no ser el primero en morir. Quedarme aquí sin ti.

En la esquina de Bulfinch Triangle, en el West End de Boston, no muy lejos de donde Henry Keane vivió de niño, se alza el edificio Lockhard, en el ruidoso cruce de las calles Merrimac y Causeway. A principios del siglo XX, esta sólida estructura de ladrillo era una fábrica de muebles que empleaba a hombres y mujeres del barrio de Henry. Ahora acoge consultas médicas, una pizzería local y una tienda de donas. También es la sede de los investigadores y los archivos del Estudio Harvard sobre el Desarrollo en Adultos, el estudio más largo que se ha llevado a cabo jamás sobre la vida humana.

Resguardados al fondo de un cajón archivador etiquetado como «KA-KE» están los expedientes de Henry y Rosa. En su interior encontramos las hojas amarillentas, con las esquinas dañadas, que contienen la entrevista inicial de Henry en 1941. Están escritos a mano, con la caligrafía experta y fluida del entrevistador. Vemos que su familia era una de las más pobres de Boston y que a los catorce años Henry fue considerado un adolescente «estable y controlado» con «una preocupación lógica por su futuro». Vemos que de joven estaba muy unido a su madre, pero que sentía resentimiento contra su padre, cuyo alcoholismo lo había obligado a ser el principal proveedor del hogar. Cuando Henry tenía veintitantos años tuvo lugar un episodio especialmente doloroso. Su padre le dijo a su prometida que su anillo de compromiso de trescientos dólares había privado a la familia de un dinero que necesitaba. El miedo a no poder escapar nunca de las garras de la familia de Henry hizo que la chica rompiera el compromiso.

En 1953 Henry se libró de su padre cuando obtuvo un empleo en General Motors (GM) y se mudó a Willow Run, Michigan. Allí conoció a Rosa, una inmigrante danesa que tenía ocho hermanos. Un año después se casaron y fueron teniendo hijos hasta llegar a cinco. «Muchos, pero no suficientes», según Rosa.

Durante la década siguiente Henry y Rosa atravesaron momentos difíciles. En 1959 su hijo de cinco años, Robert, contrajo la polio, una dificultad que puso a prueba su matrimonio y causó mucho dolor y preocupación en la familia. Henry había empezado a trabajar en la fábrica de GM como montador, pero, después de faltar al trabajo debido a la enfermedad de Robert, fue primero degradado y más tarde despedido y llegó un momento en el que se encontró desempleado y con tres hijos que cuidar. Para llegar a fin de mes, Rosa empezó a trabajar para el Ayuntamiento de Willow Run, en el Departamento de Nóminas. Aunque en un principio el trabajo era algo temporal para ayudar a la familia, Rosa empezó a ser muy apreciada por sus compañeros, por lo que acabó trabajando ahí de tiempo completo durante los siguientes treinta años y desarrolló al mismo tiempo relaciones con personas a quienes llegó a considerar una segunda familia. Después de quedarse desempleado, Henry cambió tres veces de ámbito profesional antes de regresar a GM en 1963 y ascender hasta supervisor de planta. Poco después recuperó el contacto con su padre (que había conseguido superar su adicción al alcohol) y lo perdonó.

La hija de Henry y Rosa, Peggy, que ahora tiene cincuentaitantos años, también participa en el estudio. Peggy no sabe lo que nos contaron sus padres, porque no queremos sesgar su relato. Tener perspectivas distintas sobre la misma familia y los mismos sucesos nos ayuda a ampliar los datos y profundizar en ellos. Cuando nos sumergimos en el expediente de Peggy descubrimos que, de pequeña, tenía la sensación de que sus padres entendían sus problemas y que la ayudaban a animarse cuando estaba triste. En general, los consideraba «muy cariñosos». Y, en consonancia con los relatos de Henry y Rosa sobre su matrimonio, Peggy dijo que sus padres nunca habían pensado en separarse ni divorciarse.

En 1977, con cincuenta años, Henry puntuó así su vida:

Disfrute del matrimonio: EXCELENTE.
Estado de ánimo durante el último año: EXCELENTE.
Salud física durante los dos últimos años: EXCELENTE.

Pero no solo determinamos la salud y la felicidad de Henry, ni de ningún participante en el estudio, preguntándole a él y a sus seres queridos cómo están. Los participantes nos permiten observar su bienestar mediante distintas lentes y esto incluye de todo, desde escáneres cerebrales a análisis de sangre pasando por videos en los que hablan sobre sus mayores temores. Tomamos muestras de su cabello para medir hormonas del estrés, les pedimos que describan sus mayores preocupaciones y principales objetivos vitales y medimos lo rápido que se calma su ritmo cardiaco después de exponerlos a rompecabezas. Esta información nos proporciona una idea más completa y amplia de cómo les resulta la vida.

Henry era un hombre tímido, pero se había entregado a sus relaciones más íntimas, en concreto a su conexión con Rosa y sus hijos, y estas conexiones le proporcionaban una gran sensación de seguridad. También empleaba ciertas estrategias de afrontamiento de las que hablaremos más adelante. Sustentado por esta combinación de seguridad emocional y afrontamiento eficaz, Henry afirmaba una y otra vez que era «feliz» o «muy feliz», incluso en las épocas más difíciles, y su salud y longevidad lo reflejaban.

En 2009, cinco años después de la visita de Charlotte a la casa de Henry y Rosa, y setenta y un años después de su primera entrevista para el estudio, el mayor temor de Henry se hizo realidad: Rosa falleció. Menos de seis semanas después lo hizo Henry.

Pero el legado familiar continúa con su hija Peggy. Hace poco, acudió a nuestra oficina de Boston para una entrevista. Peggy tiene desde los veintinueve años una feliz relación con su pareja, Susan, y ahora, a los cincuenta y siete, nos explica que no se siente sola y que tiene buena salud. Es una respetada maestra de primaria y un miembro activo en su comunidad. Pero el camino que tomó para llegar a esta época feliz de su vida fue doloroso y requirió un gran coraje. Hablaremos sobre ella más adelante.

LA INVERSIÓN DE TODA UNA VIDA

¿Qué tenía de especial la forma de afrontar la vida de Henry y Rosa, que los hacía crecer ante las dificultades? ¿Y por qué la historia de Henry y Rosa, o cualquier otra del Estudio Harvard, merece tu tiempo y tu atención?

Cuando se trata de entender qué les sucede a las personas a medida que avanzan en la vida, es casi imposible obtener imágenes completas que muestren las decisiones que toman, los caminos que eligen y los resultados que obtienen. La mayoría de lo que sabemos sobre la vida humana es porque le pedimos a la gente que recuerde el pasado, pero la memoria está llena de lagunas. Intenta recordar qué cenaste el martes o con quién hablaste un día como hoy hace un año y te harás una idea de lo mucho que no recuerdas de tu vida. Cuanto más tiempo pasa, más detalles olvidamos, y las investigaciones muestran que el acto mismo de rememorar un suceso puede, de hecho, cambiar nuestro recuerdo de él.[4] Resumiendo: como herramienta para estudiar sucesos pasados, la memoria humana es, en el mejor de los casos, imprecisa. Inventiva en el peor.

Pero ¿y si pudiéramos ver vidas enteras a medida que se desarrollan? ¿Y si pudiéramos estudiar a las personas desde la adolescencia hasta la ancianidad para ver qué afecta de verdad a su salud y su felicidad y qué inversiones fueron de verdad rentables?

Esto es precisamente lo que hacemos.

Durante ochenta y cuatro años (y los que quedan), el Estudio Harvard ha seguido a los mismos individuos, les ha hecho miles de preguntas y ha recopilado centenares de métricas para averiguar qué es lo que de verdad hace que la gente esté sana y feliz. A lo largo de todos estos años de estudio, hay un factor crucial que ha destacado por su consistencia y por el poder de sus vínculos con la salud física y mental y con la longevidad. Al contrario de lo que muchos podrían pensar, no consiste en los logros laborales, ni en el ejercicio ni en llevar una dieta sana. No nos malinterpretes; todo eso importa (y mucho). Pero hay algo que demuestra una y otra vez su amplia y duradera importancia: las buenas relaciones.

De hecho, las buenas relaciones son tan significativas que si tuviéramos que reducir los ochenta y cuatro años del Estudio Harvard a un único principio, a una inversión vital apoyada por hallazgos similares en una amplia variedad de otros estudios, sería este: las buenas relaciones nos mantienen más sanos y felices. Punto.

De modo que si tienes que tomar una única decisión que te dé más garantías de conseguir buena salud y felicidad, la ciencia nos dice que debería ser cultivar buenas relaciones. De todo tipo. Tal y como te mostraremos, no es una decisión que se tome una sola vez, sino que se repite constantemente, segundo tras segundo, semana tras semana y año tras año. Es una decisión que se ha demostrado en muchos estudios que contribuye a la alegría y a la prosperidad vital. Aunque no siempre es fácil de tomar. Como seres humanos, incluso con nuestras mejores intenciones, nos ponemos el pie solos, cometemos errores y sufrimos por culpa de las personas que nos aman. Al fin y al cabo, el camino hacia una buena vida no es fácil, pero navegar con éxito en sus aguas bravas es del todo posible. El Estudio Harvard sobre el Desarrollo en Adultos puede indicar el camino.

UN TESORO EN EL WEST END DE BOSTON

El Estudio Harvard sobre el Desarrollo en Adultos nació en Boston cuando Estados Unidos se esforzaba por salir de la Gran Depresión. A medida que los proyectos del New Deal, como la Seguridad Social y las prestaciones por desempleo, ganaban velocidad, empezó a crecer el interés por entender qué factores contribuían a la prosperidad de las vidas humanas en contraposición con los que las hacían fracasar. Este nuevo interés hizo que dos grupos de investigadores de Boston no relacionados entre sí empezaran proyectos que seguían de cerca a dos grupos de chicos muy distintos. El primero era un grupo de 268 alumnos de segundo año de la Universidad de Harvard, que fueron seleccionados por sus altas probabilidades de convertirse en hombres sanos y socialmente integrados. Siguiendo el espíritu de la época, pero muy por delante de sus contemporáneos en la comunidad médica, Arlie Bock, el nuevo profesor de Higiene y jefe del Servicio de Salud para Alumnos de Harvard, quiso alejarse de una investigación centrada en qué empeoraba la salud de la gente y centrarse en qué la mejoraba. Al menos la mitad de los jóvenes elegidos para el estudio solo podían permitirse acudir a Harvard gracias a la ayuda de becas y trabajando para contribuir a pagar la matrícula, mientras que otros provenían de familias acomodadas. Algunos podían remontarse en la historia familiar hasta la fundación del país y el 13 % de ellos tenían padres que habían migrado a Estados Unidos.

El segundo era un grupo de 456 chicos de los barrios marginales de Boston, como Henry Keane, seleccionados por distintos motivos: eran niños que se habían criado en algunas de las familias más desestructuradas de la ciudad y en los barrios más desfavorecidos, pero que a los catorce años, y a diferencia de algunos de sus coetáneos, habían logrado no caer en la delincuencia juvenil. Más del 60 % de estos adolescentes tenían al menos un progenitor que había migrado a Estados Unidos, la mayoría desde las zonas más pobres de Europa oriental y occidental y zonas de Oriente Medio o su ámbito, como la región de Siria y Turquía. Sus orígenes modestos y su condición de inmigrantes los marginaban por partida doble. Sheldon y Eleanor Glueck, abogado y trabajadora social, respectivamente, emprendieron el estudio con la idea de entender qué factores vitales prevenían la delincuencia; eligieron a aquellos chicos porque habían triunfado en ese frente.

Estos dos estudios empezaron por separado y con objetivos propios, pero luego se juntaron y ahora operan bajo el mismo mando.

Al unir los estudios, se entrevistó a todos los chicos de barrios marginales y de Harvard. Pasaron revisiones médicas. Los investigadores fueron a sus casas y entrevistaron a sus padres. Y luego, esos adolescentes se convirtieron en adultos de todas las clases sociales. Fueron operadores de fábrica y abogados, albañiles y médicos. Algunos desarrollaron alcoholismo. Unos pocos, esquizofrenia. Algunos ascendieron de clase social, de lo más bajo a lo más alto, y otros hicieron el trayecto inverso.

A los fundadores del Estudio Harvard les sorprendería y les encantaría ver que aún sigue en marcha y generando hallazgos únicos e importantes, algo que nunca se habrían imaginado. Y como director (Bob) y director adjunto (Marc) actuales, estamos profundamente orgullosos de poder explicarte algunos de ellos.

UNA LENTE QUE VE A TRAVÉS DEL TIEMPO

Los seres humanos están llenos de sorpresas y contradicciones. Entendernos no siempre es posible, ni siquiera (o deberíamos decir especialmente) a nosotros mismos. El Estudio Harvard nos proporciona una herramienta práctica única para penetrar en este misterio humano natural. Conocer un poco el contexto científico nos explicará por qué.

Los estudios sobre salud y comportamiento humanos suelen ser de dos tipos: transversales y longitudinales.[5] Los transversales toman una sección del mundo en un determinado momento y la observan, más o menos como cuando cortas un pastel para ver sus capas. La mayoría de los estudios psicológicos y de salud se enmarcan en esta categoría, porque son los más eficientes en cuanto a inversión. Duran una cantidad finita de tiempo y tienen costos predecibles. Pero tienen una limitación fundamental, que a Bob le gusta ilustrar con el viejo chiste que dice que si solo nos fiáramos de los estudios transversales, podríamos llegar a la conclusión de que hay personas de Miami que eran cubanas al nacer y judías al morir. En otras palabras, los estudios transversales son «fotos instantáneas» de la vida y pueden hacernos establecer conexiones entre dos cosas que realmente no están conectadas, porque omiten una variable crucial: el tiempo.

Por otro lado, los estudios longitudinales examinan las vidas en el tiempo. Es decir, son largos. Muy largos. Hay dos formas de llevarlos a cabo. La primera ya la mencionamos y es la más habitual: pedir a las personas que recuerden su pasado. Esto se conoce como estudio retrospectivo.

Pero, como ya explicamos, estos estudios confían en la memoria. Veamos a Henry y Rosa. En sus entrevistas individuales de 2004, Charlotte les pidió, por separado, que le describieran cómo se habían conocido. Rosa explicó que había resbalado en el hielo delante del camión de Henry, que él la había ayudado y que más tarde lo había visto en un restaurante al que ella había ido con sus amigas.

—Fue divertido y nos reímos —dijo Rosa—, porque él llevaba un calcetín de cada color y yo pensé: «Qué mal está este chico, ¡necesita a alguien como yo!».

Henry también recordaba que Rosa había resbalado en el hielo.

—Entonces, tiempo después, la vi sentada en una cafetería —contó él— y ella me descubrió mirándole las piernas. Pero lo que me había llamado la atención era que llevaba una media de cada color: una roja y una negra.

Estos desacuerdos son habituales en las parejas y cualquiera que haya tenido una relación larga estará familiarizado con ellos. Así que siempre que tu pareja y tú no coincidan sobre datos de su vida en común estarás asistiendo al fracaso de los estudios retrospectivos.

El Estudio Harvard no es retrospectivo, sino prospectivo. Nosotros preguntamos a nuestros participantes cómo es su vida, no cómo era. Aunque a veces, como en el ejemplo de Henry y Rosa, les preguntamos también por el pasado para estudiar la naturaleza de la memoria (cómo se procesan y recuerdan los sucesos en el futuro), en general lo que queremos es hablar del presente. En este caso, sabemos qué versión de los calcetines/medias es más correcta, porque le preguntamos a Henry cómo había conocido a Rosa el año en que se casaron.

—Yo llevaba un calcetín de cada color y ella se fijó —dijo en 1954—. Hoy en día ella no permitiría que eso pasara.

Los estudios prospectivos como este, que abarcan toda una vida, son escasísimos. Los participantes abandonan, cambian de nombre o se mudan sin notificarlo. La financiación se acaba, los investigadores pierden el interés. En promedio, los estudios prospectivos longitudinales más exitosos conservan entre el 30 y el 70 % de sus participantes.[6] Algunos solo duran unos cuantos años. Por lo que sea, el Estudio Harvard ha conservado una tasa de participación del 84 % durante ochenta y cuatro años y aún sigue adelante hoy en día.

MUCHAS PREGUNTAS. DE VERDAD. MUCHAS.

Cada historia vital de nuestro estudio longitudinal se construye sobre los cimientos de la salud y los hábitos del participante; un mapa de su realidad física y su comportamiento en la vida a lo largo del tiempo. Para crear un relato completo de su salud recopilamos información de forma regular sobre su peso, el ejercicio que hace, los hábitos de consumo de alcohol y tabaco que tiene, sus niveles de colesterol, cirugías, complicaciones. Todo su historial médico. También recopilamos otros hechos básicos, como la naturaleza de su empleo, el número de amigos íntimos que tiene, sus aficiones y actividades de ocio. A un nivel más profundo, diseñamos preguntas para sondear su experiencia subjetiva y aspectos menos cuantificables de sus vidas. Les preguntamos por su satisfacción con el trabajo y con su pareja; por sus métodos para resolver conflictos; por el impacto psicológico de matrimonios y divorcios, nacimientos y muertes. Les preguntamos por los recuerdos más entrañables que tienen de sus madres y padres; por sus lazos emocionales (o la ausencia de estos) con sus hermanos. Les pedimos que nos describan detalladamente los peores momentos de sus vidas; que nos digan a quién, si es que lo hay, llamarían si se despertaran aterrorizados a la mitad de la noche. Estudiamos sus creencias espirituales y sus orientaciones políticas; si van a la iglesia y participan en actividades en su comunidad; sus objetivos vitales y fuentes de preocupación. Muchos de nuestros participantes fueron a la guerra, lucharon, mataron y vieron morir a sus amigos; tenemos sus relatos y sus reflexiones en primera persona sobre estas experiencias.

Cada dos años les enviamos largos cuestionarios que incluyen espacios para respuestas abiertas y personalizadas; cada cinco años recopilamos sus historiales médicos completos; y cada quince años más o menos nos reunimos con ellos cara a cara en, por ejemplo, un garaje en Florida o una cafetería en el norte de Wisconsin. Tomamos notas sobre su aspecto y su comportamiento, su nivel de contacto visual, su ropa y sus condiciones de vida.

Sabemos quién desarrolló alcoholismo y quién se está recuperando de él. Sabemos quién votó por Reagan, quién por Nixon y quién por John Kennedy. De hecho, antes de que su expediente fuera adquirido por la Biblioteca Kennedy, sabíamos por quién votó el propio Kennedy, porque era uno de nuestros participantes.

Siempre les preguntamos qué tal les iba a sus hijos, si los tenían. Ahora se lo preguntamos directamente a ellos, hombres y mujeres que son *baby boomers*, y algún día esperamos poder preguntárselo a los hijos de sus hijos.

Tenemos muestras de sangre y de ADN y montones de electrocardiogramas, resonancias magnéticas, electroencefalogramas y otros estudios cerebrales por imagen. Y tenemos veinticinco cerebros donados por participantes en un último acto de generosidad.

Lo que no sabemos es cómo se usarán estas cosas, si es que se usan, en estudios futuros. La ciencia, como la cultura, está en perpetua evolución y, aunque la mayoría de los datos del estudio recopilados en el pasado demostraron ser útiles, algunas de las variables medidas de forma más cuidadosa en los inicios solo se incluyeron a causa de premisas profundamente sesgadas.

En 1938, por ejemplo, se consideraba que el aspecto físico era muy importante a la hora de predecir la inteligencia e, incluso, la satisfacción vital (se presumía que los mesomorfos —los de tipo atlético— tenían ventaja en la mayoría de las áreas). Se creía que la forma y las protuberancias del cráneo estaban relacionadas con la personalidad y las capacidades mentales. Por motivos que desconocemos, una de las preguntas del cuestionario inicial era: «¿Tienes muchas cosquillas?». Siguió formulándose durante cuarenta años, por si acaso.

Con ocho décadas a nuestras espaldas, ahora sabemos que esas ideas son desde ligeramente descabelladas a sencillamente erróneas. Es posible, o incluso probable, que algunos de los datos que recopilamos hoy en día se observen con los mismos recelos o generen la misma confusión dentro de ochenta años.

Lo importante aquí es que todos los estudios son producto de su época y de los seres humanos que los ejecutan. En el caso del

Estudio Harvard, estos seres humanos eran mayoritariamente blancos, de mediana edad, con educación superior, heterosexuales y hombres. Debido a los sesgos culturales y a que tanto la ciudad de Boston como la Universidad de Harvard estaban conformadas por una población mayoritariamente blanca, los fundadores del estudio optaron por el cómodo camino de analizar solo a hombres blancos. No es un hecho aislado, sino algo que el Estudio Harvard debe asumir, así como debe trabajar para corregirlo. Y aunque hay pequeños hallazgos que solamente se aplican a uno o ambos de los grupos que empezaron el estudio en la década de 1930, esos no se encuentran en este libro. Afortunadamente, ahora podemos comparar los descubrimientos de la muestra original del Estudio Harvard con nuestra muestra ampliada (que incluye a esposas, hijos e hijas de los participantes originales) y también con investigaciones que incluyen a personas con trasfondos culturales y económicos, identidades de género y etnicidades más diversas. En las páginas que vienen a continuación haremos hincapié en los hallazgos corroborados por otros estudios, que se demostraron ciertos para mujeres, personas racializadas, miembros del colectivo LGBTIQ+, un rango amplio de grupos socioeconómicos en su globalidad: para todos. El objetivo de este libro es ofrecer lo que aprendimos sobre la condición humana, lo que el Estudio Harvard tiene que decir sobre la experiencia universal de estar vivo.

Marc ha dado clases en una universidad femenina durante más de veinticinco años y, cada curso, un grupo de alumnas brillantes y emocionadas solicitan participar en su investigación sobre el bienestar y sobre cómo evolucionan las vidas de las personas a lo largo del tiempo. Ananya,[7] de la India, fue una de ellas. A ella le interesaba especialmente la relación entre la adversidad y el bienestar adulto. Marc le contó a Ananya que el Estudio Harvard tenía muchos datos sobre cientos de personas a lo largo de toda su vida adulta. Pero eran hombres, blancos y habían nacido más de siete décadas antes que Ananya. La estudiante planteó en voz alta qué podía aprender de las vidas de personas tan distintas a ella, en especial de viejos blancos nacidos hacía mucho tiempo.

Marc le propuso que dedicara el fin de semana a leer el expediente de un solo participante del Estudio Harvard y que volvieran a hablar la semana siguiente. Ananya llegó entusiasmada a la reunión y, antes de que Marc pudiera formular la pregunta, le dijo que quería llevar a cabo una investigación sobre los hombres del Estudio Harvard. Lo que la convenció fue la riqueza de la vida documentada en el expediente que leyó. Aunque las particularidades de la vida de aquel participante eran muy diferentes de las de la suya en muchos sentidos (él se había hecho adulto en otro continente, había vivido con una piel blanca en lugar de morena, se identificaba como un hombre y no como una mujer, no había ido a la universidad, etcétera), Ananya se vio reflejada en algunas de sus experiencias psicológicas y en las dificultades a las que se había enfrentado.

Esta historia se repitió casi todos los años; aún más en los últimos, a medida que la psicología y el mundo de fuera empezaron a reflexionar sobre las graves disparidades existentes relacionadas con los trasfondos étnicos y culturales. El propio Bob experimentó dudas similares cuando le propusieron unirse al Estudio Harvard como su nuevo director. Él también tenía reparos sobre la relevancia de esas vidas y la validez de algunos de los métodos de investigación. Se tomó una semana para leer de arriba a abajo unos cuantos expedientes y se enganchó enseguida, igual que Ananya. Y esperamos que a ti te suceda lo mismo. Transcurrió un siglo entero desde el nacimiento de nuestra primera generación de participantes, pero los humanos son igual de complejos que siempre y el trabajo no tiene fin. A medida que el Estudio Harvard entra en la siguiente década, seguimos refinando y ampliando nuestra recopilación de información con la idea de que cada dato, cada reflexión personal o cada sentimiento crea una imagen más completa de la condición humana y puede ayudar en el futuro a responder preguntas que ahora no podemos ni imaginar. Aunque, claro está, ninguna imagen de una vida humana puede ser del todo completa.

Aun así, esperamos que nos acompañes mientras nos sumergimos en algunas de las cuestiones más esquivas sobre el desarrollo humano. Por ejemplo: ¿por qué las relaciones son, al parecer, la clave para una vida próspera? ¿Qué factores de la primera infancia condicionan la salud física y mental en la edad adulta y en la tercera edad? ¿Qué factores están asociados de forma más rotunda con una mayor esperanza de vida? ¿O con relaciones más sanas? Resumiendo:

¿QUÉ HACE BUENA UNA VIDA?

Cuando les preguntan qué esperan de la vida, muchas personas responden que lo único que quieren es «ser feliz». Lo cierto es que Bob diría lo mismo. Es una respuesta increíblemente vaga, pero que, de alguna manera, lo resume todo. Marc seguramente se tomaría un momento y diría: «Pero es más que eso. ¿Qué significa ser feliz? ¿Cómo se manifestaría en tu vida?».

Una forma de responder a esto podría ser preguntarle a la gente qué los hace felices y después buscar los puntos en común. Pero, como demostraremos, la dura realidad que a todos nos convendría aceptar es que a las personas se nos da fatal saber qué nos conviene. Hablaremos de ello más adelante.

Más importante que la respuesta que pueda dar una persona a esta pregunta son los mitos interiorizados y no verbalizados sobre cómo es una vida feliz. Son muchos, pero el principal es la idea de que la felicidad es algo que se consigue. Como si fuera un premio que se puede enmarcar y colgar en la pared. O como si fuera un destino y una vez superados todos los obstáculos del camino llegaras allí por fin y te pasaras en ese lugar el resto de tu vida.

Como es obvio, la cosa no funciona así.

Hace más de dos mil años, Aristóteles usó un término que aún hoy se emplea ampliamente en psicología: eudemonía, que se refiere a un estado de profundo bienestar en el que la persona experimenta que su vida tiene sentido y propósito. A menudo se contrapone a la hedonía (de donde procede el término «hedonismo»), que se refiere a la felicidad efímera de distintos placeres. En otras palabras: la felicidad hedónica es a lo que te refieres cuando dices que la estás pasando bien, mientras que la felicidad eudemónica es a lo que nos referimos cuando decimos que la vida es buena. Es la sensación de que, fuera de este instante, independientemente de lo placentero o desagradable que sea, tu vida vale la pena y es valiosa para ti. Es el tipo de bienestar que aguanta los altibajos.

No te preocupes, no vamos a estar todo el rato hablando de «tu felicidad eudemónica». Pero déjame decirte cuatro cosas sobre lo que sí vamos a decir y lo que significa: a algunos psicólogos no les gusta la palabra «felicidad» porque puede referirse a cualquier cosa, desde un placer temporal hasta la acepción casi mítica del propósito eudemónico que muy pocos llegan a alcanzar en la realidad. Así que, en lugar de felicidad, hay otros términos más matizados como «bienestar» y «prosperidad» que se convirtieron en habituales en la literatura psicológica popular. En este libro vamos a usarlos. A Marc le gusta especialmente «prosperidad» porque se refiere a un estado activo y constante de convertirse en algo, en lugar de un estado de ánimo. Pero también usaremos la palabra «felicidad», a veces por el simple motivo de que es lo que decimos de forma cotidiana. Nadie pregunta: «¿Qué tal está tu prosperidad?». Lo que decimos es: «¿Eres feliz?». Y así es como, en conversaciones informales, ambos acabamos hablando de nuestra investigación. Hablamos sobre salud y felicidad, sentido y propósito. Pero nos referimos a la felicidad eudemónica. Y a pesar de la incertidumbre sobre el mundo, cuando las personas dejan de darle vueltas a lo que significa de verdad, resulta un término natural.

Cuando una pareja habla de su nuevo nieto, dice: «Estamos muy felices»; o cuando alguien en terapia describe su matrimonio como «infeliz» está claro que la palabra se refiere a una calidad de vida permanente y no a una sensación pasajera. Ese es el sentido en el que usamos el término en este libro.

DE LOS DATOS A NUESTRA VIDA COTIDIANA

Quizá te estés preguntando por qué estamos tan seguros de que las relaciones tienen un papel protagonista en nuestra salud y nuestra felicidad. Cómo es posible separar las relaciones de los aspectos económicos, de la buena o la mala suerte, de las infancias difíciles o de cualquier otra circunstancia importante que afecte a la forma en que nos sentimos en nuestro día a día. ¿De verdad es posible responder a la pregunta de qué hace buena una vida?

Tras estudiar centenares de vidas enteras, podemos confirmar lo que, en el fondo, todos sabemos: que existe un amplio rango de aspectos que contribuyen a la felicidad de una persona. El delicado equilibrio entre factores económicos, sociales, psicológicos y de salud es complejo y cambia continuamente. Casi nunca se puede decir, sin lugar a duda, que un único factor sea la causa de un resultado concreto y la gente siempre te sorprende. Dicho esto, sí existen algunas respuestas a la pregunta. Si observas el mismo tipo de datos repetidamente a lo largo del tiempo, procedentes de muchas personas y estudios, empiezan a surgir patrones y quedan claros los predictores del florecimiento humano. Entre los muchos predictores de la salud y la felicidad, desde una buena dieta y ejercicio hasta el nivel de ingresos, una vida con buenas relaciones destaca por su potencia y consistencia.

El Estudio Harvard no es la única investigación longitudinal de más de una década de duración sobre la prosperidad psicológica humana y hemos consultado de forma consistente y deliberada los demás estudios para ver si los hallazgos son robustos en las distintas épocas y entre distintos tipos de personas. Cada estudio tiene sus propias idiosincrasias, así que la replicación de los hallazgos entre ellos es científicamente convincente.

Estos son algunos ejemplos de otras investigaciones longitudinales que representan en conjunto a decenas de miles de personas:

> El *British Cohort Studies*[8] incluye a cinco grupos grandes y representativos del país nacidos en años concretos (empieza con un grupo de *baby boomers* nacidos justo después de la Segunda Guerra Mundial y el más reciente incluye a un grupo de niños nacidos al inicio del actual milenio) y los ha seguido a lo largo de toda su vida.
>
> El *Mills Longitudinal Study* ha seguido a un grupo de mujeres desde que acabaron la preparatoria en 1958.
>
> El *Dunedin Multidisciplinary Health and Development Study*[9] empezó estudiando al 91 % de los niños nacidos en una pequeña ciudad de Nueva Zelanda en 1972 y sigue haciéndolo ahora que son adultos (recientemente empezaron a seguir también a sus hijos).
>
> El *Kauai Longitudinal Study*[10] duró tres décadas e incluyó a todos los niños nacidos en la isla hawaiana de Kauai en 1955, la mayoría de origen japonés, filipino y hawaiano.
>
> El *Chicago Health, Aging and Social Relations Study (CHASRS)*,[11] que empezó en 2002, ha estudiado de forma intensiva a un grupo diverso de hombres y mujeres de mediana edad durante más de una década.
>
> El estudio *Healthy Aging in Neighborhoods of Diversity across the Life Span (HANDLS)*[12] ha estado examinando la na-

turaleza de las fuentes de disparidad en la salud de miles de adultos negros y blancos (con edades entre los treinta y cinco y los sesenta y cuatro años) en la ciudad de Baltimore desde 2004.

Por último, en 1947, el *Student Council Study*[13] empezó a monitorear las vidas de mujeres y hombres elegidos representantes del consejo escolar en las universidades Bryn Mawr, Haverford y Swarthmore. Este estudio fue en parte planteado por investigadores que habían desarrollado el Estudio Harvard y estaba diseñado explícitamente para capturar la experiencia de mujeres, las cuales no fueron incluidas en la muestra original del Estudio Harvard. Duró más de tres décadas y hace poco se redescubrieron sus archivos originales. Debido a la conexión entre el Student Council Study y el Estudio Harvard, conoceremos a algunas de esas mujeres en este libro.

Todos estos estudios, así como nuestro Estudio Harvard, son testigos de la importancia de las conexiones humanas. Muestran que las personas más conectadas con la familia, los amigos y la comunidad son más felices y están físicamente más sanas que las personas que están peor conectadas. La salud de las personas que están más aisladas de lo que desean se deteriora antes que la de quienes se sienten conectados con los demás. Las vidas de quienes se sienten solos también son más cortas. Por desgracia, la sensación de desconexión está creciendo en todo el mundo. Aproximadamente uno de cada cuatro estadounidenses dice sentirse solo, es decir, más de sesenta millones de personas. En China, la soledad entre los adultos más mayores se ha incrementado notablemente en los últimos años y Gran Bretaña creó un Ministerio de la Soledad para encargarse de lo que se ha convertido en un problema de salud pública.[14]

Son nuestros vecinos, nuestros hijos; somos nosotros. Existen multitud de motivos sociales, económicos y tecnológicos detrás de esto, pero, independientemente de las causas, los datos no pueden ser más claros: la sombra de la soledad y la desconexión social se cierne sobre nuestro moderno y «conectado» mundo.

Quizá te estés preguntando si hay algo que puedas hacer al respecto en tu vida. Si las cualidades que nos convierten en personas tímidas o sociales están incrustadas en nuestra personalidad. Si estamos predestinados a que nos quieran o a quedarnos solos, a ser felices o infelices. Si las experiencias de nuestra infancia nos definen para siempre. Son preguntas que nos hacen a menudo. En realidad, la mayoría de ellas se reducen a este temor: ¿es demasiado tarde para mí?

Eso es algo a lo que el Estudio Harvard se ha esforzado en dar respuesta. El anterior director del estudio, George Vaillant, dedicó una parte considerable de su carrera a estudiar si la forma en la que las personas responden a las dificultades vitales, sus estrategias de afrontamiento, pueden cambiar. Gracias al trabajo de George y al trabajo de otros, podemos decir que la respuesta a la pregunta imperecedera de si es demasiado tarde para mí es un NO rotundo.

Nunca es tarde. Es cierto que tanto tus genes como tus experiencias moldean tu forma de ver el mundo, de interactuar con los demás y de responder a los sentimientos negativos. Y, desde luego, también es cierto que las oportunidades para el progreso económico y la dignidad humana básica no están al alcance de todos por igual, y que algunos de nosotros nacemos en posiciones muy desventajosas. Pero tu forma de ser en el mundo no es inamovible. Puede cambiar. Tu infancia no marca tu destino. Tu disposición natural no marca tu destino. El barrio en el que te criaste no marca tu destino. La investigación lo demuestra sin duda alguna. Nada de lo que sucedió en tu vida te impide conectar con los demás, prosperar ni ser feliz. La gente piensa a menudo que una vez que alcanzas la edad adulta, es todo: que tu vida y tu forma de vivirla están fijadas. Pero lo que vemos al observar el conjunto de la investigación sobre el desarrollo en adultos es que, sencillamente, eso no es así.[15] Los cambios significativos son posibles.

Hace un momento dijimos una cosa. Hablamos de personas que están más aisladas de lo que les gustaría. Usamos esa frase a conciencia, porque la soledad no solo es la distancia física con los demás. El número de personas que conoces no determina necesariamente tu experiencia de conexión o soledad. Tampoco lo hacen tus condiciones de vida ni tu estado civil. Puedes sentirte solo en medio de una multitud y puedes sentirte solo en un matrimonio.[16] De hecho, sabemos que los matrimonios muy conflictivos y con poco afecto pueden ser peores para la salud que un divorcio.

Lo que importa aquí es la calidad de tus relaciones. Hablando claro, vivir rodeado de relaciones cariñosas protege nuestro cuerpo y nuestra mente.

La idea de protección es importante aquí. La vida es dura y a veces se vuelve completamente en nuestra contra. Las relaciones cariñosas y con conexión nos protegen frente a los golpes y las heridas de la vida y el envejecimiento. Cuando ya habíamos seguido a las personas del Estudio Harvard hasta sus ochenta años, quisimos echar la vista atrás, hacia su mediana edad, para ver si podíamos predecir quién se convertiría en un octogenario sano y feliz y quién no. De modo que reunimos todo lo que sabíamos de ellos a los cincuenta años y vimos que no eran sus niveles de colesterol en la mediana edad lo que predecía cómo iban a envejecer: era lo satisfechos que estaban con sus relaciones. Las personas que estaban más satisfechas con sus relaciones a los cincuenta años eran los más sanos (mental y físicamente) a los ochenta.[17]

A medida que investigamos más esta conexión, las pruebas que la respaldaban se acumularon. Nuestros hombres y mujeres con pareja más felices decían, a los ochenta años, que los días que tenían más dolor físico su ánimo era igual de feliz.[18] Pero cuando las personas que estaban en relaciones infelices informaban de dolor físico, su estado de ánimo empeoraba, lo que les causaba también dolor emocional. Otros estudios llevan a conclusiones parecidas sobre el poderoso papel que tienen las relaciones. Unos cuantos ejemplos claves[19] de algunas de las investigaciones longitudinales mencionadas anteriormente:

Con una cohorte de 3720 adultos blancos y negros (con edades entre treinta y cinco y sesenta y cuatro años), el estudio Healthy Aging in Neighborhoods of Diversity across the Life Span (HANDLS) observó que los participantes que recibían más apoyo social también mostraban menos depresión.

En el Chicago Health, Aging and Social Relations Study (CHASRS), un estudio representativo de los habitantes de Chicago, los participantes que estaban en relaciones satisfactorias declaraban tener niveles más altos de felicidad.

En el estudio de la cohorte de recién nacidos de Dunedin, Nueva Zelanda, las conexiones sociales en la adolescencia predecían el bienestar en la edad adulta mejor que los logros académicos.

La lista continúa. Pero, por supuesto, la ciencia no es el único ámbito del conocimiento humano que tiene algo que decir sobre la buena vida. De hecho, la ciencia es una recién llegada.

NUESTROS ANCESTROS NOS LLEVAN VENTAJA

La idea de que las relaciones sanas son buenas para nosotros fue enunciada por filósofos y religiones desde hace milenios. En cierto modo, es destacable que a lo largo de la historia las personas que han intentado entender la vida humana hayan llegado a conclusiones muy parecidas. Pero tiene sentido. Aunque nuestra tecnología y nuestras culturas cambian constantemente, más deprisa que nunca, los aspectos fundamentales de la experiencia humana perduran. Cuando Aristóteles desarrolló la idea de eudemonía, se basaba en su observación del mundo, sí, pero también en sus sentimientos; los mismos que experimentamos nosotros en la actualidad. Cuando, hace más de veinticuatro siglos, Lao-Tse dijo: «Cuanto más das a los demás, mayor es tu abundancia», estaba enunciando una paradoja que aún nos acompaña. Vivieron en otras épocas, pero su mundo sigue siendo el nuestro. Su sabiduría es nuestra herencia y deberíamos aprovecharla.

Nos fijamos en estos paralelismos con el saber antiguo para situar la ciencia en un contexto más amplio y subrayar el sentido eterno que tienen estas preguntas y hallazgos. Con pocas excepciones, la ciencia no se interesó mucho en nuestros ancestros ni en la sabiduría recibida. Desde que emprendió su propio camino tras la Ilustración, la ciencia ha sido como el joven héroe que acude a una misión en busca de conocimiento y verdad. Puede que hayamos tardado siglos, pero, en cuanto al bienestar humano, estamos a punto de cerrar el círculo. El conocimiento científico está alcanzando por fin a la sabiduría que sobrevivió el paso del tiempo.

EL TORTUOSO CAMINO DEL DESCUBRIMIENTO

Cada día, los dos venimos a trabajar para enfrentarnos a la pregunta de qué hace buena una vida. A lo largo de los años, algunos resultados nos han sorprendido. Cosas que teníamos asumidas resultaron no ser así. Cosas que asumíamos que serían falsas resultaron ser verdaderas. En las páginas siguientes lo compartiremos todo, o gran parte de ello, contigo.

En los próximos cinco capítulos exploraremos la naturaleza elemental de las relaciones y concretaremos la forma de aplicar en nuestra vida las lecciones más potentes del libro. Hablaremos sobre cómo conocer tu lugar en el mundo y saber en qué punto estás según la esperanza de vida humana puede ayudarte a encontrar sentido y felicidad en tu día a día. Analizaremos una idea que tiene una importancia enorme: la «buena forma social» y el porqué es tan crucial como la buena forma física. Veremos cómo la curiosidad y la atención pueden mejorar las relaciones y el bienestar; y ofreceremos algunas estrategias para gestionar el hecho de que las relaciones también nos resulten a veces nuestra mayor dificultad.

En los últimos capítulos, indagaremos en los detalles prácticos de algunos tipos de relaciones, desde lo que importa en la intimidad a largo plazo hasta cómo la experiencia temprana en familia afecta al bienestar y qué hacer al respecto, pasando por las a menudo infravaloradas oportunidades de conexión que ofrece el lugar de trabajo y los sorprendentes beneficios de todos los tipos de amistad. Y a lo largo de todo el camino compartiremos la ciencia de donde procede ese conocimiento y escucharemos hablar a los participantes en el Estudio Harvard sobre la influencia de estos factores en sus vidas reales, en tiempo real, durante casi un siglo.

Como director y director adjunto hemos dedicado nuestras vidas al Estudio Harvard y a lo que este nos puede enseñar sobre la felicidad. Nuestra fascinación por la condición humana es una bendición (y una dolencia). Bob es psiquiatra y psicoanalista y dedica muchas horas diarias a hablar con gente sobre sus más hondas preocupaciones. Además de dirigir el Estudio Harvard, enseña psicoterapia a jóvenes psiquiatras. Lleva treinta y cinco años casado, tiene dos hijos mayores y en sus horas libres se pasa mucho tiempo sobre el cojín de meditación practicando y enseñando budismo zen. Marc es psicólogo clínico y profesor y lleva treinta años enseñando y preparando a nuevos psicólogos e investigadores. Él también es terapeuta en activo, lleva muchos años casado y está criando a dos hijos. Gran aficionado a los deportes, en sus horas libres se le puede ver a menudo conectando con otros en una cancha de tenis (y, cuando era más joven, en una de baloncesto).

Nuestra amistad y colaboración como investigadores se remonta a treinta años. Nos conocimos en el Massachusetts Mental Health Center, una organización comunitaria icónica donde ambos trabajábamos con personas que se enfrentaban a enfermedades mentales en un contexto social y económico terriblemente desfavorable. Ambos sentimos el impulso de entender las experiencias de personas de trasfondos muy distintos al nuestro, tanto en nuestro trabajo clínico como en nuestros análisis sobre vidas a lo largo del tiempo.

Treinta años después seguimos siendo amigos, colaborando en la investigación y esforzándonos al máximo para dirigir el enorme cofre del tesoro de historias vitales que es el Estudio Harvard hacia su segundo siglo de vida. Al saber sobre estos individuos y sus familias también aprendimos, y seguimos haciéndolo, valiosas lecciones sobre nosotros mismos y cómo dirigir nuestras vidas. Este libro es un intento de compartirlas, así como de darle voz al inestimable regalo que los participantes del Estudio Harvard le han hecho al mundo. Al fin y al cabo, ellos no consintieron en participar solo por investigadores como nosotros. Lo hicieron por todo el mundo, en todas partes. Sus vidas son el corazón que late en el interior de este libro.

Nosotros ya conocemos cuál es el resultado de trasladar este conocimiento a otros. En el transcurso de nuestras carreras, hemos dado cientos de conferencias sobre los hallazgos que compartiremos en los siguientes capítulos y pusimos en orden todo lo que aprendimos en nuestra Fundación Lifespan Research, una ONG dedicada a transmitir la sabiduría del desarrollo vital a las revistas académicas y a herramientas que puedan usar las personas para mejorar sus vidas. Una y otra vez, distintas personas se han acercado a nosotros al acabar charlas y talleres para decirnos que sintieron un gran alivio al oír lo que aprendimos, porque dichas lecciones dejan algo muy claro: después de todo, una buena vida no siempre está fuera de nuestro alcance. No está esperándonos en un futuro lejano, tras alcanzar el éxito en una carrera de ensueño. No está esperando a entrar en escena después de que consigamos una enorme cantidad de dinero. La buena vida está justo delante de ti, a veces incluso a la mano. Y empieza ahora.

2

POR QUÉ LAS RELACIONES IMPORTAN

> Las mejores ideas no se esconden en rincones brumosos. Están frente a nosotros, ocultas a plena vista.
>
> RICHARD FARSON y RALPH KEYES[1]

Estudio Harvard, día 6 del cuestionario «8 días» (2003):

P: ¿Cuál es el secreto para envejecer bien?

R: Felicidad, cariño. Vigilar lo que comes. Intentar salir y caminar un poco o hacer ejercicio. Tener amigos. Es muy bueno tener amigos.

HARRIET VAUGHN, participante en el estudio, ochenta años.

Piensa en la sensación de querer a alguien o de saber que alguien corresponde tu amor. Piensa en cómo lo experimentas en el cuerpo, en la calidez y el bienestar. Ahora valora la sensación parecida, pero distinta, de conexión cuando un buen amigo te ayuda en un mal momento. O la euforia duradera cuando alguien a quien respetas te dice que está orgulloso de ti. Piensa en la sensación de que te conmuevan hasta las lágrimas. O de cuando recargas un poco de energía al compartir unas risas con un compañero de trabajo. Valora el dolor físico de perder a alguien querido. O incluso el placer momentáneo de saludar de lejos al cartero.

Esas sensaciones, grandes y pequeñas, están conectadas con procesos biológicos.[2] Igual que nuestro cerebro responde a la presencia de alimento en nuestro intestino y nos recompensa con emociones agradables, lo mismo hace ante el contacto positivo con los demás. De hecho, el cerebro nos dice: «Sí, dame más, por favor». Las interacciones positivas le dicen a nuestro cuerpo que estamos a salvo, reducen nuestra excitación física e incrementan nuestra sensación de bienestar. En cambio, las experiencias e interacciones negativas nos hacen sentir que estamos en peligro y, por ende, estimulan la producción de hormonas del estrés, como adrenalina y cortisol. Estas hormonas forman parte de una cascada de reacciones físicas que aumentan nuestra alerta y nos ayudan a responder a situaciones de importancia crítica: es la respuesta de «lucha o huida». Son una parte importante de lo que nos genera la sensación de estrés.

Confiamos en los avisos de las hormonas del estrés y en las sensaciones placenteras porque nos guían ante las dificultades y oportunidades que se nos presentan en la vida. Evita el peligro, busca la conexión.

Estas reacciones ante situaciones gratificantes y amenazadoras son fruto de una larga historia relacionada con la evolución. Los *Homo sapiens* llevamos cientos de miles de años caminando por el planeta con estas guías biológicas vitales incrustadas en nuestro interior. Esa punzada de alegría que sientes cuando un bebé se ríe de tu mueca ridícula está ligada biológicamente a la que sintió tu ancestro lejano cuando hizo reír a un bebé en el año 100 000 a. C.

Los humanos prehistóricos se enfrentaban a amenazas que apenas podemos concebir hoy. Tenían cuerpos parecidos, pero la tecnología primitiva solo les proporcionaba una protección mínima ante el entorno y los depredadores y prácticamente no tenían remedios para las heridas y otros problemas de salud. Un dolor de muelas podía acabar en muerte. Sus vidas eran cortas, difíciles y seguramente aterradoras. Y aun así sobrevivieron. ¿Por qué?

Un motivo importante es un rasgo que los primeros *Homo sapiens* compartían con otras muchas especies animales exitosas: sus cuerpos y sus cerebros evolucionaron para promover la cooperación.

Sobrevivieron porque eran sociales.

El animal humano actual no es muy distinto, aunque el proyecto de supervivencia adquirió nuevos significados y se enfrenta a nuevas complicaciones. En comparación con los siglos anteriores, el siglo XXI está cambiando más rápido que nunca y muchas de las amenazas a las que ahora nos enfrentamos son obra nuestra. Además de las dificultades relacionadas con el cambio climático, la creciente desigualdad de ingresos y las enormes complicaciones que crean las nuevas tecnologías de la comunicación, debemos enfrentarnos con nuevas amenazas a nuestros estados mentales internos. La soledad es más ubicua que nunca y nuestros cerebros antiguos, diseñados para buscar la seguridad de los grupos, experimentan esos sentimientos negativos como amenazas vitales, lo que conduce al estrés y la enfermedad. Con cada año que pasa, la civilización se enfrenta a nuevos desafíos, inimaginables hace solo cincuenta años. También a nuevas opciones, lo que significa que la variedad de caminos vitales es ahora más amplia que nunca. Pero, independientemente del ritmo de cambio y de las decisiones que podemos tomar muchos de nosotros en la actualidad, hay algo que no ha cambiado: el animal humano evolucionó para estar conectado con otros humanos.

Decir que los seres humanos necesitan relaciones cariñosas no es una idea sentimentaloide. Es un hecho demostrado. Los estudios científicos nos lo han repetido una y otra vez: los seres humanos necesitamos nutrición, ejercicio, un propósito y los unos a los otros.

Nos piden a menudo que resumamos los hallazgos del Estudio Harvard. La gente quiere saber qué es lo más importante que aprendimos. Ambos sentimos una resistencia natural a las respuestas simples, así que la conversación acostumbra a no ser todo lo breve que le gustaría a quien pregunta. Pero cuando pensamos a fondo sobre la señal consistente que nos llega tras ochenta y cuatro años de estudio y cientos de artículos de investigación, el mensaje es sencillo:

Las relaciones positivas son esenciales para el bienestar humano.

Vamos a arriesgarnos a asumir que, si estás leyendo este libro, te interesa informarte o al menos sientes curiosidad por saber qué hace buena una vida. Quieres una existencia que tenga sentido, propósito y alegría, y quieres salud. Si avanzamos un poco en nuestra suposición, podríamos asumir también que ya intentaste ser feliz y tener salud y te esforzaste lo más posible para lograrlo. Tienes alguna idea sobre quién eres, lo que te gusta y lo que no y sobre tus habilidades emocionales y sociales. Día a día intentas vivir tu mejor vida. Y, si te pareces a la mayoría de nosotros, no siempre lo consigues.

A lo largo de este libro abordaremos algunas de las razones más habituales por las que a las personas les cuesta encontrar la felicidad y la satisfacción en la vida, pero hay un par de verdades generales que habría que tener en cuenta desde un principio.

La primera es: puede que la buena vida sea la principal preocupación de la mayoría de las personas, pero no es la de la mayoría de las sociedades modernas. La vida actual es una gran mezcla de prioridades sociales, políticas y culturales que compiten entre sí y algunas de ellas tienen poco que ver con mejorar las vidas de las personas. El mundo moderno prioriza muchas cosas a la experiencia vivida de los seres humanos.

El segundo motivo está relacionado con este y es aún más fundamental: nuestro cerebro, el sistema más misterioso y sofisticado del universo conocido, a menudo nos confunde en nuestra misión de encontrar el placer y la satisfacción duraderas. Puede que seamos capaces de alcanzar hitos extraordinarios en cuanto a intelecto y creatividad, puede que hayamos hecho un mapa del genoma humano y hayamos caminado por la luna, pero, cuando se trata de tomar decisiones sobre nuestras vidas, a los humanos no se nos suele dar bien saber lo que nos conviene. El sentido común sobre esta área de la vida no es muy sensato. Es muy difícil darse cuenta de qué importa de verdad.

Estas dos cosas —el torbellino de la cultura y los errores que cometemos al prever qué nos hará felices— están interconectadas y tienen un papel diario en nuestra existencia. A lo largo de una vida, su influencia es significativa. La cultura en la que vivimos nos empuja en direcciones concretas, a veces sin que nos demos cuenta, y nosotros obedecemos, fingiendo de dientes para afuera que sabemos lo que estamos haciendo, pero en un estado de confusión de bajo nivel de dientes para adentro.

Antes de hablar un poco más sobre las formas, tanto culturales como personales, en las que podemos desviarnos de la buena vida, vamos a ver las trayectorias personales de dos participantes del Estudio Harvard que ya atravesaron toda la tormenta, para ver qué pueden enseñarnos sus experiencias sobre lo que importa y lo que no.

LA SUERTE EN EL SORTEO

En 1946, tanto John Marsden como Leo DeMarco se encontraban frente a una importante encrucijada en sus vidas. Ambos tenían la suerte de haberse graduado hacía poco en Harvard y ambos se habían presentado como voluntarios para servir en la Segunda Guerra Mundial; John no pudo entrar en acción por problemas de salud y sirvió en Estados Unidos, Leo lo hizo en la Armada en el Pacífico sur. Una vez que la guerra hubo terminado, los dos estaban a punto de dar el primer paso para adentrarse en el resto de sus vidas. Ambos contaban con lo que la mayoría de la gente consideraría una ventaja (o más de una): la familia de John tenía dinero, la de Leo era de clase media alta, ambos se habían graduado en una universidad de élite y ambos eran hombres blancos en una sociedad que concedía privilegios a los hombres blancos. Por no mencionar que, después de la guerra, se concedieron muchas ayudas sociales y económicas a los veteranos tanto en las comunidades locales como a nivel federal mediante legislación *ad hoc*. Parecía que la buena vida los esperaba.

Mientras que casi dos tercios de los hombres elegidos originalmente para el Estudio Harvard procedían de los barrios más pobres y desfavorecidos de Boston, el tercio restante eran estudiantes de Harvard. Criados para triunfar, todos esos universitarios podrían haber protagonizado una campaña sobre la buena vida en Estados Unidos. Como John y Leo, algunos procedían de familias acomodadas, la mayoría quería casarse y desarrollar una carrera profesional y muchos alcanzaron el éxito económico y laboral.

Este es un ejemplo de cómo el sentido común puede desviarnos del camino. Muchos asumimos que las condiciones materiales de las vidas de las personas determinan su felicidad. Damos por hecho que aquellos con menos ventajas deben de ser menos felices y que quienes tienen más, deben de serlo también más. La ciencia nos cuenta una historia más compleja. Cuando estudias las vidas de miles de individuos, emergen patrones que no siempre encajan con las ideas populares sobre cómo deberían ser las cosas. Las vidas individuales como las de John y Leo nos ofrecen una perspectiva de lo que de verdad importa.

John tenía que elegir: quedarse en Cleveland, trabajar en la oficina de la franquicia de productos textiles de su padre y acabar heredándola o perseguir su sueño de toda la vida de ir a la Facultad de Derecho (acababan de aceptarlo en la Universidad de

Chicago). Tenía la suerte de poder elegir. Observando únicamente los detalles de su vida, muchos pensarían que John estaba destinado a ser feliz.

Decidió ir a la Facultad de Derecho. John siempre había sido un estudiante diligente y siguió siéndolo. Según su propio relato, su éxito se debió más al esfuerzo que a una inteligencia especial. Contó en el estudio que su principal motivación era el miedo al fracaso y que incluso evitó salir con chicas para no distraerse. Cuando se graduó, estaba cerca de los primeros de la clase y empezó a considerar atractivas ofertas de trabajo hasta decidirse por un despacho que priorizaba el tipo de servicio público al que él esperaba dedicarse. Empezó a trabajar como consultor para el Gobierno federal sobre servicios públicos de la Administración y también a dar algunas asignaturas en la Universidad de Chicago. Aunque a su padre le decepcionó que no siguiera con el negocio familiar, también estaba orgulloso de él. John estaba encaminado.

Leo, por otro lado, siempre había soñado con convertirse en escritor y periodista. Estudió Historia en Harvard y durante la guerra llevó un diario meticuloso, con la idea de usarlo algún día para escribir un libro. Sus experiencias bélicas lo convencieron de que iba por el buen camino: quería escribir sobre cómo la historia afecta a las vidas de la gente corriente. Pero mientras estaba fuera de casa, su padre murió y, poco después de su regreso, le diagnosticaron a su madre la enfermedad de Parkinson. Dado que era el mayor de tres hijos, decidió mudarse a Burlington, Vermont, para cuidarla y estar a su lado, y pronto acabó dando clases en una preparatoria.

Poco después de empezar a trabajar como profesor, Leo conoció a Grace, una mujer de quien se enamoró profundamente. Se casaron enseguida y en un año tuvieron a su primer hijo. Después de eso, las líneas generales de sus vidas quedaron prácticamente fijadas. Él siguió dando clases en la preparatoria durante los siguientes cuarenta años y nunca persiguió su sueño de ser escritor.

Vamos a dar un salto de veintinueve años hasta febrero de 1975. Ambos hombres tienen cincuenta y cinco años. John se casó a los treinta y cuatro y es un abogado de éxito que gana 52 000 dólares anuales. Leo sigue siendo profesor de preparatoria y gana 18 000 dólares al año. Un día, los dos reciben por correo el mismo cuestionario.

Vamos a imaginar que John Marsden está en su despacho de abogados, sentado en su mesa, entre citas, y Leo DeMarco en su mesa de la preparatoria de Burlington mientras sus alumnos de primer grado intentan resolver un examen de historia. Los dos hombres responden preguntas sobre su salud y su historia familiar reciente, entre otras, y, al final, los dos llegan a una serie de ciento ochenta preguntas de verdadero/falso. Entre ellas, esta:

Verdadero o falso:

En la vida hay más dolor que placer.

A la que John (el abogado) responde:

verdadero.

Y Leo (el profesor) responde:

Falso.

Y esta:

Verdadero o falso:

A menudo siento una enorme necesidad de afecto.

A lo que John contesta:

verdadero.

Y Leo:

Falso.

Los dos siguen respondiendo preguntas sobre su consumo de alcohol (ambos se toman una copa todos los días), sus hábitos de sueño, sus ideas políticas, su práctica religiosa (los dos van a la iglesia todos los domingos) y después llegan a estas dos preguntas:

Completa a tu gusto las frases siguientes:

Un hombre se siente bien cuando...

John:

...es capaz de responder a sus impulsos internos.

Leo:

...siente que su familia lo quiere a pesar de todo.

Y:

Estar con otras personas...

John:

...es agradable.

Leo:

...es agradable (¡hasta cierto punto!).

John Marsden, uno de los miembros del estudio con más éxito profesional, también era uno de los menos felices. Como Leo DeMarco, quería estar cerca de los demás, como muestra su última respuesta, y quería a su familia, pero también mostró sentimientos constantes de desconexión y tristeza a lo largo de toda su vida. La pasó mal en su primer matrimonio y se distanció de su hijo. Cuando volvió a casarse a los sesenta y dos años, empezó muy pronto a describir esa relación como «falta de amor», aunque duraría hasta el final de su vida. Más tarde hablaremos sobre el camino hacia la desesperanza de John y sobre algunos de los factores que seguramente moldearon su sufrimiento, pero hay un rasgo en concreto de su vida que nos interesa en especial ahora mismo: a pesar de que John se esforzaba mucho por ser feliz, se pasó todas las etapas vitales preocupado por sí mismo y por lo que él denominaba sus «impulsos internos». Empezó su profesión esperando mejorar la vida de los demás, pero con el tiempo asoció sus logros cada vez menos con ayudar a la gente y más con el éxito profesional. Convencido de que su carrera y sus triunfos le darían la felicidad, nunca fue capaz de encontrar un camino hacia la alegría.

Por otro lado, Leo DeMarco pensaba en sí mismo sobre todo en relación con los demás; su familia, su preparatoria y sus amigos aparecían a menudo en sus informes y solía considerársele uno de los hombres más felices del estudio. Pero cuando una de las investigadoras de Harvard entrevistó a Leo en su mediana edad, escribió: «Salgo de la visita con la impresión de que el sujeto es, bueno..., un tipo corriente».

Sin embargo, según su propio relato, Leo vivió una vida rica y satisfactoria. No salió en el noticiario y su nombre no se conoce fuera de su comunidad, pero tuvo cuatro hijas y una esposa que lo adoraban, fue recordado con cariño por sus amigos, colegas y alumnos, y a lo largo de su vida se calificó a sí mismo como «muy feliz» o «extremadamente feliz» en los cuestionarios del estudio.

A diferencia de John, Leo consideraba que su trabajo tenía sentido, porque los beneficios que obtenían los demás de sus clases le proporcionaban placer.

Ahora, al rememorar la existencia de ambos, es fácil ver los vínculos entre lo que cada uno creía, las decisiones que tomó y cómo se desarrollaron sus vidas. Pero ¿por qué es tan difícil tomar en el momento decisiones que beneficien nuestro bienestar? ¿Por qué muy a menudo pasamos por alto fuentes de felicidad que tenemos delante de nuestras narices? Un experimento llevado a cabo por investigadores de la Universidad de Chicago arroja luz sobre una pieza central del rompecabezas.

EXTRAÑOS EN UN TREN

Imagina que vas en un tren. A tu alrededor solo hay desconocidos. Te gustaría tener el viaje más placentero posible y, para ello, puedes elegir entre hablar con un extraño o quedarte en silencio. ¿Qué haces?

Sabemos lo que hacemos la mayoría: nos quedamos en silencio con nuestras cosas. ¿Quién quiere tratar con un extraño al azar? Seguramente será molesto. Además, queremos adelantar trabajo o disfrutar de algo de música o de un pódcast.

Este tipo de predicción sobre qué nos hará felices se conoce en psicología como «pronóstico afectivo». Nos pasamos la vida haciendo pronósticos sobre cómo nos harán sentir las cosas, tanto grandes como pequeñas. Los investigadores de la Universidad de Chicago convirtieron su tren local en un experimento sobre pronósticos afectivos.[3] Pidieron a los viajeros que predijeran cuál de los escenarios —hablar con un extraño o seguir con sus cosas— derivaría en una experiencia más positiva. Pidieron a un grupo que conectara a propósito con un desconocido cercano y a otro que siguiera desconectado. Cuando acabó el viaje, les preguntaron cómo había salido.

Antes del viaje, la gente predijo en su mayoría que hablar con alguien a quien no conocían sería una mala experiencia y que seguir con sus cosas sería mucho mejor. Estaban pronosticando qué los haría felices y qué los amargaría. Sin embargo, la experiencia real fue la contraria a la esperada. Cuando les dijeron a los viajeros que entablaran conversación, la mayoría tuvo una experiencia positiva y calificó su viaje como mejor de lo habitual y quienes normalmente trabajaban en el tren afirmaron que el viaje no había sido menos productivo por hablar con un extraño.

Hay muchas investigaciones como esta que sugieren que los seres humanos son malos en el pronóstico afectivo.[4] No solo en situaciones a corto plazo como el estudio del tren, sino también a largo plazo. Somos especialmente malos a la hora de pronosticar los beneficios de las relaciones. Esto se debe, en gran parte, a que las relaciones pueden ser complicadas e impredecibles, y estas complicaciones son uno de los motivos que hacen que muchos de nosotros prefiramos la soledad. No es solo que busquemos estar a solas: es que queremos evitar los posibles problemas que genera conectar con los demás. Sin embargo, sobreestimamos las complicaciones, pero infravaloramos los efectos beneficiosos de la conexión humana. Esta es una característica de nuestra toma de decisiones en general: prestamos mucha atención a los posibles costos y quitamos importancia o no prestamos atención a los posibles beneficios.[5]

Esta es la situación en la que nos encontramos muchos de nosotros. Evitamos cosas que creemos que nos harán sentir mal y perseguimos cosas que pensamos que nos harán sentir bien. Nuestros instintos no siempre nos desvían, pero hay áreas importantes en las que esto sí pasa. Como John Marsden, muchos acabamos tomando decisiones bastante importantes (como qué carrera elegir) o nimias (como no hablar nunca con extraños) basándonos una y otra vez en un pensamiento defectuoso que parece perfectamente lógico. Pocas veces tenemos la oportunidad de ser conscientes de nuestro error.

Esto ya sería suficientemente difícil si viviéramos en un vacío donde no hubiera fuerzas externas que afectaran a nuestras elecciones; el problema se complica cuando sometemos nuestra toma de decisiones a las influencias culturales a las que nos enfrentamos, que contienen en sí mismas ideas que nos pueden desviar del buen camino. No somos los únicos que hacemos pronósticos sobre qué nos hará felices: la cultura en la que vivimos también lo hace por nosotros.

BAJO EL HECHIZO DE LA CULTURA

En su discurso de inauguración del curso del Kenyon College en 2005 el escritor David Foster Wallace empleó una parábola[6] para explicar una verdad imborrable:

> Había una vez dos peces jóvenes que, mientras nadaban, se encontraron por casualidad con un pez mayor que avanzaba en dirección contraria. El pez mayor los saludó con la cabeza y les dijo: «Buenos días, chicos. ¿Cómo está el agua?».
>
> Los dos peces jóvenes siguieron nadando un trecho. Finalmente, uno de ellos miró al otro y le dijo: «¿Qué demonios es el agua?».

Cada cultura, tanto la de una nación como la de una familia, es en todos los sentidos al menos parcialmente invisible para quienes participan de ella. Existen sobreentendidos, juicios de valor y prácticas importantes que crean el «agua» en la que nadamos sin que nos percatemos ni estemos necesariamente de acuerdo con ellos. Sencillamente, nos encontramos en este mundo y avanzamos como podemos. Estas características culturales afectan prácticamente a todo en nuestras vidas, a menudo de formas positivas, conectándonos con los demás y creando identidades y sentido. Pero existe una contraprestación. A veces, los mensajes y prácticas culturales apuntan en direcciones opuestas al bienestar y la felicidad.

De modo que vamos a detenernos un momento, como animaba Wallace a hacer a los estudiantes, para observar las «aguas culturales».

En las décadas de 1940 y 1950, cuando John, Leo y los participantes originales del Estudio Harvard estaban haciéndose adultos, la cultura estadounidense estaba cargada de sobreentendidos —igual que lo está hoy y lo estará mañana— sobre cómo tenía que ser una buena vida. Estos sobreentendidos se filtraban en sus vidas y, lo que es más importante, en sus decisiones vitales. John, por ejemplo, estaba convencido de que estudiar Derecho y ser abogado, una profesión respetada, sentaría las bases de su felicidad futura. La cultura en la que creció creó las condiciones para que su creencia pareciera una obviedad.

Este es un terreno complicado, porque las cosas que nos animan a perseguir nuestras respectivas culturas, dinero, logros, estatus y demás rara vez son espejismos obvios. El dinero nos permite adquirir cosas importantes que necesitamos para nuestro bienestar; los logros suelen ser satisfactorios y buscarlos puede proporcionarnos objetivos que aporten un propósito a nuestras vidas y nos permitan avanzar hacia nuevos y emocionantes entornos; y el estatus nos proporciona cierto respeto social que nos permite llevar a cabo cambios positivos. Pero el dinero, los logros y el estatus tienden a acaparar nuestras prioridades. Esto también es una función de nuestros cerebros antiguos: nos centramos en lo más visible y lo más inmediato. El valor de las relaciones es efímero y difícilmente cuantificable, pero el dinero sí se puede contar. Los logros pueden listarse en un currículum y los seguidores en redes sociales aparecen en la esquina superior derecha de la pantalla. Todas estas victorias contables nos proporcionan pequeñas descargas de sentimientos que nos gustan, sensaciones placenteras, remanentes de esas señales antiguas. A medida que avanzamos por la vida vemos cómo se acumula todo esto y, por lo tanto, perseguimos dichos objetivos, a veces sin pensar en por qué lo hacemos. Pronto nos encontramos más allá del contexto en el que estos objetivos culturalmente aprobados afectan a nuestra vida y a los demás de formas positivas y se convierten en finalidades en sí mismos. Así, la persecución de objetivos se convierte en abstracta, más simbólica que tangible, y la búsqueda de una vida mejor empieza a parecerse a correr en círculos.

Hay mucho que decir al respecto de estos objetos de deseo y sus puntales psicológicos, pero para ilustrar esto vamos a observar más de cerca una piedra angular emblemática, un sobreentendido persistente y compartido por muchas culturas en todo el mundo, que no solo es antiguo, sino que no tiene visos de desaparecer: la idea de que la base de una buena vida es el dinero.

Por supuesto, muy poca gente diría esto, así tal cual, sin reírse, pero hay señales por todas partes de que esta creencia sigue siendo potente. La vemos en la ecuación que iguala un trabajo bien pagado con un «buen» trabajo, en la fascinación con los ultramillonarios, en un sistema educativo cada vez más pragmático («Estudias para conseguir un trabajo "mejor"»), en las promesas glamurosas de los productos de consumo y en muchos otros ámbitos vitales. Esta es una historia tan intrínseca a las aguas culturales que sobrevive a pesar de que filósofos, escritores y artistas lleven miles de años advirtiendo sobre el poder de seducción de la riqueza.

Aristóteles, por ejemplo, subrayó este problema hace dos mil años. «La vida basada en ganar dinero está sometida a la compulsión —escribió— y, evidentemente, la riqueza no es el bien que buscamos, ya que esta solo es útil para conseguir otra cosa».[7]

Podríamos hacer una lista con cientos de reflexiones similares articuladas en todas las épocas históricas («El dinero nunca ha hecho feliz a ningún hombre ni lo hará»,[8] según Ben Franklin, o «Que el dinero no sea tu objetivo. En lugar de eso, persigue las cosas que te encanta hacer y hazlas de manera que las personas no puedan dejar de mirarte»,[9] según Maya Angelou...). Todos estos sentimientos se reducen y cristalizan en un refrán convertido en cliché: «El dinero no da la felicidad».

La idea es tan habitual que se incorporó en las culturas capitalistas de todo el mundo. Las personas se dicen unas a otras constantemente que el dinero no es la respuesta y, sin embargo, el dinero sigue siendo el principal objeto de deseo en casi cualquier sociedad.

El principal motivo de esto no es ningún misterio. La idea de que el dinero da la felicidad conserva su halo porque vemos todos los días sus efectos sobre las vidas de la gente.

En Estados Unidos, la desigualdad de ingresos lleva décadas aumentando y está conectada con otras muchas, desde diferencias en el acceso a la atención sanitaria hasta el hecho de que los ricos viven más cerca de sus lugares de trabajo. El efecto global del dinero es tan significativo que las personas con ingresos altos tienen una esperanza de vida entre diez y quince años superior a las de ingresos bajos. Lo mismo sucede con los hombres del Estudio Harvard: en promedio, los universitarios tenían ingresos muy superiores a los de los barrios marginales de Boston y los primeros vivieron 9.1 años más que los segundos.

Así que la idea de que el dinero sea, tal vez, un elemento importante de la felicidad resulta, en cierto modo, una afirmación de sentido común. Y, sin embargo, no es del todo cierta. Para entender hasta qué punto afecta el dinero a la felicidad y el bienestar, tenemos que profundizar más y preguntarnos, como sugería Aristóteles: ¿para qué sirve el dinero?

DE QUÉ HABLAMOS CUANDO HABLAMOS DE DINERO[10]

En 2010, Angus Deaton y Daniel Kahneman, de la Universidad de Princeton, intentaron cuantificar la relación entre dinero y felicidad[11] usando una encuesta Gallup de un año de duración, la cual obtuvo una base de datos gigantesca de 450 000 respuestas diarias de una muestra representativa a nivel nacional de mil personas.

Deaton y Kahneman mostraron que, en Estados Unidos, el número mágico parecía ser, en ese momento, 75 000 dólares. Una vez que los ingresos de un hogar superaban los 75 000 dólares anuales, una cifra cercana a los ingresos familiares medios en Estados Unidos en el momento del estudio,[12] la cantidad de dinero que ganaba la gente no mostraba una relación directa con los informes diarios sobre disfrute y risas, que se usaban como indicadores del bienestar emocional.

Los hallazgos de este estudio parecen reforzar la idea de que el dinero no da la felicidad, pero la otra mitad del hallazgo parece igual de significativa: para quienes ganaban menos de 75 000 dólares al año, un aumento de ingresos sí se relacionaba, modestamente, con una mayor felicidad.

Cuando el dinero escasea y las necesidades básicas no pueden cubrirse con certeza, la vida puede ser increíblemente estresante y, en este contexto, cada centavo importa. Tener una cantidad básica de dinero permite a las personas cubrir esas necesidades, tener cierto control sobre su existencia y, en muchos países, tener acceso a unas mejores condiciones de vida y atención sanitaria.[13]

El estudio de Deaton y Kahneman es memorable por haber estimado la cantidad de dólares necesarios para que la felicidad se estanque, pero lo que explica no era nuevo. Es consistente con otras investigaciones que usaron distintos métodos y fueron llevadas a cabo en distintos países y culturas con distintos niveles de riqueza. Estos estudios se centraron tanto en la forma en la que el dinero afecta a la felicidad individual como en si el incremento de la riqueza de la nación afecta a la felicidad global de la población. Independientemente de la metodología y el ámbito, estos estudios apuntan a conclusiones similares: el dinero importa más en los niveles más bajos de ingresos, donde un dólar, un euro, una rupia o un yuan se usa para cubrir necesidades básicas y proporcionar sensación de seguridad. Una vez superado ese umbral, el dinero no parece importar mucho, si es que lo hace, en relación con la felicidad. Como dijeron Deaton y Kahneman en su estudio: «Más dinero no da necesariamente más felicidad, pero menos dinero sí se asocia con dolor emocional».[14]

En los niveles más bajos de ingresos, el dinero aporta beneficios tangibles necesarios para la supervivencia, la seguridad y la sensación de control. Pero en niveles ligeramente más altos de ingresos (no necesariamente 75 000 dólares), la idea de dinero empieza a ser algo abstracta y se convierte en otras cosas, como estatus y orgullo.

Puede que nada de esto te sorprenda. Puede que, para ti, el dinero no esté relacionado con las cosas materiales ni con el estatus, sino con la libertad. Quizá piensas que el dinero tiene mucho poder en el mundo y que, cuanto más poseas, más capacidad de control y decisión tendrás.

Es comprensible pensar así. El dinero está profundamente arraigado en los cimientos de las sociedades modernas. Está ligado a los logros, al estatus, a la valía personal, a la sensación de libertad y autodeterminación, a la capacidad de cuidar y proporcionar alegría a nuestras familias, a divertirse. A todo. Es natural que lo concibamos como un medio clave mediante el cual interactuar con el mundo y perseguir muchas cosas en la vida.

Incluso Leo DeMarco, el maestro, que construyó su vida en torno a la conexión con su familia y sus alumnos, estaba muy pendiente del dinero. Además de sus ahorros para la jubilación, reservó durante muchos años una pequeña cantidad que usó para comprarse una barca de pesca (que su hija mayor bautizó como *Dolores*). Esa barca aparecía en todos los recuerdos de sus hijos. Leo usó el dinero como un medio para alcanzar algunas satisfacciones personales, objetivos que lo conectaban con las personas a las que quería.

Sin embargo, cuando el dinero se convierte en el objetivo en lugar de ser una herramienta, se une a otros objetos de deseo persistentes que la cultura que nos rodea imbuye de importancia. Cosas como la fama o una carrera exitosa. O, como dicen Richard Sennett y Jonathan Cobb en su libro *The Hidden Injuries of Class* («Las heridas de clase ocultas»), «medallas a la habilidad».[15] Es decir, méritos personales reconocidos públicamente.

Parte de nuestra felicidad también depende de lo que vemos cuando miramos a nuestro alrededor. Compararnos forma parte de la naturaleza humana. ¿Cómo de grande es la brecha entre lo que vemos a nuestro alrededor, en el mundo real, en las redes sociales y en el mundo del entretenimiento, y lo que creemos posible en nuestras vidas? La investigación demostró que cuanto más nos comparamos con los demás, incluso cuando esta comparación nos beneficia, menos felices somos.[16] Y cuanto mayor es la disparidad que observamos, mayor es nuestra infelicidad. De modo que, como tantas otras cosas relacionadas con la felicidad, el efecto del dinero en nosotros es a la vez sencillo y complicado. Pero tal vez el motivo por el que nunca damos con la respuesta a la cuestión de si el dinero da la felicidad es porque estamos planteando una pregunta errónea.

Tal vez la correcta es: ¿qué es lo que de verdad me hace feliz?

UN CHICO DE CHARLESTOWN

Cuando Alan Silva tenía catorce años le encantaban las películas. En el verano de 1942 consiguió un trabajo de limpiabotas en Thompson Square, de modo que dos veces por semana podía ir al cine de Charlestown y pasar la tarde con James Cagney o Susan Hayward. Iba tanto con amigos como, cuando ellos no podían, solo. Veía todas las películas dos veces y, si no eran buenas, la segunda vez se quejaba con el taquillero. De vuelta a casa a veces pasaba por el puerto de Charlestown para ver quién había, ya que era miembro del club de vela, una organización local que enseñaba a los niños a navegar. Si no había nada interesante en el puerto, iba a Chelsea Street a esperar que pasara una camioneta de reparto adecuada, una con buena salpicadera, para intentar subirse detrás y volver a casa. Pero eso último era un secreto.

—No, él no se sube a las camionetas —afirmó su madre en el Estudio Harvard—. Le dije que podría perder las piernas.

Como la mayoría de los chicos de Boston del estudio, la familia Silva era pobre. El padre de Alan era un inmigrante portugués; trabajaba como maquinista en el astillero naval y sus ingresos solo le permitían poner comida en la mesa. Alan, un chico inquieto y activo, vivía feliz sin conocer los problemas económicos que atravesaban sus padres.

El investigador que lo entrevistó a los catorce años lo describió como «muy aventurero».

—Llega corriendo y sin aliento —dijo su madre— y después habla, habla y habla.

Tendía a darle bastante libertad, algo de lo que su suegra, que vivía con ellos en su departamento de tres habitaciones, se quejaba siempre, porque pensaba que Alan se juntaría con la gente equivocada, empezaría a robar y su vida se echaría a perder.

—No soy muy estricta —nos explicó su madre—. Le dejo hacer lo que hacen los demás chicos. Es normal. Mi madre era demasiado estricta y eso me ponía de mal humor. Yo ahora leo libros de psicología infantil.

Además de aventurero, Alan era ambicioso. Cuando no estaba en el cine, ni navegando ni subiéndose a camionetas, estaba en casa entreteniéndose con un mecano que le había regalado su padre de Navidad. Quería aprenderlo todo sobre construcción. Creía que tenía control sobre su vida, lo que también lo condujo a creer algo que muchos otros chicos de Boston del estudio no creían: que podría ir a la universidad.

Los dos grupos del Estudio Harvard —los hombres de Boston y los universitarios— son distintos en muchos aspectos. En conjunto, ambos reflejan algunas realidades difíciles sobre los efectos de la pobreza y las diferencias en las trayectorias vitales de la clase obrera y la profesional.

Pero hay determinadas ventajas relacionales que conservan su poder independientemente de esta división socioeconómica. En el caso de Alan Silva, él tenía una madre que lo quería, que lo defendía, que creía en él y animaba sus aspiraciones. Gracias en parte a su aliento y su apoyo, Alan Silva fue uno de los pocos hombres de Boston que fueron a la universidad. Poco después de obtener el título de Ingeniería Eléctrica fue contratado por una empresa telefónica y tuvo una larga carrera antes de jubilarse a los cincuenta y seis años.

Con noventa y cinco, a Alan ya no le interesan las películas nuevas, pero sigue viendo sus clásicos favoritos por televisión. Cuando le preguntaron en 2006 qué era lo que más lo enorgullecía de su vida, no habló de su carrera profesional ni de su título universitario:

—Este año cumpliremos cuarenta y ocho de casados. Los niños salieron bien y los nietos también. Estoy orgulloso de mi familia.

La historia de Alan pone de manifiesto las lecciones del Estudio Harvard sobre el poder de las relaciones y nos recuerda una verdad importante: todos nos enfrentamos a una mezcla abundante de cosas que no podemos controlar y otras que sí. Cada cual debe encontrar la manera de jugar las cartas que recibió.

¿QUÉ CAPACIDAD TENEMOS DE CONTROLAR NUESTRA FELICIDAD?

> La felicidad y la libertad empiezan cuando se entiende perfectamente cierto principio. Algunas cosas están bajo nuestro control. Y otras no.
>
> EPÍCTETO, *Disertaciones*

Epícteto, otro gran filósofo griego, nació esclavo, de modo que el control constituía un tema personal en su caso. Ni siquiera sabemos qué nombre le puso su madre; Epícteto es una palabra griega que significa «adquirido». Cuando nos obsesionamos con cosas que quedan fuera de nuestro control, decía Epícteto, nos amargamos. De modo que un proyecto vital importante es distinguir cuáles son esas cosas.

La «Oración de la serenidad»[17] del teólogo Reinhold Niebuhr es una versión moderna de esta idea y, aunque la versión original es algo distinta, suele citarse habitualmente así:

> Dios, otórgame serenidad para aceptar lo que no puedo cambiar, valentía para cambiar lo que sí puedo, y sabiduría para distinguir entre ambas cosas.

A menudo, la gente piensa (y es comprensible): «La felicidad verdadera está fuera de mi alcance, porque hay muchas cosas que no puedo evitar, porque son inamovibles. No tengo una buena genética; no soy extrovertido; sufrí traumas en el pasado a los que aún me enfrento; no tengo los privilegios que conceden ventaja a otras personas en este mundo desequilibrado e injusto».

Hay muchas cosas que importan en la lotería de la vida. Puede que no nos guste, pero hay características con las que nacemos, que están en nuestro cuerpo y en nuestro entorno, que afectan a nuestro bienestar y que también quedan fuera de nuestro control personal inmediato. La genética importa. El género importa. La inteligencia. La discapacidad. La orientación sexual. La etnicidad. Y todo esto importa, claro está, debido a nuestros sesgos y prácticas culturales. Los estadounidenses negros, por ejemplo, son uno de los grupos más desaventajados, si no el que más, de Estados Unidos. En promedio, los estadounidenses afroamericanos tienen menos ahorros, unas tasas más altas de entrada en prisión y peor salud que cualquier otro grupo étnico; todo ello contribuye a una desventaja socioeconómica persistente con la que es difícil romper. Como muestran el estudio de Deaton y Kahneman y muchos otros, el estatus socioeconómico puede afectar al bienestar socioeconómico.

Esto nos lleva de nuevo al Estudio Harvard y a una pregunta importante sobre su distribución étnica: ¿cómo pueden las vidas de hombres blancos como John, Leo y Henry, hombres que crecieron en Estados Unidos a mediados del siglo XX, decirnos algo sobre las mujeres o sobre personas racializadas modernas, sobre individuos de trasfondos, culturas y países completamente distintos? ¿Acaso los hallazgos del Estudio Harvard son relevantes para alguien fuera del segmento demográfico de sus participantes?

Cuando le preguntan a Marc sobre esto, él suele aludir a un llamativo e influyente artículo publicado en la revista *Science.*[18] En él, se intentaba determinar si existía relación entre las conexiones sociales y el riesgo de morir a cualquier edad y, para ello, se recopilaban los datos de mujeres y hombres de cinco estudios distintos llevados a cabo en cinco lugares del mundo.

Uno de ellos era Evans County, en Georgia (Estados Unidos); otro era el este de Finlandia.

Seguramente hay pocas cosas que sean más distintas que la vida de una mujer negra criada en el sur de Estados Unidos en la década de 1960 y la de un hombre blanco que vive a la orilla de un lago helado en Finlandia. En casi todos los ámbitos vitales que puedas imaginar, se podría esperar encontrar enormes diferencias.

Los cinco estudios eran prospectivos y longitudinales; como el Estudio Harvard, observaban las vidas a medida que se desarrollaban.

Tanto en hombres como en mujeres, la geografía y la raza eran importantes, como lo son en muchos estudios. Los individuos de Evans County tenían, en promedio, las tasas de mortalidad más altas del estudio, y los del este de Finlandia, las más bajas. En Evans County, las personas negras tenían un riesgo más alto de morir que las blancas en cualquier momento de sus vidas, aunque la diferencia era relativamente pequeña en comparación con las diferencias entre Finlandia y Evans County.[19] Vistas en su conjunto, estas diferencias son extremas y significativas. Pero esa es solo una parte de la historia. Si tiramos un poco más del hilo, los datos de hombres y mujeres en las cinco localizaciones muestran un patrón notablemente parecido: las personas que estaban más conectadas socialmente tenían menos riesgo de morir a cualquier edad. Ya fueras una mujer negra de la Georgia rural o un hombre blanco finlandés, cuanto más conectado con los demás estuvieras, menor era tu riesgo de morir.

Esta consistencia en los hallazgos en distintas localizaciones y grupos demográficos es lo que los científicos denominan «replicación», el santo grial de la investigación, y no es fácil de encontrar. Solo porque un estudio científico dé con algo interesante, esto no significa que la cuestión quede zanjada. La buena ciencia precisa que los hallazgos sean replicados. Especialmente cuando el objeto de estudio es algo tan complejo como la vida humana, es crucial encontrar señales consistentes en muchos estudios, todos apuntando en una dirección parecida. Solo entonces podemos confiar en que lo que vemos no es una coincidencia.

Más de veinte años después de este análisis de cinco estudios, otro mucho más grande afianzó la conexión entre relaciones y riesgo de muerte.[20] Julianne Holt-Lunstad y sus colegas analizaron 148 estudios llevados a cabo en países de todo el mundo (Canadá, Dinamarca, Alemania, China, Japón, Israel y otros) con un total combinado de más de 300 000 participantes. Este análisis repitió los hallazgos del estudio destacado en el artículo de *Science*: en todos los grupos de edad, géneros y etnicidades, las conexiones sociales sólidas se asociaban con un aumento de la probabilidad de vivir más años. De hecho, Holt-Lunstad y sus colegas cuantificaron la asociación: aunque resulte increíble, la conexión social incrementa en más de un 50 % la probabilidad de sobrevivir. En todos estos estudios, la tasa de mortalidad de los individuos con menos lazos era entre 2.3 (hombres) y 2.8 (mujeres) veces superior que la de los individuos con más lazos. Son interrelaciones muy importantes, comparables con las de los efectos del tabaquismo o de padecer un cáncer. Y fumar, en Estados Unidos, se considera la principal causa de muerte evitable.[21]

El estudio de Holt-Lunstad se hizo en 2010. A medida que avanza el tiempo, estudio tras estudio, incluido el nuestro, se sigue reforzando la conexión entre buenas relaciones y buena salud,[22] independientemente del lugar de residencia, edad, etnicidad o contexto de la persona.[23] Aunque la vida de un niño italiano pobre criado durante la Gran Depresión en el sur de Boston y la de un graduado de Harvard en 1940 que llegó a convertirse en senador son bastante diferentes entre sí, y aún más de la de una mujer racializada moderna, todos compartimos una humanidad. Como la revisión de Holt-Lunstad, los análisis de cientos de estudios nos dicen que los beneficios básicos de la conexión humana no varían mucho entre barrios, ciudades, países o etnicidades. Es indiscutible que la disparidad existe en muchas sociedades: hay prácticas culturales y factores sistémicos que provocan cantidades significativas de desigualdad y dolor emocional. Pero la capacidad que tienen las relaciones para afectar a nuestro bienestar y salud es universal.

A medida que avancemos, nos centraremos en identificar qué puedes hacer, independientemente de la sociedad en la que vivas o del color de tu piel. Lo que queremos destacar son los factores maleables que se ha demostrado que afectan a la calidad de vida individual en muchas circunstancias distintas: los factores que pueden tener un impacto en tu vida y que están bajo tu control.

Pero ¿qué tipo de impacto? ¿Cómo de importantes son las cosas que no podemos cambiar en comparación con las que sí?

Es una pregunta que nos plantean mucho y de muchas maneras. Uno de nosotros está charlando sobre nuestra investigación después de una conferencia o en una reunión informal y, de repente, alguien pone cara de preocupación y casi podemos saber lo que va a preguntar antes de que abra la boca:

—Si mis principales preocupaciones son el dinero y la salud, ¿lo que dices es relevante para mí?

O bien:

—Si soy tímido y me cuesta hacer amigos, ¿nunca tendré una buena vida?

O, como le preguntó una mujer hace poco a Bob:

—Si mi infancia fue mala, ¿estoy jodida?

Decir que algo importa y decir que tu destino está sellado son dos cosas muy distintas. En ciencia, los investigadores se centran en encontrar diferencias entre grupos. Usamos el desafortunado término «estadísticamente significativas» para indicar que estas diferencias parecen fiables. Sin embargo, hay diferencias muy pequeñas que pueden ser estadísticamente significativas; tan pequeñas que prácticamente no significan nada. Así que, además de decir que estos factores importan, tenemos que pensar en cuánto lo hacen.

CÓMO SE REPARTE EL PASTEL DE LA FELICIDAD

La investigadora y psicóloga Sonja Lyubomirsky argumenta, con evidencias abrumadoras, que de verdad existen respuestas a la pregunta «¿Qué nos hace felices?». En un análisis que habría enorgullecido a Epícteto, examinó hasta qué punto se puede cambiar nuestro nivel de felicidad.

Basándose en hallazgos de un gran número de estudios, desde la felicidad de gemelos criados en familias distintas hasta la conexión entre sucesos vitales y bienestar, intentó descubrir la mutabilidad de la felicidad. Investigaciones anteriores sugieren que los seres humanos tienen una «felicidad por defecto» (o «nivel basal de felicidad»), sobre la que influyen mucho la genética y los rasgos de personalidad. Independientemente de lo infelices que nos sintamos durante un tiempo o de lo magníficamente que lo hagamos en otro, acabamos desplazándonos hacia ese punto por defecto. Este es un hallazgo sólido del que hace décadas se habla en la literatura psicológica. En general, después de que pase algo que nos ponga más contentos o más tristes, ese extra positivo o negativo empieza a disiparse y regresamos al nivel general de felicidad que hemos sentido siempre. Por ejemplo, un año después de ganar la lotería, los afortunados son indistinguibles del resto de nosotros en cuanto a felicidad.

Pero si te parece que la felicidad por defecto implica que nuestro bienestar es inmodificable vale la pena indicar que, en este caso, el vaso está medio lleno o, al menos, a un 40 %. Lyubomirsky y sus colegas usaron datos de investigaciones para estimar que nuestra actividad intencionada pesa mucho en lo relacionado con la felicidad. Nuestras acciones y decisiones suponen aproximadamente un 40 % de ella.[24] Se trata de una parte medible que sigue bajo nuestro control.

Estos hallazgos ponen de manifiesto una de las verdades más esenciales y esperanzadoras sobre los seres humanos: nos adaptamos. Somos criaturas resilientes, trabajadoras y creativas que pueden sobrevivir a increíbles adversidades, reírse de las malas épocas y salir de ellas más fuertes. Pero hay otra vertiente de esto, tal y como nos muestra la idea de una «felicidad por defecto» y la investigación de los ganadores de la lotería: cuando las circunstancias mejoran, nos acostumbramos a ello. Nuestro bienestar emocional no puede mejorar hasta el infinito. Nos acomodamos. Tendemos a dar las cosas por descontadas. Este es un punto clave cuando hablamos de dinero. Quizá creas que obtener un salario de seis cifras o cambiar de empleo o de coche te hará feliz, pero muy pronto te acostumbrarás a esa situación y tu cerebro pasará al siguiente reto, al siguiente deseo. Ni siquiera quienes ganan la lotería se mantienen eufóricos para siempre.

Esto no señala un defecto del carácter humano, sino un hecho biológico: todos nos enfrentamos a las experiencias, tanto positivas como negativas, en el mismo terreno de juego psicológico y neurológico de nuestro cerebro. Aquí la ciencia encaja con un principio central del estoicismo y del budismo, así como de muchas otras tradiciones espirituales: la forma en la que nos sentimos no está tan determinada por lo que sucede a nuestro alrededor como por lo que sucede en nuestro interior.

David Foster Wallace, en el discurso de inauguración de Kenyon que citamos anteriormente, señaló lo que la cultura occidental moderna (aunque también otras) hizo con esos terrenos de juego que todos tenemos,[25] al proporcionarnos

> una riqueza y una comodidad y una libertad extraordinarias. La libertad de ser todos señores de esos reinos diminutos que tenemos en el cráneo, a solas en el centro de la creación entera. Se trata de una clase de libertad muy recomendable. Pero, por supuesto, hay muchas clases distintas de libertad, y de la más preciosa de todas no van a oír hablar mucho en ese gran mundo de triunfos y logros y exhibiciones que hay ahí fuera. El tipo de libertad realmente importante implica atención y conciencia y disciplina y esfuerzo, y ser capaz de preocuparse de verdad por otras personas y sacrificarse por ellas, una y otra vez, en una infinidad de pequeñas y nada apetecibles formas, día tras día. Esa es la auténtica libertad.

EL MOTOR DE UNA BUENA VIDA

Leo DeMarco, el profesor de preparatoria, tuvo cuatro hijos. Tres de ellos siguieron participando en el estudio. En 2016, su hija Katherine acudió a nuestras oficinas para una entrevista y una serie de pruebas sobre su salud física y su enfoque para el abordaje de las dificultades emocionales. Durante estas visitas, que acostumbraban a durar medio día, pedíamos a los participantes que nos contaran recuerdos de momentos difíciles o «malos» de sus vidas. Estas experiencias son reveladoras tanto desde un punto de vista humano como científico, dado que los malos momentos acostumbran a enseñarnos cosas y también nos dan pistas sobre cómo se enfrenta la gente a las dificultades. Tras pedirle a Katherine que nos contara un mal momento, ella escribió sobre la siguiente experiencia:

> Cuando mi marido y yo estábamos intentando tener un hijo por primera vez, tuve cuatro abortos en un periodo relativamente corto de tiempo. Esa fue, seguramente, la primera vez en mi vida que sentí que no tenía control sobre las cosas. Se suele decir que uno aprende más de los fracasos que de los éxitos y, si lo pienso, fue entonces cuando yo aprendí precisamente eso. Nos puso a prueba a mi marido y a mí y recuerdo entender que debíamos ir juntos como pareja para que el deseo de convertirnos en una familia no consumiera por completo nuestras vidas. Fue un periodo muy triste para mi esposo y para mí. Pero también lo veo como una época en la que aprendimos de verdad a ser un «equipo» cuando las cosas se ponían difíciles. También elegimos de forma consciente no permitir que la experiencia de crear una familia invadiera toda nuestra vida. Nos teníamos mutuamente como compañeros y necesitábamos cuidarnos, con o sin hijos.

Las relaciones no solo son imprescindibles como trampolín para otras cosas y no son sencillamente una ruta funcional para obtener salud y felicidad. Son una finalidad en sí mismas. Katherine deseaba profundamente tener un hijo, pero entendía que cuidar su matrimonio era vital e importante en sí mismo, lograran o no alcanzar el objetivo de procrear. Aunque, como científicos, intentamos cuantificar los efectos de las relaciones sobre nosotros, estas están llenas de experiencias fugaces y en constante cambio y eso es, en parte, lo que las convierte en antídotos vivientes de la vida material repetitiva. Los demás siempre serán, de algún modo, escurridizos y misteriosos, y eso es lo que hace que las relaciones sean interesantes y merezcan nuestra atención independientemente de su utilidad inmediata. «El amor, por su propia naturaleza, no es mundano»,[26] escribió la filósofa Hannah Arendt.

Debido a su centralidad en nuestra experiencia diaria, las relaciones son una parte potente y pragmática del rompecabezas que es nuestra vida. Ese valor pragmático cada vez se aprecia menos. Las relaciones son la base de nuestras vidas, intrínsecas a todo lo que hacemos y todo lo que somos. Incluso cosas como los ingresos y los logros que, *a priori*, parecen desconectadas de las relaciones, pueden ser, en la práctica, difíciles de separar de ellas. ¿Qué sentido tendrían los logros si no hubiera nadie cerca para apreciarlos? ¿Qué sentido tendrían los ingresos si no hubiera nadie con quien compartirlos, ningún entorno social que les diera sentido?

El motor de una buena vida no es el yo, como creía John Marsden, sino nuestra conexión con los demás, como demuestra la vida de Leo DeMarco. Los movimientos internos de la máquina que somos son las sensaciones que nos transmitieron nuestros ancestros, desde los mayores desengaños amorosos a la sutil sensación de camaradería pasando por la triste pérdida de la euforia del amor romántico (o, como lo denomina John Kabat-Zinn, tomando prestada una frase de la película *Zorba, el griego*, «la catástrofe total»). Es ahí donde tiene lugar la buena vida, en el tiempo real, en la experiencia momentánea de una conexión.

Quizá estás pensando, de acuerdo, sí, pero ¿cómo? ¿Cómo mejoro mis relaciones? No basta con chasquear los dedos. ¿Y cómo sería ese cambio? ¿Por dónde empiezo?

Cambiar tu vida, especialmente tus hábitos diarios, puede ser muy difícil. Muchos empezamos a mejorarla con las mejores intenciones y acabamos superados por la fuerza de nuestros hábitos mentales profundamente establecidos y la inercia de la cultura en la que vivimos. Al enfrentarnos a la complejidad de la vida es fácil decir: «Lo intenté, pero no me sale. Me dejaré llevar y en paz».

Lo vemos todos los días en nuestra práctica profesional. Cuando una persona rema durante gran parte de su vida en una dirección que parece estar agotada, le cuesta abrirse a la posibilidad de que exista otro camino distinto y fértil.

La situación de Katherine podría haber empeorado fácilmente. Pero fue capaz de reconocer lo que no podía controlar, llevar un embarazo a término, y lo que sí, cuidar su matrimonio. Fueron capaces de mantener una relación íntima y comprensiva durante este periodo tan difícil de sus vidas. Afortunadamente, Katherine acabó quedándose embarazada y dando a luz a un hijo, al que ella se refería como su «bebé milagro». Pero incluso antes de que eso sucediera, ya había ganado una importante batalla. Se había enfrentado a una gran dificultad con la cabeza alta, había tomado buenas decisiones sobre cómo responder a ella y se había centrado en cuidar la relación que iba a verse más afectada y que más la iba a ayudar en aquel proceso.

Las vidas del Estudio Harvard y de muchos otros nos cuentan que toda existencia tiene giros y quiebres y que las decisiones que tomamos importan. Estas vidas son la prueba de que tenemos a nuestra disposición buenas oportunidades de mejorar nuestro bienestar emocional en todas las etapas y situaciones vitales.

Los capítulos que vienen a continuación contienen muchas investigaciones e historias personales y esperamos que reconozcas, especialmente en las historias, partes de ti y de tus seres queridos. También esperamos que estos relatos de errores y redención, de desconexión y amor, te animen a reflexionar sobre sus similitudes con tu vida, a pensar en las áreas en las que te va bien y en las que quizá quieras mejorar. Cada uno de nosotros tiene un almacén de experiencias al que recurrir, que puede apuntarnos en la dirección de la felicidad.

Empecemos con una lente amplia, una especie de observación a vista de pájaro de la línea temporal de una vida humana. Localizarte en ese mapa te ayudará a saber por dónde empezar. Porque antes de llegar a tu destino, tienes que saber a dónde vas.

3

LAS RELACIONES EN EL SINUOSO CAMINO DE LA VIDA

> A menudo encontramos nuestro destino por los caminos que tomamos para evitarlo.
>
> JEAN DE LA FONTAINE[1]

Cuestionario del Estudio Harvard, 1975:

> Después de cumplir los cincuenta años, ¿puedes decirnos a qué problemas vitales te enfrentaste que no te parecían tan importantes cuando eras más joven? ¿Cómo intentaste enfrentarte a ellos?

A medida que Wes Travers se acercaba a los sesenta años, le dio por reflexionar. Volviendo la vista atrás, intentaba encajar sus experiencias pasadas con el hombre que era en aquel momento. ¿Cómo había llegado hasta allí? ¿Cuáles habían sido los puntos de inflexión? Solía regresar a un suceso en concreto, aunque apenas lo recordaba: cuando él tenía siete años, su padre llenó una maleta pequeña, salió por la puerta del departamento familiar, que estaba en el tercer piso de un bloque de viviendas de alquiler en el West End de Boston, y nunca regresó. Wes, su madre y sus tres hermanos no tenían ni idea de cómo iban a ganarse la vida sin él, pero también sintieron cierto alivio. Mientras los niños habían sido pequeños, su padre había sido amable y atento. Pero a medida que crecieron, él cambió. Se volvió violento y proclive a los ataques de ira. Era habitual que les diera brutales palizas a sus hijos mayores, a menudo hasta que corría la sangre. Llegaba a casa borracho de madrugada. Era infiel a la madre de Wes. Cuando se fue, se instaló una nueva y deseada paz en el hogar. Pero también surgió una nueva serie de problemas y responsabilidades económicas para los niños, que tuvieron preocupaciones adultas demasiado pronto. La ausencia de su padre afectó en todos los aspectos a los años formativos de Wes.

—Me pregunto cómo habría sido mi vida si él no se hubiera ido —afirmó más tarde, en el estudio—. No sé si habría sido mejor o peor. Pero pienso en ello.

Cuando el Estudio Harvard conoció a Wes a los catorce años, su vida ya había pasado por una larga serie de dificultades. Su postura era algo encorvada y padecía estrabismo, una enfermedad que hacía que uno de sus ojos no se moviera en consonancia con el otro. Debido a su timidez y a problemas para expresar sus ideas con palabras, le costó contar al Estudio Harvard cómo era exactamente su vida, pero se las arregló para hacer una descripción básica. La escuela le costaba. No se podía concentrar, se embobaba y sacaba malas notas en todas las asignaturas. Cuando le preguntaron:

—¿A qué aspiras en la vida?

Wes respondió:

—A ser cocinero.

Como la mayoría de las personas a su edad (o a cualquier otra), a Wes le costaba visualizar nada más allá de su experiencia actual. Superado en aquel momento por sus problemas, no tenía planes y albergaba muy poca esperanza en el futuro. Pero el camino que tomaría aún no estaba decidido. Si pudiéramos viajar atrás en el tiempo y mostrarle a su yo adolescente lo que vendría, le sorprendería mucho la dirección que acabaría tomando su vida. Como veremos, no fue para nada como él la esperaba.

EL MAPA Y EL TERRITORIO

Una de las ventajas de un estudio longitudinal que dura toda una vida es que se puede usar para elaborar un mapa de toda la trayectoria de una persona a lo largo de su existencia. Esto permite ver los sucesos y problemas en mitad del flujo de todo lo que vino antes y después. Podemos identificar los giros y los callejones sin salida, las colinas y los valles, y hacernos una idea del viaje en su conjunto. No solo de lo que pasó, sino de cómo otras cosas podrían habernos conducido a otro lugar y por qué. Los expedientes se parecen un poco a las historias. Es difícil leerlos y no sentir nada por los participantes. Y está bien que así sea, porque, en primer lugar y por encima de todo, son relatos de aventuras personales de seres humanos. Sin embargo, cuando estos se combinan con otros cientos y se traducen cuidadosamente a números, se convierten en materia prima para la ciencia y muestran no solo vidas, sino patrones vitales.

Si comparas la línea temporal de tu vida con la de todos los demás lectores de este libro, verías cómo emergen patrones similares a los de los participantes del Estudio Harvard. Tu vida será única en algunos de sus detalles, como la de todo el mundo, pero también surgirán parecidos sorprendentes entre géneros, culturas, etnicidades, orientaciones sexuales y contextos socioeconómicos. Wes tuvo un padre maltratador, pero quizá tú conviviste con la crisis matrimonial de tus padres, lo que te causó una gran ansiedad, o tuviste un problema de aprendizaje que te hizo sufrir acoso y miedo en la escuela. Las experiencias humanas compartidas y los patrones vitales repetidos nos recuerdan que, independientemente de lo solos que nos sintamos cuando experimentamos dificultades o problemas, hay otras personas que pasaron por cosas parecidas en el pasado y otras que lo están haciendo ahora mismo. De este modo, el material científico aparentemente desprovisto de emoción puede resultar conmovedor: nos recuerda que no estamos solos.

Y, claro está, otra cosa que todos compartimos es la naturaleza cambiante de nuestras vidas e incluso de nosotros mismos. A menudo, esos cambios son tan graduales que no los vemos. Nuestra percepción es que somos como una roca, inmutable en el río, mientras el mundo fluye a nuestro alrededor. Pero esa percepción es un error. Estamos en perpetua transformación de lo que somos a lo que seremos.

Este capítulo se trata de observar a vista de pájaro esos patrones y el sinuoso camino del cambio. Tomar perspectiva y ver el conjunto arroja luz sobre aspectos de nuestra experiencia —cómo cambiamos y qué podemos esperar— y también sobre lo que atraviesan los demás. La vida se ve distinta a los veinte que a los cincuenta o a los ochenta años. Suele decirse que «todo es según el color del cristal con que se mira»: cómo vemos el mundo depende de nuestra situación.

Ese es el primer paso, básico, que usamos como terapeutas y entrevistadores cuando estamos conociendo a alguien. Si nos sentamos con una persona que tiene treinta y cinco años, podemos suponer con bastante certeza algunas de las cosas que le habrán pasado y qué es lo que le espera en el futuro. Nadie encaja perfectamente en el modelo. La vida es demasiado interesante para que así sea. Pero teniendo en cuenta en qué etapa de la vida está alguien, podemos arrancar el proceso de entender su experiencia. Esto mismo es útil para todas las personas con las que te relacionas en tu vida, e incluso para ti. Saber que no estás solo, que existen dificultades predecibles a las que se enfrentan muchas personas, hace que la vida sea ligeramente más fácil.

Cuando les preguntamos a los participantes qué creían que era lo más valioso de formar parte de un estudio de ochenta años de duración, muchos dijeron que les daba la oportunidad de evaluar su vida a intervalos regulares. Wes era uno de ellos. Mencionó más de una vez que dedicar algunos momentos a reflexionar sobre cómo se sentía y cómo era su vida lo ayudaba a apreciar lo que ya tenía y a identificar lo que quería. La buena noticia es que no necesitas formar parte de un estudio para hacerlo. Basta un poco de esfuerzo y un poco de autorreflexión. Esperamos que este capítulo te señale el camino.

TU PROPIO MINIESTUDIO HARVARD

Si alguna vez viste una grabación de tu madre o tu padre de muy jóvenes ya sabes lo sorprendentes que resultan. Parecen personas que podríamos haber conocido en lugar de los padres que nos crearon. A menudo parecen menos preocupados, más desenfadados y, de algún modo, distintos. Nuestras propias fotografías de jóvenes pueden resultar aún más sorprendentes. Puede que al ver nuestros yos más jóvenes sintamos una dulce nostalgia, o quizá una sensación de melancolía al enfrentarnos a los cambios físicos, los sueños abandonados o las creencias que atesorábamos. Para otros, como Wes, mirar a su yo más joven les recuerda momentos de tristeza y dificultad difíciles de rememorar.

Estas impresiones apuntan a áreas de nuestras vidas que son importantes para nosotros y que pueden convertirse en algo útil usando un sencillo pero potente ejercicio que desarrollamos en nuestra fundación Lifespan Research (<www.lifespanresearch.org>). Esto implica llevar a cabo cierta indagación personal, pero, si te parece, te invitamos a acompañarnos.

Busca una fotografía de ti cuando tenías aproximadamente la mitad de tu edad actual. Si tienes menos de treinta y cinco años, busca una de cuando empezabas tu vida adulta. En realidad, sirve cualquier foto de cuando eras mucho más joven. No te limites a imaginar esa época: intenta encontrar una foto. La realidad viva de una fotografía, los detalles del momento y el lugar, la expresión de tu rostro..., todo ayuda a evocar la sensación que hace que este ejercicio valga la pena.

Ahora mírate bien en ella. Después de preguntarte por qué te gustaba tanto la ropa marrón o de maravillarte por tu peso o tu entonces brillante cabello, intenta regresar al momento en el que se hizo la fotografía. Obsérvala de verdad: dedica unos minutos (¡mucho tiempo!) solo a sumergirte y recordar esa época de tu vida. ¿En qué pensabas entonces? ¿Qué te preocupaba? ¿Dónde depositabas tus esperanzas? ¿Qué planes tenías? ¿Con quién pasabas el tiempo? ¿Qué era lo más importante para ti? Y, quizá, la pregunta más difícil a la que enfrentarse: cuando piensas en esa época, ¿de qué te arrepientes?

Ayuda poner en palabras las respuestas a estas preguntas. Escríbelas con tanto detalle como quieras. Si alguien cercano a ti siente curiosidad por lo que estás leyendo, plantéate pedirle que busque una fotografía suya y haga este ejercicio contigo. (Como investigadores longitudinales, te sugerimos que, si tienes la foto impresa, la uses como separador y, cuando termines el libro, la dejes dentro junto con tus notas. Alguien a quien conozcas quizá extraiga algo de ello en el futuro cuando intente hacer el ejercicio; este tipo de informes sobre la vida y los pensamientos pasados de nuestros seres queridos son escasos y valiosos.)

TRAS LOS PASOS DE LA HISTORIA (Y MÁS ALLÁ)

El Estudio Harvard no es en ningún caso el primer intento de extraer datos útiles de experiencias humanas. Durante milenios, las personas han intentado desbloquear los secretos de la vida buscando patrones que han analizado de muchas maneras, categorizándolos a menudo en etapas.

Los griegos tenían distintas versiones de las etapas vitales.[2] Aristóteles describió tres. Hipócrates, siete. Para cuando

Shakespeare escribió sobre las «siete edades del hombre» en su famoso monólogo «El mundo entero es un escenario», en *Como gustéis*, la idea de que la vida sucede en etapas seguramente ya le resultaba familiar a su público. Lo más probable es que el propio Shakespeare la aprendiera en la escuela.

Las enseñanzas islámicas también mencionan siete etapas de existencia.[3] Las budistas ilustran diez fases a lo largo del camino a la iluminación usando la metáfora del rebaño de bueyes.[4] El hinduismo identifica cuatro[5] (llamadas *asramas*), que se corresponden con muchas teorías psicológicas modernas sobre las etapas vitales: el alumno, que aprende sobre el mundo; el cabeza de familia, que desarrolla un objetivo y cuida de los suyos; el apartado, que se retira de la vida social; y el asceta, que se compromete con la búsqueda de una mayor espiritualidad.

La ciencia tiene su propio punto de vista sobre el desarrollo biológico y psicológico del ser humano. Durante mucho tiempo, se centró casi exclusivamente en el desarrollo durante la primera infancia. Hasta hace poco, los libros de texto de psicología solo dedicaban una breve sección al desarrollo en adultos. Se pensaba que, una vez alcanzada la edad adulta, la persona ya estaba completamente formada; el único cambio importante era la decadencia, tanto física como mental.

En las décadas de 1960 y 1970 esta perspectiva empezó a cambiar. George Vaillant, el director del Estudio Harvard desde 1972 hasta 2004, fue uno de los muchos científicos que empezaron a considerar la edad adulta un periodo de importantes flujos y oportunidades. Es difícil observar los datos longitudinales del Estudio Harvard y llegar a otra conclusión. También hubo nuevos descubrimientos sobre la «plasticidad» del cerebro humano, que mostraban que la reducción del volumen y la función cerebral no eran los únicos cambios que los adultos experimentaban con la edad; también se desarrollaban cambios positivos a lo largo de la vida.

Resumiendo, la ciencia más reciente muestra que da igual el punto en el que te encuentres en tu vida: estás cambiando. Y no solo para empeorar: el cambio positivo es posible.

TODO (O AL MENOS LA MITAD) ES CUESTIÓN DE TIEMPO

Para entender el ciclo vital hay dos perspectivas que resultan especialmente útiles. La primera, mencionada originariamente por Erik y Joan Erikson, enmarcaba el desarrollo adulto en una serie de dificultades claves a las que todos nos enfrentamos a medida que nos hacemos mayores.[6] La segunda es una teoría de Bernice Neugarten sobre las expectativas sociales y culturales que analiza en qué momento tendrán lugar los sucesos vitales.[7]

Los Erikson identificaron las etapas vitales basándose en dificultades cognitivas, biológicas, sociales y psicológicas, y las enmarcaron como «crisis»: cada cual supera o no cada dificultad concreta. Y en todos los momentos de nuestra vida nos enfrentamos al menos a uno y, a menudo, a más de uno de estos obstáculos. Por ejemplo, durante los primeros años como adultos nos enfrentamos a la dificultad de crear relaciones íntimas o quedarnos aislados. Durante este periodo, nos preguntamos: «¿Encontraré a alguien a quien querer o me quedaré solo?». En la mediana edad nos enfrentamos a la dificultad de generar una sensación de movimiento y creación o sentirnos estancados («¿Seré creativo y contribuiré al desarrollo de la siguiente generación o me quedaré atrapado en una rutina centrada en mí?»). Estas etapas eriksonianas han sido empleadas durante décadas por psicólogos y terapeutas para poner en un contexto útil las trabas vitales.

Bernice Neugarten, otra pionera en el estudio de cómo cambian los adultos, tiene otra perspectiva. En lugar de definir la vida en su conjunto mediante un «reloj del desarrollo», Neugarten argumenta que la sociedad y la cultura moldean este desarrollo de formas muy importantes. Nuestra educación e influencias (amigos, noticias, redes sociales, películas) crean un «reloj social» u horario informal de sucesos que se supone que tienen que darse en momentos concretos de nuestras vidas. Los relojes sociales son distintos entre culturas y generaciones. Sucesos claves como abandonar el hogar familiar, empezar una relación de pareja a largo plazo y tener hijos tienen todos ellos distinto valor cultural y están situados en puntos distintos de la línea temporal y los experimentamos como «a tiempo» o «a destiempo» en función de si creemos que estamos cumpliendo con las expectativas sociales. Muchas personas que se identifican como LGBTIQ+ experimentan que sus vidas van «a destiempo»,[8] porque muchos de los sucesos que se emplean como marcadores reflejan estilos de vida tradicionales de personas heterosexuales. Neugarten dijo que ella misma había ido «a destiempo» en muchas cosas importantes. Se casó pronto y empezó su carrera profesional tarde. En teoría, los sucesos «a tiempo» nos ayudan a sentir que nuestras vidas van por buen camino y los sucesos «a destiempo» hacen que nos preocupemos por habernos desviado. Lo que nos angustia de los sucesos a destiempo no es que sean estresantes en sí, sino que no encajan con las expectativas ajenas (y propias).

Estas dos ideas —que la vida es una secuencia de dificultades y la distinta importancia social de los sucesos y el momento en el que tienen lugar— nos resultan muy útiles para explicar cómo nos sentimos en relación con nosotros mismos y cómo nos relacionamos con el mundo en distintos momentos de nuestra existencia.

Pero hay otra forma de observar el sinuoso camino que es la vida: mediante la lente de nuestras relaciones. Dado que la vida humana es esencialmente social, cuando hay cambios importantes que nos afectan profundamente, nuestras relaciones suelen ser un elemento central del flujo de acontecimientos. Cuando un adolescente se va de casa de sus padres, ¿qué es lo que produce los sentimientos más intensos que afloran?: ¿el hecho de vivir en un lugar nuevo? ¿O hacer nuevas amistades y estar lejos de los padres? Cuando dos personas se casan, ¿lo que cambia sus vidas es la ceremonia, el suceso o el vínculo que establecen? A medida que nos desarrollamos y cambiamos con el tiempo, nuestras relaciones son lo que más a menudo nos muestra quiénes somos en realidad y lo lejos que hemos llegado en nuestro camino vital.

Una buena vida necesita crecimiento y cambio. Este cambio no es un proceso automático que tenga lugar a medida que envejecemos. Lo que experimentamos, lo que superamos y lo que hacemos: todo afecta a la trayectoria de crecimiento. Las relaciones son un agente central de este proceso de desarrollo. Los demás nos plantean retos y nos enriquecen. Las nuevas relaciones van acompañadas de nuevas expectativas, nuevos problemas, nuevas colinas que escalar... y, a menudo, no estamos «listos». Muy pocas personas, por ejemplo, están alguna vez perfectamente preparadas para ser padres. Pero serlo y responsabilizarse de un ser humano diminuto tiene la capacidad de hacer que la mayoría de nosotros estemos listos. Nos empuja a ello. De alguna manera, logramos estar a la altura de lo que tenemos que hacer, relación a relación, etapa a etapa. Y, en el proceso, cambiamos. Crecemos.

Lo que viene a continuación es una breve hoja de ruta de las etapas vitales observadas mediante las relaciones que las convierten en lo que son. Comparado con la enorme cantidad de literatura disponible sobre el ciclo vital humano esto es como un mapa garabateado en una servilleta.[9] Si te resulta útil, puedes explorar las referencias que incluimos en las notas, al final del libro, y sumergirte aún más en ello. Quizá te reconozcas o reconozcas algunas de tus dificultades, así como habrá cosas que no serán en absoluto aplicables en tu caso; esto le va a pasar a todo el mundo. Pero, incluso si no te reconoces en todas las etapas, quizá sí reconozcas a personas de tu entorno y a seres queridos.

UNA VIDA DE RELACIONES HUMANAS: UNA BREVE HOJA DE RUTA

ADOLESCENCIA (12-19 años): haciendo equilibrios

Vamos a empezar por la etapa vital más infame: la adolescencia. Es una época de crecimiento rápido, pero también de contradicciones y confusión. La vida de un adolescente arde con intensidad a medida que se acerca a la etapa adulta. Si tenemos adolescentes cerca, su camino desde la infancia a la vida adulta puede parecer precario, para ellos y para nosotros. Richard Bromfield capturó bien la sensación de querer a un adolescente cuando la describió como «hacer equilibrios en una cuerda floja» para los padres y las personas que los rodean.[10] Un adolescente necesita de nosotros:

que lo sostengamos, pero no como si fuera un bebé;
que lo admiremos, pero no lo avergoncemos;
que lo guiemos, pero no lo controlemos;
que lo dejemos ir, pero no lo abandonemos.

Por muy inestable que nos parezca esta etapa a quienes los rodeamos, lo es aún más para los propios adolescentes. Necesitan llevar a cabo grandes tareas a medida que se acercan a la edad adulta; la principal: descubrir su propia identidad. Eso implica experimentar nuevos tipos de relaciones y cambiar las ya existentes, a veces de forma radical. Mediante sus encuentros con otros, los adolescentes desarrollan una nueva perspectiva sobre sí mismos, el mundo y los demás.

Desde dentro, la adolescencia se vive como algo emocionante y aterrador. Las posibilidades abundan, pero también los motivos para tener ansiedad, a medida que los adolescentes se enfrentan con preguntas profundas como:

- ¿En qué tipo de persona me estoy convirtiendo? ¿A quién quiero parecerme y a quién no?
- ¿Qué debería hacer con mi vida?
- ¿Estoy orgulloso de quién soy y de en quién me estoy convirtiendo? ¿Cuánto debería intentar parecerme a alguien a quien respeto?
- ¿Seré capaz de abrirme paso en la vida? ¿O dependeré siempre de los demás?
- ¿Cómo sé que les gusto de verdad a mis amigos? ¿Puedo contar con ellos?
- Tengo sentimientos sexuales y románticos intensos que me hacen explotar la cabeza. ¿Cómo gestiono la intensidad de estos nuevos deseos de intimidad y atracción?

En algún momento de la adolescencia, las figuras paternas suelen caerse del pedestal y convertirse en adultos corrientes (y a veces aburridos). Esto crea una vacante temporal en el Departamento de Modelos de Comportamiento. Las figuras paternas siguen siendo necesarias como apoyo (comida, desplazamientos, dinero), pero la acción real tiene lugar con las amistades, que son emocionantes (aunque a veces volátiles) y pueden implicar nuevos niveles de conexión e intimidad. La pregunta «¿quién soy?» es central y los adolescentes se encuentran a menudo descubriéndolo juntos, probando nuevas formas de ser que lo incluyen todo, desde formas de vestir hasta orientaciones políticas o identidades de género. Para muchas personas, los amigos íntimos nunca vuelven a ser tan imprescindibles como durante esta etapa.

Desde fuera, la adolescencia puede parecer un montón de contradicciones. Para un padre de mediana edad, se asemeja a *La invasión de los usurpadores de cuerpos:* quien fue una criatura adorable ahora es un adolescente con cambios de humor bruscos que lo mismo se aferra a ti como si fuera un bebé que se pone respondón. Anthony Wolf dio con un buen título para su guía para padres que resume a la perfección la perspectiva de estos últimos sobre este periodo:[11] *No te metas en mi vida. Pero antes, ¿me llevas al burguer?* Los abuelos que ya asistieron a esta transición con sus propios hijos pueden tener una perspectiva distinta. Para ellos, ese mismo adolescente puede representar el brillante futuro del mundo y la naturaleza cambiante del yo de sus nietos puede parecerles una experimentación necesaria.

Todas estas perspectivas tienen sentido. Igual que el paisaje cambia en un largo viaje por carretera, lo que vemos al observar el mundo depende del punto en el que estemos en nuestro ciclo vital. Tener en cuenta la perspectiva de otra persona, y tomársela en serio, es una habilidad que se puede aprender. Requiere algo de imaginación y esfuerzo, especialmente ante la frustración. Pero puede ayudarnos a dedicar menos tiempo a quejarnos, criticar y desear que el otro fuera distinto, y más a conectar y alimentar la relación.

Si eres padre, abuelo, mentor, maestro, entrenador o modelo de comportamiento de un adolescente, quizá te preguntes: ¿cuál es la mejor forma de apoyarlo, aunque parezca que lo que quiere es ser más independiente? ¿Qué cosas puedo hacer para ayudarlo a salir de este periodo más fuerte y listo para la vida adulta? ¿Cómo puedo sobrevivir yo a su adolescencia?

En primer lugar, que no te engañen sus muestras de arrogancia y gritos de autosuficiencia. Los adolescentes nos necesitan. Algunos lo muestran siendo cariñosos, pero otros insistirán en que no necesitan a nadie. No es cierto. De hecho, puede que la relación de los adolescentes con los adultos sea más crucial en esa etapa que en ningún otro episodio de su vida. La investigación nos indica que los adolescentes que se hacen autónomos sin perder la conexión con sus padres tienen ventaja.[12]

Una participante del Student Council Study (la investigación longitudinal conectada con el Estudio Harvard llevada a cabo con tituladas de tres universidades del noreste) fue capaz de volver la vista atrás como adulta y ver con más claridad el rompecabezas emocional de su etapa adolescente.[13] Después de ser madre de cuatro hijos, reflexionó sobre cómo había cambiado su perspectiva sobre su propia madre y les dijo a los investigadores:

> Hay una típica anécdota de Mark Twain[14] que dice algo sobre lo mucho que aprendió su padre de él mientras estaba entre los quince y los veinte años. Eso es lo que me pasó con mi madre. Aunque, claro está, el cambio lo hice yo, no ella. Durante mucho tiempo, me ofusqué. Tenerla cerca me generaba mucha ansiedad, sobre todo, creo, porque me daba miedo que viviera mi vida por mí en lugar de dejarme ser yo misma. Ahora entiendo lo perfectamente maravillosa que es.

La presencia importa. Los adultos con los que interactúa un adolescente, así como las figuras culturales de nuestros saturados medios actuales, les proporcionan referencias sobre lo que es la vida y lo que puede ser. En este sentido, la disponibilidad de modelos de comportamiento accesibles y en tiempo real es extremadamente importante. Puede que la vida suceda cada vez más en línea (hablaremos más sobre esto en el capítulo cinco), pero la presencia física sigue siendo importante. El modelo en el que se basa un adolescente para imaginar su vida está muy influido por sus compañeros, maestros, entrenadores, padres, padres de sus amigos (un grupo de modelos de comportamiento al que no se le suele dar importancia) y, como en el caso de Wes Travers, hermanos mayores.

EL PASO ADELANTE DE LOS HERMANOS DE WES

Siete años después de que su padre lo abandonara, Wes Travers entró a formar parte del Estudio Harvard. Tenía catorce años. Cuando le preguntaron cómo influía el padre en la vida de los niños ahora que ya no vivía con ellos, la madre de Wes dijo que no le interesaban sus hijos y que el sentimiento era mutuo. Aunque su ausencia complicaba la situación del hogar en el aspecto material, también unió más a la familia. En lugar de hacerlo un padre, ahora eran los niños quienes se cuidaban mutuamente y todos contribuían a los ingresos del hogar, un promedio de 13.68 dólares por persona y semana, y a veces un poco más cuando un hermano necesitaba un par de zapatos nuevo, un abrigo o una cartera. Al ser el pequeño, y algo tímido, los demás cuidaron de Wes e impidieron que buscara un empleo. Querían que estudiara. Así se recordaban a sí mismos a su edad y todos tenían la sensación de haberse tenido que poner a trabajar demasiado pronto en la vida. Intentaban darle a Wes la oportunidad de tener una infancia más larga. Su hermana mayor, Violet, trabajaba como niñera y le daba una paga semanal a Wes para que la gastara en lo que quisiera. Él esperaba cada año con ilusión los campamentos, para los que todos sus hermanos ahorraban. Eso fue lo que hizo que no se metiera en problemas —según contó al estudio—, dado que, entre sus conocidos, vivir en Boston en verano significaba meterse en problemas, así de sencillo. Admiraba a su hermano mayor, un duro trabajador que, tal y como describía Wes, «no decía vulgaridades en casa» y fue un buen ejemplo para él. Una nota escrita a mano por el entrevistador del estudio en la primera conversación con la familia en 1945 captura el lugar especial que Wes tenía en el hogar Travers: «Su hermana Violet dice que cuando Wesley regresó un día por sorpresa del campamento se puso a llorar de alegría».

Pero los hermanos de Wes no podían protegerlo eternamente. Cuando tenía quince años, solo uno después de la primera visita del Estudio Harvard, tuvo que dejar la preparatoria para ayudar a la familia. Durante los cuatro años siguientes trabajó fregando platos y como ayudante de mesero en distintos restaurantes; no tenía amigos de su edad y se pasaba la mayor parte de su tiempo libre en casa. Su búsqueda de ser alguien, de ser algo, se había visto truncada antes de empezar. Más adelante, le dijo al estudio: «Fueron años difíciles. Me sentía un don nadie».

Wes pasó de ser un niño protegido a ser lanzado de bruces contra la responsabilidad adulta, trabajando muchas horas y teniendo muy poco tiempo para divertirse. Esto significa que le fueron negadas muchas experiencias claves en el crecimiento adolescente. Tuvo que abrirse paso en un trabajo no calificado como tantos niños en circunstancias difíciles; tuvo que posponer para otro momento algunas tareas importantes para el desarrollo: por ejemplo, hacer amigos cercanos, descubrir su identidad y aprender a conectar con los demás de forma íntima. Tenía la sensación de que su valía personal era baja y la vida le ofrecía pocas oportunidades de explorar quién era.

Después, con diecinueve años, Estados Unidos entró en la guerra de Corea. Sin estar seguro de en qué se convertiría su vida, y al no ver un futuro en Boston, Wes hizo algo que muchos otros hombres del Estudio Harvard también hicieron: alistarse. Esto era tanto una forma de romper con su adolescencia como de hacer amigos de su edad y de otras clases sociales, una experiencia nueva para Wes. Le ofreció mayores oportunidades de explorar nuevos roles y de pensar en qué quería hacer en la vida. Después de lo que le pareció un periodo inacabable de trabajo duro, Wes había entrado en una nueva fase de desarrollo: la primera etapa adulta.

PRIMERA ETAPA ADULTA (20-40 años): crear tu propia red de seguridad

Peggy Keane, de la segunda generación de participantes en el estudio, cincuenta y tres años:

> Tenía veintiséis años cuando me comprometí con uno de los mejores hombres del planeta. Me sentía amada y adorada sin fisuras. A medida que se acercaba la fecha de la boda me

entró el pánico y supe, en lo más hondo de mí, que no debía casarme. La verdad es que yo sabía que era homosexual. Los planes y el miedo a la realidad me impedían decirlo. Inmediatamente después de la boda, no tardé en encerrarme en mí misma. Buscaba motivos para culpar a mi marido, motivos para que el matrimonio no funcionara. Solo tardé unos meses en rellenar los papeles del divorcio. Todo este suceso es un bache en mi vida. No porque no aceptara mi homosexualidad, sino porque le hice muchísimo daño a un hombre maravilloso. Le causé mucho dolor a mi familia. Y sentí muchísima vergüenza. De nuevo, no por ser homosexual, sino por no haber sido capaz de descubrir antes quién era y por todo el dolor que causé a dos familias y a muchos amigos que apoyaron nuestra relación y vinieron desde muy lejos para celebrar nuestra boda.

Esta fue una experiencia solitaria que Peggy vivió en sus primeros años de edad adulta. Sus padres, Henry y Rosa, a quienes conocimos en el capítulo uno, eran católicos devotos y este episodio tensó su relación con ellos hasta el límite. Se sintió perdida y aislada.

Si es en la adolescencia cuando nos preguntamos por primera vez «¿quién soy?», es en la edad adulta cuando se pone a prueba por primera vez la posible respuesta. Normalmente ganamos independencia de nuestra familia de origen y, por ende, creamos nuevos lazos para llenar ese vacío. El trabajo y la independencia económica se convierten en elementos cruciales y puede que ya nunca nos desprendamos de los hábitos que adquiramos sobre el equilibrio entre trabajo y vida personal. Lo que teje todo esto para formar un todo es el deseo y la necesidad de formar apegos íntimos no solo románticos, sino con alguien en quien podamos apoyarnos y con quien compartir vida y responsabilidades.

Desde afuera, los miembros de la familia de origen pueden ver a los adultos jóvenes como despegados de sus relaciones familiares, porque se centran en el trabajo y quieren construir intimidad emocional con parejas románticas, así como familias propias. Al observar a sus hijos, los padres pueden confundir estos nuevos intereses con falta de cariño o egoísmo. Alguien de más edad mirará al joven adulto con envidia y quizá con un poco de lástima al constatar que los jóvenes están demasiado estresados y no ven la belleza y las posibilidades del tiempo ni las opciones con las que cuentan. Como suele decirse: la juventud se desperdicia en los jóvenes.

Desde adentro, en la primera etapa adulta podemos sentir ansiedad debido a que nos responsabilizamos de nosotros mismos y, al mismo tiempo, nuestro camino en la vida aún es incierto. Los adultos jóvenes también experimentan una intensa sensación de soledad. Para un joven adulto que se esfuerza por encontrar un trabajo con sentido, amigos, amor y conexión con una comunidad, ver cómo lo logran los demás puede ser doloroso.

Los adultos jóvenes a menudo se preguntan cosas como:

- ¿Quién soy?
- ¿Soy capaz de hacer lo que quiero hacer con mi vida?
- ¿Voy por buen camino?
- ¿Cuáles son mis principios?
- ¿Encontraré alguna vez a la persona adecuada a quien querer? ¿Me querrá alguien?

Dos de las cosas más emocionantes de la primera etapa adulta, convertirse en autosuficiente y abrirse paso en el mundo, también pueden ser trampas. Para estar seguros, resulta alentador alcanzar metas personales o laborales, porque nos hacen ganar confianza, pero es fácil perderse en la persecución de logros y dejar de lado relaciones personales igual de importantes.

El impulso de perseguir la autosuficiencia puede generar aislamiento social. Las amistades cercanas son muy importantes en la primera etapa adulta. Incluso un único amigo de verdad que entienda lo que nos pasa, alguien en quien confiar y que nos ayude a liberar tensiones, puede marcar una diferencia en nuestra vida. La familia sigue siendo importante, aunque la forma en la que los adultos jóvenes se relacionan con sus familias de origen varía mucho en función del lugar del mundo en el que vivan. En muchos países de Asia y Latinoamérica, es habitual que los adultos jóvenes sigan viviendo con sus padres hasta que se casan o incluso después. En cambio, en Estados Unidos, los adultos jóvenes a menudo viven a cientos o miles de kilómetros del hogar donde se criaron. La separación física no es necesariamente negativa, pero mantener emocionalmente cerca a nuestros padres y hermanos puede aligerar las cargas de la primera etapa adulta y alentarnos a correr riesgos.

Por último, las relaciones románticas y la intimidad con compromiso nos aportan una nueva sensación de hogar y nos proporcionan una fuente importante de confianza y certidumbre.

WES AVANZA EN UN ASPECTO, PERO SE QUEDA ATRÁS EN OTRO

Cuando un entrevistador del Estudio Harvard intentó ponerse en contacto con Wes cuando este tenía veintitantos años, no hubo manera de localizarlo. Cuando el estudio contactó con su madre, que seguía viviendo en el mismo bloque de viviendas de alquiler de Boston, ella le dijo al entrevistador que, después de servir en la guerra de Corea, Wes había sido fichado por una organización gubernamental y vivía en el extranjero. Al principio, el entrevistador sospechó.

«La madre afirma que Wes está trabajando para el Gobierno en el extranjero —escribió en las notas de campo—. Es difícil saber si esta historia la inventó Wes para explicar su ausencia o si de verdad está trabajando para el Gobierno. Yo me atrevería a decir que lo primero».

Pero lo cierto es que Wes sí había sido contratado por el Gobierno de Estados Unidos después de su servicio en la guerra —para participar en la formación de ejércitos extranjeros— y trabajó en todo el mundo, desde Europa occidental a Latinoamérica. Regresó del servicio cuando tenía veintinueve años con una perspectiva completamente distinta sobre la vida, la cultura y el mundo en general. Según su hermana, Wes «ahorró hasta el último centavo que ganó» mientras trabajó fuera y tuvo la suerte de contar con beneficios por estar en el Ejército y tener poca presión económica cuando regresó a Estados Unidos. Pudo comprarle una casa a su madre y sacarla del bloque de viviendas de alquiler donde su familia había pasado toda la vida.

Wes era hábil y se le daba bien el trabajo manual, así que empezó a ayudar a amigos y vecinos en distintos proyectos para ganar algo de dinero extra.

En aquel momento estaba soltero, no salía con nadie y les dijo a los entrevistadores del estudio que no sentía deseos de casarse. Este es un punto de inflexión para muchos adultos jóvenes: «¿Quiero comprometerme con otra persona? ¿Estoy preparado?». Sabemos por informes posteriores que a Wes lo ponían nervioso los compromisos íntimos. Pensaba en el difícil matrimonio de sus padres y también había visto como los de sus hermanos mayores se enfrentaban a dificultades serias, así que tomó la decisión consciente de evitar el apego romántico. Pasaba la mayor parte del tiempo haciendo arreglos en la casa que le había comprado a su madre.

Wes había tenido una adolescencia complicada, pero ahora había encontrado su camino en el mundo. Tuvo que asumir responsabilidades adultas a una edad temprana, se alistó en el Ejército para escapar y se pasó su década de los veinte en otros países. Ahora que había regresado estaba, de algún modo, enfrentándose a las dificultades de la adolescencia y de la primera etapa adulta, que hasta entonces había esquivado. Hizo distintas cosas para ver si le interesaban. En algunos casos resultó que sí y en otros, que no. Se unió a un equipo de *softball*, a un club de ebanistería, e hizo nuevos amigos. Para cualquiera que lo viera era obvio que iba «a destiempo» y que no tenía claro qué camino seguir. Pero, a su manera, estaba llevando a cabo tareas de desarrollo importantes y enfrentándose a dificultades. Estaba viviendo la vida a su ritmo.

FRACASAR EN EL DESPEGUE

Como nos muestra el caso de Wes, las dificultades de la adolescencia no tienen por qué desaparecer a determinada edad. Solo porque ya hayas cumplido los dieciocho, los veinticinco o incluso los treinta no significa que hayas finalizado el desarrollo asociado con los años de adolescencia ni que hayas completado tu transición a la edad adulta. El esfuerzo de abrirse camino en el mundo sigue estando ahí y algunos sucesos emocionales o laborales importantes pueden posponerse mientras otros ganan prioridad. Los momentos concretos son distintos para cada persona y, a medida que las sociedades cambian, los caminos de la primera etapa adulta son cada vez más variados: existen todo tipo de opciones y también de peligros. Actualmente, y en especial en sociedades especialmente prósperas, existe una especie de adolescencia alargada que a menudo dura hasta bien entrada la década de los veinte. Jeffrey Arnett llamó a este periodo «emergencia de la edad adulta»,[15] en la que los adultos jóvenes pueden seguir siendo muy dependientes de sus padres mientras van buscando su lugar en el mundo. A veces, parece que el desarrollo de estos adultos jóvenes se estanca, ya que nunca se alejan demasiado de las alas protectoras de sus progenitores.

El camino hacia la edad adulta responsable se ha vuelto muy complicado y avanzar por él no es fácil.

En España existe un grupo de adultos jóvenes denominado generación nini (ni estudia ni trabaja), que vive en casa de sus padres. En Reino Unido y otros países las políticas públicas han puesto nombre a este segmento de población: NEET (*Not in Education, Employment or Training*, es decir, «sin educación, empleo ni formación»).

En Japón existe un fenómeno aún más preocupante: los *hikikomori*, que podría traducirse como «hacia dentro» o «confinado». Este es un problema ligeramente distinto, más habitual entre hombres jóvenes que entre mujeres, que combina la inactividad de los ninis y los NEET con un desarrollo psicológico y social atrofiado, una intensa fobia social y, a veces, una adicción a internet mediante plataformas de videojuegos y redes sociales.

En Estados Unidos el fenómeno no está tan extendido como para tener nombre, pero existe un gran número de adultos jóvenes que viven con sus padres y a quienes les cuesta encontrar su camino en la vida. En 2015, un tercio de los adultos estadounidenses de entre dieciocho y treinta y cuatro años vivía con sus padres y aproximadamente una cuarta parte de ellos (2.2 millones de adultos jóvenes) no estudiaban ni trabajaban.[16]

Estos hombres y mujeres jóvenes no viven de forma independiente, lo que puede interponerse en su capacidad para verse a sí mismos como adultos competentes. Todo esto suele ir a menudo acompañado de consecuencias graves para las relaciones íntimas, ya que la dependencia cada vez más importante de los padres suprime el desarrollo de la confianza en uno mismo. Aunque no siempre es culpa suya. La economía moderna es despiadada. Incluso los adultos jóvenes que van a la universidad y se preparan para una profesión en concreto pueden acabar con enormes deudas y sin ingresos en una economía que no los necesita. Los padres acostumbran a proporcionar una red de seguridad.

Este fenómeno es propio, sobre todo, de los países desarrollados y los segmentos acomodados. En cambio, en los países en vías de desarrollo y en los segmentos menos acomodados de los países desarrollados, es posible que los niños trabajen y mantengan a su familia desde los quince años o menos, como hizo Wes Travers.

COMPETENCIA E INTIMIDAD

Aunque Wes dejó para más adelante algunas tareas del desarrollo adolescente, llevaba mucha ventaja a sus pares en cuanto a competencia. Se unió al Ejército a los diecinueve años y siguió una formación difícil, logró ser ascendido y se tiró en paracaídas en territorio enemigo. Aquel chico tímido desarrolló habilidades como adulto joven que fortalecieron su confianza. Usualmente humilde y autocrítico, con treinta y cuatro años hizo algo muy impropio de él, al presumir en el estudio de que «podrías lanzarme en cualquier entorno de cualquier lugar del mundo y creo que sería capaz de sobrevivir y prosperar». Cuando regresó a Estados Unidos, no le dio miedo enfrentarse al trabajo manual. Aprendió carpintería por su cuenta y se construyó una casa. La casa que compró para su madre y su hermana con sus ahorros le aportó una sensación de propósito y orgullo; a su manera, les estaba devolviendo parte de los cuidados que había recibido de ellas.

En general, como adultos jóvenes intentamos establecernos en dos grandes ámbitos vitales: trabajo y familia. Algunas personas logran desarrollar competencia en ambas esferas simultáneamente; otras florecen más en una de ellas.

Encontrar este equilibrio es una dificultad en el desarrollo y las posibles soluciones han variado en función del género. La familia de Wes es un buen ejemplo. Cuando dejó el Ejército, entró en la edad adulta con el afecto y el apoyo de su hermana y su madre; con estas bases y las circunstancias correctas, su sensación de ser competente floreció. Pero, en las décadas de 1950 y 1960, su hermana no tuvo acceso a ese apoyo y aliento. Incluso en el siglo XXI, las normas basadas en el género siguen dando forma al desarrollo de los adultos jóvenes, tanto en el ámbito laboral como familiar. A pesar de los avances, las mujeres de muchas culturas siguen cargando con el grueso de las obligaciones relacionadas con los hijos y la casa. Esta división laboral desequilibrada puede retrasar o incluso frenar completamente el desarrollo de las mujeres y el logro de objetivos, mientras que proporciona una mayor libertad a los hombres para perseguir el desarrollo de sus carreras.

Aunque Wes tuvo el apoyo de su hermana y su madre, no contó con relaciones íntimas significativas en la primera etapa adulta. Su sensación de competencia y control habían crecido mucho y había desarrollado muchas amistades superficiales y una vida social activa. Sin embargo, los informes nos muestran algunas reticencias, incertidumbres y soledad en la vida romántica de Wes. No tenía nadie en quien confiar, nadie con quien compartir sus días. Aunque otros no necesitan tener relaciones románticas, Wes sentía esa ausencia como un gran vacío y no sabía qué hacer al respecto. Era capaz de construir una casa, pero no tenía ni idea de cómo construir un hogar.

MEDIANA EDAD (41-65 años): ir más allá del yo

Cuestionario de 1964 del Estudio Harvard para John Marsden, de cuarenta y tres años:

> P: Por favor, usa la(s) última(s) página(s) para responder todas las preguntas que deberíamos haber formulado si te preguntáramos por las cosas que más te importan.
>
> R:
>
> 1. Me hago mayor. Por primera vez, me enfrento a la realidad de la muerte.
> 2. Siento que quizá no he logrado lo que quería.
> 3. No estoy seguro de cómo criar a mis hijos. Pensaba que sí.
> 4. La tensión en el trabajo es importante.

En algún momento de nuestras vidas nos damos cuenta de que ya no somos jóvenes. La generación anterior envejece y vemos (y sentimos) el inicio de ese mismo proceso en nuestros cuerpos. Si tenemos hijos, nuestro rol en sus vidas cambia a medida que se convierten en adultos y nos preocupamos por lo que les deparará el futuro. Las amistades, tan importantes en la adolescencia y la primera etapa adulta, pueden ceder espacio a las responsabilidades. Quizá nos sintamos orgullosos de nuestros logros y satisfechos con nuestra posición en algunos aspectos y habrá cosas que nos habría gustado hacer de otra manera. Parece que nuestras vidas pierden poco a poco opciones que antes sí teníamos. Al mismo tiempo, aprendimos una gran cantidad de cosas y muchos de nosotros no volveríamos atrás en el tiempo.

Desde afuera, la madurez parece a menudo estable y predecible. Incluso aburrida, para las generaciones más jóvenes. Al mirar atrás, los adultos más mayores pueden ver la mediana edad como la flor de la vida, la mejor combinación de sabiduría y vitalidad. Son dos caras de la misma moneda; cuando miramos a una persona de mediana edad que tiene un trabajo estable, una rutina, una pareja y una familia, a menudo pensamos: «Esta persona lo tiene todo bajo control». Los adultos de mediana edad suelen ver así a sus pares. Pero los problemas de esta etapa no siempre son visibles para los demás.

Desde adentro, la mediana edad puede resultar muy distinta de lo que muestran las apariencias. Puede que tengamos un trabajo estable y una vida familiar y que esto nos enorgullezca, pero puede que también sintamos más estrés que nunca y que nos veamos superados por las responsabilidades y las preocupaciones. Mientras crían a sus hijos, cuidan de sus padres, que están envejeciendo, y compaginan las tareas en casa y en el trabajo, los adultos de mediana edad a menudo no tienen ni tiempo ni energía para explicar y compartir sus preocupaciones con los demás. Hay personas para las que la estabilidad y la rutina que algunos encontramos en la mediana edad equivale a seguridad y confianza —«Logré establecerme y construir una vida»—, pero a otros puede parecerles un estancamiento. A lo mejor, al observar cómo hemos llegado hasta aquí, nos preguntemos si elegimos el camino correcto («¿Qué habría pasado si...?»). Y, por supuesto, como deja claro la respuesta de John Marsden en el cuestionario que vimos antes, en algún momento empezamos a entender en lo más hondo de nosotros que la vida es corta. De hecho, seguramente ya habremos superado su ecuador. Como mínimo, entender esto hace que nos pongamos las pilas.

Hacia la mitad de nuestras vidas es habitual preguntarse cosas como:

- ¿Lo estoy haciendo bien en comparación con los demás?
- ¿Estoy estancado?
- ¿Soy una buena pareja y progenitor? ¿Tengo una buena relación con mis hijos?
- ¿Cuántos años me quedan?
- ¿La vida que estoy llevando tiene sentido más allá de mí?
- ¿Qué personas y que propósitos me importan de verdad (y cómo puedo invertir en ellos)?
- ¿Qué más quiero hacer?

Por último, al darnos cuenta de que dejamos mucha vida atrás, puede que miremos alrededor, veamos los límites de nuestras habilidades, lleguemos a la conclusión de cuál es nuestro camino y pensemos: «¿Esto es todo?».

La respuesta sencilla es «no». Hay más. La mediana edad es un punto de inflexión, no solo entre la juventud y la vejez, sino también entre una forma de vivir más hacia dentro y centrada en uno mismo —desarrollada en la primera etapa adulta— y otra más generosa y hacia fuera. Esta es la tarea más importante y vivaz de la mediana edad: abrir el foco personal para ver el mundo más allá del yo.

En psicología, preocuparnos y esforzarnos por cosas que están más allá de nuestras vidas se llama «generatividad» y es la llave para activar la emoción y la vitalidad en la mediana edad. Entre los participantes en el Estudio Harvard, los adultos más felices y satisfechos eran quienes conseguían cambiar la pregunta «¿Qué puedo hacer por mí?» por «¿Qué puedo hacer por el mundo más allá de mí?».

John F. Kennedy, que fue uno de los participantes del estudio, lo entendió en su mediana edad. Él ofreció no solo una guía política, sino también emocional y de desarrollo cuando, como presidente, pronunció su famosa frase: «No te preguntes qué puede hacer tu país por ti, sino qué puedes hacer tú por tu país».

Cuando al final de sus vidas se pregunta a los participantes del estudio «¿Qué cosas habrías preferido hacer menos? ¿Qué cosas habrías preferido hacer más?», tanto hombres como mujeres apuntan a menudo a su mediana edad y se arrepienten de haber dedicado mucho tiempo a preocuparse y muy poco a actuar de forma que se sintieran vivos:

> «Ojalá no hubiera malgastado tanto el tiempo».
> «Ojalá no hubiera procrastinado tanto».
> «Ojalá no me hubiera preocupado tanto».
> «Ojalá hubiera pasado más tiempo con mi familia».

Un participante bromeó: «¡Bueno, yo no hice mucho de nada, así que haber hecho menos sería nada!». Muchas de estas respuestas las dieron al rememorar sus vidas participantes que tenían entre setenta y noventa años. Pero no es necesario esperar tanto para preguntarnos cómo podemos aprovechar mejor nuestro tiempo.

Las relaciones son el vehículo que nos permitirá tanto mejorar nuestras vidas como construir cosas que nos sobrevivan. Si nos las arreglamos para hacer esto de forma que tenga sentido, la pregunta «¿Esto es todo?» quedará reservada para cuando veamos que solo nos queda el último cuarto del vaso de helado y no haya duda de que nos va a saber a poco.

WES SE ABRE EN SU MEDIANA EDAD

A los cuarenta años, Wes Travers aún no se había casado. A finales de la década de 1960, esto era muy poco habitual; como diría Bernice Neugarten, Wes iba «a destiempo». Cuando tenía treinta y seis, había empezado a salir con una mujer llamada Amy, que estaba divorciada y tenía un hijo de tres años. Él contribuyó a criar al niño, pero Amy y él no formalizaron su relación. Para entonces vivían juntos en un departamento del South End.

Wes había hecho los exámenes para acceder al Departamento de Policía de Boston y, después de unos cuantos años de espera, había sido aceptado.

Esta experiencia resultó muy positiva para él. Se llevaba bien con sus compañeros y estaba especialmente dotado para ese ambiente. Conocía a personas de todo Boston y decía que tenía las pulsaciones más bajas de todo el cuerpo policial, así que cuando la situación se ponía tensa él asumía el rol de pacificador: era el que mantenía la calma.

Cuando Wes tenía cuarenta y cuatro años, le pidió a Amy que se casara con él.

Unos años después, una entrevistadora del estudio visitó a Wes, le preguntó por Amy y escribió la respuesta en sus notas. Vale la pena citar el pasaje entero:

> Amy, la esposa del señor Travers, tiene treinta y siete años y están casados desde 1971. Ella es baptista y licenciada universitaria. El señor Travers describe a su esposa como «genial, una persona maravillosa», e insiste en que lo dice en serio; no lo dice por decir.
>
> Describe así las características que más le gustan de su esposa: «Es una persona amable y compasiva». Dice que le gusta todo de ella; que hay algo de su personalidad que le gustó desde el primer momento y que nunca dejó de hacerlo. Dice que es de esas personas que son muy empáticas con quienes tienen

menos y menciona que uno de los motivos por los que le regaló ese gato en su último cumpleaños fue que tenía una cicatriz en la cabeza y le faltaba media oreja porque había sido atacado por un perro. Dice que, aunque podría haber elegido un gato de aspecto saludable, ella habría elegido quedarse con uno con cicatrices. Dice que en parte él también es así y que seguramente habría hecho lo mismo.

Dice que no se le ocurre nada que le moleste de verdad de su esposa. Que de vez en cuando discuten, no sabe muy bien por qué, pero que se les pasa al cabo de una o dos horas y que nunca tuvieron ningún desacuerdo grave entre ellos. Nunca estuvieron cerca de separarse o divorciarse. Dice que su matrimonio «mejora constantemente».

Al final, le pregunté al sujeto por qué había esperado tanto para casarse. Él dijo: «Me daba miedo ser una persona de costumbres rígidas; me daba miedo lo que podría hacerle a ella». Indicó que le daba algo de miedo la intimidad del matrimonio. Sin embargo, ahora parece que el matrimonio lo hizo crecer y ya no siente ni teme nada de eso.

Wes había evitado tener una pareja a largo plazo durante toda su vida adulta, quizá en gran parte por su experiencia en la infancia con el matrimonio de sus padres. Esto es bastante habitual. Desarrollamos ideas sobre nosotros mismos y el mundo que pueden no ser ciertas. Le llevó mucho tiempo, pero, con la ayuda de una pareja cariñosa, superó su miedo, se sorprendió a sí mismo y nunca se arrepintió.

VEJEZ (66 años en adelante): preocuparse de lo que (y de quienes) importa

En un estudio de 2003, se mostraron dos anuncios de un nuevo modelo de cámara a dos grupos de participantes, uno mayor y otro más joven.[17] Ambos mostraban la misma imagen bonita de un pájaro, pero los eslóganes eran distintos.

Uno decía: «Captura los momentos especiales».
Y el otro: «Captura un mundo inexplorado».

Se pidió a los participantes que eligieran el que más les gustara.

El grupo mayor eligió el eslogan sobre los momentos especiales; el más joven, el del mundo inexplorado.

Pero cuando los investigadores les dieron a los mayores la premisa «Imagina que vivirás veinte años más de lo que esperas y con buena salud», el grupo eligió el anuncio del «mundo inexplorado».

Este estudio muestra una verdad muy básica sobre el envejecimiento: la cantidad de tiempo del que creemos disponer cambia nuestras prioridades. Si creemos que tenemos mucho, pensamos más en el futuro. Si creemos que nos queda menos, intentamos apreciar el presente.[18]

En la vejez, de repente, el tiempo es un bien muy preciado. Al enfrentarnos a la realidad de nuestra mortalidad, empezamos a preguntarnos cosas como:

- ¿Cuánto tiempo me queda?
- ¿Cuánto tiempo estaré sano?
- ¿Estoy perdiendo la cabeza?
- ¿Con quién quiero pasar el tiempo que me queda?
- ¿He tenido una vida lo bastante buena? ¿Ha tenido sentido? ¿De qué me arrepiento?

Desde afuera, la vejez se ve a menudo como un periodo de decadencia física y mental. Para los jóvenes, la vejez puede parecer una abstracción lejana: un estado tan ajeno a su experiencia que no pueden siquiera imaginarse que les sucederá también a ellos. Para alguien en la mediana edad, la decadencia de una persona más mayor resulta algo cercano y puede recordarle su propio proceso de envejecimiento. En contraste con estas ideas de decadencia, la sabiduría de los mayores se ve a menudo con mucho respeto y honor, especialmente en determinadas culturas.

Desde adentro, la vejez no es tan sencilla. Puede que nos preocupe más el tiempo a medida que se acerca la muerte, pero las personas mayores también son más capaces de apreciarlo. Cuanto más escasos son los instantes en los que deseamos que suceda algo, más valiosos son. Las penas y preocupaciones del pasado suelen disiparse y lo que queda es lo que tenemos por delante: la belleza de una nevada; el orgullo que nos generan nuestros nietos o el trabajo que hicimos; las relaciones que apreciamos. A pesar de la percepción de que las personas mayores son gruñonas y cascarrabias, las investigaciones demuestran que los seres humanos nunca son más felices que a edades avanzadas.[19] Se nos da mejor maximizar lo bueno y minimizar lo malo. Nos molestan menos las cosas pequeñas que salen mal y se nos da mejor distinguir entre lo que es importante y lo que no. El valor de las experiencias positivas supera por mucho el costo de las experiencias negativas y priorizamos lo que nos da alegría. Resumiendo, somos emocionalmente más sabios y esa sabiduría nos hace florecer.

Pero aún quedan cosas por aprender, cosas que desarrollar, y nuestras relaciones son la clave para maximizar la alegría en esta etapa.

Para algunas personas, lo más difícil de aprender es cómo ayudar y, aún más, cómo recibir ayuda a medida que envejecen. Pero este intercambio es una de las tareas evolutivas centrales de la vejez. A medida que envejecemos, nos preocupa tanto ser demasiado dependientes como no tener a nadie cerca cuando lo necesitemos de verdad. Es una preocupación válida. El aislamiento social es un peligro. A medida que el trabajo, el cuidado de los hijos y otras formas de invertir el tiempo desaparecen, las relaciones asociadas a estas actividades tienden a desaparecer también.

Las buenas amistades y las conexiones familiares importantes ganan protagonismo y deben saborearse. La sensación de que el tiempo es limitado hace que todas nuestras relaciones cobren más importancia: tenemos que aprender a equilibrar la consciencia de la muerte con seguir conectados con la vida.

LA PAREJA RESUELTA

Cuando Wes Travers tenía setenta y nueve años, una de las entrevistadoras del estudio les hizo una visita a él y a Amy. Aterrizó en Phoenix a media tarde y llamó a Wes, que le dio indicaciones muy concretas sobre cómo llegar desde el aeropuerto a su comunidad para personas de la tercera edad y, desde allí, hasta la entrada de su dúplex. Las indicaciones eran claras como el agua, incluso un poco demasiado detalladas. Al acercarse con el coche, la entrevistadora comprendió que seguramente sabían la duración exacta del trayecto desde el aeropuerto, porque la estaban esperando: los vio a ambos en el umbral de su casa, saludándola con la mano.

Wes acababa de regresar de su paseo matinal. Amy le ofreció a la doctora café, agua y pan de arándanos recién hecho.

Antes de empezar con las tareas de investigación previstas —una extracción de sangre para obtener su ADN y una entrevista—, la entrevistadora le preguntó a la pareja por su hijo, Ryan.

Amy hizo una pausa y después explicó que la familia acababa de vivir una terrible tragedia: la esposa de Ryan había sido diagnosticada de un tumor cerebral el año anterior y había muerto en diciembre. Solo tenía cuarenta y tres años. Amy y Wes estaban haciendo todo lo posible por ayudar, pero Ryan y sus hijos la estaban pasando mal.

—No puedo evitar pensar en mi propia familia cuando era pequeño —dijo Wes—. Mi padre se fue cuando yo tenía siete años. Eso nos cambió. Obviamente, no fue como lo de Leah, la esposa de nuestro hijo; mi padre era una persona horrible. Pero se fue y eso lo cambió todo. Me preocupan los niños, cómo lo afrontarán. Es difícil ser padre en solitario. Para mí, seguramente fue bueno que mi padre se fuera, no sé. Pero para esos niños... va a ser difícil.

PUNTOS DE INFLEXIÓN: UN VIAJE POR LO INESPERADO

Vamos a detenernos un instante para apreciar lo inesperado. Las teorías del desarrollo vital a menudo hacen hincapié en la previsibilidad y la lógica de las etapas vitales. Sin embargo, la vida de Wes ilustra una verdad a la que nos enfrentamos una y otra vez en las vidas de los participantes de muchos estudios, incluido el Estudio Harvard: que lo inesperado es totalmente común. Los encuentros casuales y los sucesos imprevistos son grandes motivos por los que ningún «sistema» de etapas vitales puede entender por completo la vida de un individuo. Una vida es una improvisación en la que las circunstancias y la casualidad ayudan a determinar la trayectoria. Aunque existen patrones comunes, sería imposible que cualquier persona viviera su existencia de principio a fin sin que un suceso no previsto cambiara su rumbo. Hay incluso investigaciones que sugieren que son estos giros inesperados, y no un plan, lo que define la vida de una persona y lo que puede conducir a periodos de crecimiento.[20] Una llave inglesa que se cae dentro de un motor puede acabar siendo más significativa que todos los engranajes juntos.

Muchas de estas conmociones emergen directamente de nuestras relaciones. Llevamos con nosotros a las personas a las que amamos; forman parte de nosotros y, cuando los perdemos o la relación se tuerce, la sensación es tan visceral que es casi como si nos quedara un hueco físico en el lugar que habitaba esa persona. Pero los cambios intensos, incluso los traumáticos, presentan oportunidades de crecimiento positivo. Evelyn, una de nuestras participantes de la segunda generación, tuvo una experiencia en su mediana edad que es habitual tanto en hombres como en mujeres:

Evelyn, cuarenta y nueve años:

Mi marido y yo empezamos a distanciarnos, después de estar juntos desde la universidad hasta los treintaitantos. Una noche, él me dijo que tenía que contarme una cosa: se había enamorado de una mujer a la que había conocido en un viaje de negocios... Yo sentí literalmente que el suelo se abría bajo mis pies.

El dolor emocional que sufrí el año siguiente fue visceral. Tenía que invertir mucha energía todas las mañanas para levantarme, ir a trabajar, etcétera... Al final nos divorciamos, él se casó con ella y yo volví a casarme seis años después de que él me lo contara. Nunca habría pensado que el resultado de esta experiencia sería positivo, pero lo fue. Mi carrera prosperó y conocí a un hombre con quien comparto una vida mucho más plena y satisfactoria. Ahora sé que me las arreglo bien sola y siento mucha más compasión y empatía por quienes viven una pérdida o un rechazo. Yo no habría elegido vivir aquella experiencia, pero agradezco haberlo hecho.

Los cambios culturales o incluso globales son similares a esto porque suponen un golpe para el sistema. La pandemia de covid-19 que empezó en 2020 puso muchas vidas de cabeza. Los colapsos económicos y las guerras pueden tener el mismo efecto. Todos los universitarios del Estudio Harvard tenían planes al inicio de la década de 1940, a medida que se acercaban al final de sus estudios. Entonces sucedió lo de Pearl Harbor y todos los planes se echaron a perder. El 89 % de los universitarios lucharon en la guerra y sus vidas se vieron muy afectadas por ella. Sin embargo, casi todos dijeron sentirse orgullosos de su servicio y muchos lo recordaban como uno de los mejores y más significativos momentos de sus vidas, a pesar de las dificultades.

Esto replica los hallazgos de la investigación longitudinal conocida como Estudio Dunedin, que empezó con 1037 bebés nacidos en Nueva Zelanda en 1972-1973 y que aún está en marcha.[21] Para bastantes participantes del Estudio Dunedin que tenían problemas en la adolescencia, el servicio militar fue un punto de inflexión importante y positivo en sus vidas.

Para algunas generaciones fue la guerra; para otras, las revueltas de la década de 1960 o el colapso económico de 2008 o la pandemia de covid-19. A nivel individual puede ser un trágico accidente, un problema de salud mental, una enfermedad súbita, la muerte de un ser querido. Para Wes fue el abandono por parte de su padre, el verse obligado a dejar la escuela para trabajar y muchas otras cosas. Lo único que podemos esperar es que lo inesperado, y cómo reaccionamos ante ello, cambie el curso de nuestras vidas. Como dice el refrán: el hombre propone y Dios (o, en este caso, el azar) dispone.

Y, aun así, los sucesos inesperados no siempre suponen un problema. Algunos son giros positivos del destino y estos casi siempre implican relaciones. Las personas a las que conocemos son en gran parte responsables de cómo evolucionan nuestras vidas. La vida es caótica y cultivar buenas relaciones incrementa la positividad de ese caos y la probabilidad de que sucedan encuentros beneficiosos (hablaremos más de esto en el capítulo diez). Quizá esa foto tuya de joven muestra alguna prueba de encuentros casuales positivos. Casi todos los momentos de nuestra vida lo hacen: si no me hubiera inscrito a esa asignatura, no habría conocido a... Si no hubiera perdido ese autobús, no me habría encontrado con...

Es verdad que no podemos controlar por completo nuestro destino. Que tengamos un golpe de suerte no significa que nos lo hayamos ganado y que tengamos una mala racha no significa que la merezcamos. No podemos escapar del caos vital. Pero cuanto más nutramos las relaciones positivas, más probabilidad tendremos de sobrevivir e incluso florecer en este camino lleno de baches.

WES SE TOMA UN CAFÉ Y ECHA LA VISTA ATRÁS

En 2012, solo dos años después de la visita de nuestra investigadora, a los ochenta y un años, Wes se sentó a la mesa de su cocina con una taza de café para responder nuestro cuestionario bianual (aún se ven unas leves manchas de café en las páginas). Estas son algunas de sus respuestas:

P. n.º 8: ¿Con quién puedes contar para que te ayude cuando realmente lo necesitas o cuando estás en situación de dependencia? Por favor, haz una lista de todas las personas con quienes puedes contar en la situación descrita.

R: Son demasiadas para hacer una lista.

P. n.º 9: Cómo es tu relación con cada uno de tus hijos en una escala del 1 (Negativa: hostil o distante) al 7 (Positiva: cariñosa o cercana).

R: 7

P. n.º 10: Rodea la palabra que mejor describa cada cuánto te sientes solo:

Nunca De vez en cuando A menudo Constantemente

P. n.º 11:

a. ¿Cada cuánto sientes que te falta compañía?

Casi nunca A veces A menudo

b. ¿Cada cuánto te sientes dejado de lado?

Casi nunca A veces A menudo

c. ¿Cada cuánto te sientes aislado de los demás?

Casi nunca A veces A menudo

En este cuestionario se le preguntó: «¿Cuál es la actividad en pareja que más disfrutas?». Wes Travers, que sirvió a su país con valentía en la guerra, que viajó por todo el mundo, que construyó sus casas de forma autodidacta, que crio a un hijastro sano y feliz e hizo trabajo voluntario a diario en su comunidad, escribió que lo que más les gustaba hacer a su esposa y a él era «estar juntos».

TENER A MANO LA PERSPECTIVA DEL CICLO VITAL

¿Por qué molestarnos en analizarnos a nosotros mismos desde este gran esquema general? ¿De verdad puede ayudarnos en el día a día pensar en el proceso de toda una vida?

Sí. A veces cuesta entender y conectar con las personas que nos rodean cuando en lo único que estamos pensando es en lo que tenemos ante nuestros ojos. Dar un paso atrás para tener una imagen más amplia, ponernos a nosotros y a las personas que nos importan en el contexto de una vida larga, es una forma magnífica de inyectar empatía y comprensión en nuestras relaciones. Podemos evitar algunas de las frustraciones que sentimos a causa de los demás y podemos profundizar en la conexión al recordar que nuestras ideas sobre la vida dependen del punto en el que nos encontremos del ciclo vital.

Al final, se trata de adquirir perspectiva sobre los caminos que hemos tomado y los que están por venir para poder ayudarnos a anticipar las cosas y prepararnos para las curvas. Y, como dice el viejo proverbio turco: cuando se hace en buena compañía, no hay camino largo.

4

BUENA FORMA SOCIAL

Mantener en forma las relaciones

> La tristeza del alma puede matarte más rápido, mucho más, que una bacteria.
>
> JOHN STEINBECK, *Viajes con Charley*[1]

Entrevista a Vera Eddings, de la segunda generación de participantes en el Estudio Harvard; cincuenta y cinco años, 2016:

P: Tu padre participó en el Estudio Harvard. Si observas su vida, ¿hay algo que hayas aprendido de ella?
R: Papá se esforzó y trabajó muchísimo y fue un magnífico ingeniero, pero le costaba mucho expresar sus sentimientos o incluso identificarlos, así que se dedicó a trabajar porque no sabía qué hacer al respecto. Jugaba tenis y tenía amigos, pero su matrimonio se rompió; lo intentó con otra mujer a los sesenta y seis años, pero no funcionó. Tenía ochenta años cuando murió y estaba solo. Y a mí eso me dio pena. Imagino que a otros miembros de su generación les pasó lo mismo.

La psicología estudia a menudo los efectos de las heridas emocionales. Pero queremos hablar de un estudio en concreto que empezó creando heridas. Heridas físicas.

No es tan malo como suena: a los participantes se les quitó un trozo de piel del brazo, por encima del codo, del tamaño de la goma de borrar del extremo de un lápiz, en un procedimiento conocido como biopsia por punción. Es un procedimiento médico habitual que se usa para extraer y examinar un trocito de piel, pero lo que interesaba para este estudio no era lo que se extraía sino lo que quedaba: la herida.

La investigadora principal, Janice Kiecolt-Glaser, estaba investigando el estrés psicológico.[2] Ella ya sabía, por investigaciones anteriores, que el estrés afectaba al sistema inmunológico. Lo que quería averiguar era si ese estrés afectaba también a otros procesos corporales, por ejemplo, a cómo sanan las heridas.

Tomó muestras de dos grupos de mujeres. El primero eran cuidadoras principales de seres queridos con demencia. El segundo era un grupo de más o menos la misma edad (sesenta y pocos años) que no eran cuidadoras.

El estudio en sí era muy sencillo. Se llevaba a cabo una biopsia por punción en todas las participantes y después se observaba cómo sanaba la herida.

Los resultados fueron llamativos. Las heridas de las no cuidadoras tardaron aproximadamente cuarenta días en sanar del todo, mientras que las de las cuidadoras tardaron nueve días más. El estrés psicológico de cuidar de un ser querido, que se manifestaba en el lento borrado de relaciones importantes en sus vidas, estaba haciendo que sus cuerpos sanaran más despacio.

Muchos años después, Kiecolt-Glaser se vio en la misma situación, cuando su esposo y estrecho colaborador en sus investigaciones, Ronald Glaser, desarrolló Alzheimer de evolución rápida. Cuando su médico le preguntó cómo estaba durante un chequeo rutinario, Kiecolt-Glaser le dijo que estresada, refiriéndose a la situación con su esposo. El médico le dijo que se cuidara y le habló de un estudio sobre estrés y salud de cuidadores. El mismo estudio que ella había dirigido. La ciencia había logrado calar en la práctica médica y había vuelto a la fuente.

LA MENTE ES EL CUERPO QUE ES LA MENTE

Ya no hay dudas sobre que cuerpo y mente están interconectados. Cuando nos hallamos frente a un nuevo estímulo emocional o físico, todo el sistema cuerpo-mente se ve afectado, a veces de formas minúsculas, a veces, muy llamativas, y los cambios pueden tener efectos cíclicos, en los que la mente afecta al cuerpo y este a su vez afecta a la mente, etcétera, etcétera.

La sociedad moderna, que se considera médicamente más avanzada que nunca, incentiva hábitos y rutinas que no son sanos ni para el cuerpo ni para la mente. Veamos una: la falta de ejercicio.

Hace cincuenta mil años, una *Homo sapiens* que viviera a la orilla de un río con su tribu hacía todo el ejercicio físico que necesitaba solo mediante el esfuerzo de seguir viva. Ahora hay grandes cantidades de personas capaces de proveerse comida, refugio y seguridad con poco o ningún ejercicio físico. Los humanos no habían pasado tanto tiempo sentados nunca en la historia y la mayoría del trabajo físico que hacemos es repetitivo y potencialmente dañino. En este entorno, nuestros cuerpos no están sanos, por lo que precisan mantenimiento. Si quienes tenemos trabajos sedentarios o repetitivos queremos mantener nuestra buena forma física, tenemos que hacer el esfuerzo consciente de movernos. Tenemos que reservar tiempo para caminar, trabajar en el jardín, hacer yoga, salir a correr o ir al gimnasio. Tenemos que ir en contra de la corriente de la vida moderna.

Y lo mismo sucede con la buena forma social.

Hoy en día, no es fácil cuidar nuestras relaciones y, de hecho, tendemos a pensar que una vez que hemos establecido amistades y relaciones íntimas, estas se cuidan solas. Pero, como sucede con los músculos, si no les prestamos atención, las relaciones se atrofian. Nuestra vida social es un sistema vivo. Y necesita ejercicio.

No es necesario examinar los hallazgos científicos para reconocer que las relaciones nos afectan físicamente. Lo único que hay que hacer es fijarse en el vigor que se siente cuando crees que alguien te entendió de verdad durante una buena conversación o en la tensión y la angustia tras una discusión o en la falta de sueño durante un periodo de crisis amorosa.

Sin embargo, saber cómo mejorar la buena forma social no es fácil. Para conocerla no basta con subirnos a la báscula, echarnos una ojeada en el espejo o conocer nuestra tensión arterial y nivel de colesterol, sino que debemos llevar a cabo una autorreflexión constante. Mirarnos a fondo en el espejo. Debemos tomar perspectiva para alejarnos del ritmo endiablado de la vida moderna, hacer un recuento de nuestras relaciones y ser sinceros con nosotros mismos sobre la cantidad de tiempo que les dedicamos y sobre si estamos estableciendo conexiones que nos enriquecen. Encontrar tiempo para reflexionar sobre esto puede ser complicado y, a veces, incómodo. Pero puede proporcionarnos también grandes beneficios. Muchos de los participantes en el Estudio Harvard nos dijeron que rellenar cuestionarios cada dos años y ser entrevistados regularmente les dio una perspectiva que agradecen sobre sus vidas y relaciones. Les pedimos que reflexionen de verdad sobre sí mismos y las personas a las que quieren y hay individuos a quienes este proceso les resulta útil. Pero, como ya dijimos, se trata de un beneficio incidental, un efecto secundario. Son voluntarios de una investigación y nuestro principal objetivo es saber de sus vidas. A medida que avancemos por este capítulo, te ayudaremos a llevar a cabo tu propio miniestudio Harvard. Hemos convertido muchas de las preguntas más útiles que hacemos a los participantes en el estudio en herramientas que pueden usarse para formarse una idea sobre la buena forma social. A diferencia de lo que sucede en el Estudio Harvard, esto no fue diseñado para recopilar información para la investigación. En este caso, el objetivo es proporcionarte los beneficios de la autorreflexión que los miembros de nuestro estudio obtuvieron a lo largo de sus vidas. Iniciamos este proceso en el capítulo tres y ahora tenemos la oportunidad de ir más allá.

Mirarnos en el espejo y pensar con sinceridad sobre en qué punto se encuentra nuestra existencia es un primer paso a la hora de vivir una buena vida. Detectar dónde estás puede ayudarte a ver dónde te gustaría estar. Es comprensible que tengas tus reservas sobre esta autorreflexión. A los participantes en el estudio no siempre les gusta rellenar los cuestionarios ni quieren ver la imagen completa de sus vidas (recuerda las reticencias de Henry a la hora de responder a la pregunta sobre su mayor temor). Algunos se saltan las preguntas difíciles y dejan páginas enteras en blanco y otros sencillamente no devuelven algunas encuestas. Los hay incluso que llegan a escribir comentarios en los márgenes de los cuestionarios dándonos su opinión sobre nuestras demandas. «¡¿Pero qué preguntas son estas?!» es una respuesta que hemos recibido más de una vez, a menudo de participantes que preferían no pensar en las dificultades de sus vidas. Pero las experiencias de las personas que se saltan preguntas o cuestionarios enteros son igual de importantes e igual de cruciales para entender el desarrollo en adultos que las de quienes están más que dispuestos a compartirlas. Hay muchos datos importantes y gemas de experiencia enterradas en los rincones oscuros de sus vidas. Lo que pasa es que tuvimos que esforzarnos más para desenterrarlas.

Una de estas personas fue Sterling Ainsley.

NUESTRO HOMBRE EN MONTANA

Sterling Ainsley era un hombre con esperanza. Científico de materiales, se jubiló a los sesenta y tres años y pensaba que le esperaba un futuro brillante. En cuanto dejó el trabajo, empezó a dedicarse a sus intereses, hizo cursos sobre propiedad inmobiliaria y estudió italiano a distancia. También tenía ideas de negocio y empezó a leer revistas de emprendimiento para encontrar propuestas que se ajustaran a sus intereses. Cuando le pidieron que describiera su filosofía para superar los momentos difíciles, respondió: «Intentas que la vida no te domine. Recuerdas tus victorias y adoptas una actitud positiva». Era el año 1986. Nuestro predecesor, George Vaillant, había emprendido un largo viaje de entrevistas, conduciendo por las Montañas Rocosas, visitando a participantes en el estudio que vivían en Colorado, Utah, Idaho y Montana. Sterling no había devuelto la última encuesta y había que ponerse un poco al día. George se reunió con él en un hotel en Butte, Montana, para ir juntos a la cafetería donde Sterling quería llevar a cabo la entrevista programada (prefería no hacerla en su casa). Cuando George se abrochó el cinturón de seguridad en el asiento del copiloto del coche de Sterling, este le dejó una marca de polvo en el pecho. «Me pregunté —escribió— cuándo había sido la última vez que alguien se lo había puesto».

Sterling se había graduado en Harvard en 1944. Después de la universidad sirvió en la Armada durante la Segunda Guerra Mundial y después se casó, se mudó a Montana y tuvo tres hijos. Durante los cuarenta años siguientes trabajó de forma intermitente en la manufactura de metales para distintas empresas del oeste de Estados Unidos. Ahora tenía sesenta y cuatro años y vivía en una casa rodante estacionada, pero que podía enganchar al coche, en una parcela con césped de 1.5 x 3 metros cerca de Butte. Le gustaba el césped porque decía que cortarlo era su principal forma de hacer ejercicio. También tenía un jardín con una buena mata de fresas y lo que él llamaba «los chícharos más grandes que has visto en tu vida». Decía que vivía en una casa rodante porque los suministros le costaban solo treinta y cinco dólares y sentía que podía dejar aquel lugar cuando quisiera.

Técnicamente, Sterling seguía casado, pero su esposa vivía a ciento cincuenta kilómetros, en Bozeman, y hacía quince años que no compartían habitación. Solo hablaban unas pocas veces al año.

Cuando le preguntaron por qué no se había divorciado, él respondió:

—No quiero hacerles eso a los niños.

Aunque su hijo y sus dos hijas ya eran adultos y tenían sus propios hijos. Sterling estaba orgulloso de su descendencia y se iluminaba al hablar de ellos: su hija mayor tenía una tienda de marcos, su hijo era carpintero y la pequeña era violonchelista en una orquesta de Nápoles, en Italia. Decía que sus hijos eran lo más importante de su vida, pero al parecer prefería que su relación con ellos prosperara básicamente en su imaginación. No los veía casi nunca. George notó que Sterling parecía estar usando el optimismo para apartar de la mente algunos de sus miedos y esquivar algunas dificultades vitales. Darle un enfoque positivo a todo y después apartarlo de su mente le permitía creer que todo estaba bien, que él estaba bien, que era feliz y que sus hijos no lo necesitaban.

El año anterior, su hija pequeña lo había invitado a visitarla en Italia. Él decidió no ir.

—No quiero ser una molestia —dijo, aunque había estado estudiando italiano precisamente para ese fin.

Su hijo vivía a pocas horas de distancia, pero hacía más de un año que no se veían.

—Yo no voy allí —explicó—. Le llamo por teléfono.

Cuando le preguntaron por sus nietos, respondió:

—No me he implicado mucho en sus vidas.

Les iba perfectamente sin él.

¿Cuál era su amigo más antiguo?

—Bueno, murieron muchos —respondió—. Muchos mueren. Odio apegarme demasiado. Porque luego duele muchísimo.

Dijo que tenía un viejo amigo allí, en el oeste, pero que hacía años que no hablaba con él.

¿Y amigos del trabajo?

—Mis amigos del trabajo se jubilaron. Nos llevábamos bien, pero se mudaron a otras ciudades.

Nos habló de su relación con los Veteranos de Guerras en el Extranjero y de que había sido comandante del distrito, pero que lo había dejado en 1968.

—Te quita mucho tiempo.

¿Cuándo era la última vez que había hablado con su hermana mayor y qué tal le iba?

Sterling pareció sorprendido ante esta pregunta.

—¿Mi hermana? —exclamó—. ¿Te refieres a Rosalie?

Sí, la hermana de la que había hablado mucho en el estudio cuando era más joven. Sterling pensó largo rato en ello y entonces le dijo a George que debía de hacer veinte años desde la última vez que habían hablado. Su expresión era de gran temor.

—¿Seguirá viva? —dijo.

Sterling intentaba no pensar en sus relaciones y aún le gustaba menos hablar de ellas. Esta experiencia es habitual. No siempre sabemos por qué hacemos o no las cosas y quizá no entendamos qué es lo que nos mantiene alejados de las personas de nuestras vidas. Dedicar tiempo a mirarnos en el espejo puede ayudarnos. A veces hay necesidades en nuestro interior que buscan una voz, una forma de salir. Pueden ser cosas que no vimos nunca, que no nos hemos articulado ni a nosotros mismos.

Al parecer, este era el caso de Sterling. Cuando le preguntaron cómo pasaba las tardes, dijo que viendo la televisión con una mujer de ochenta y siete años que vivía en una casa rodante cercana. Cada noche se acercaba allí, veían la televisión y charlaban. Al final, ella se dormía, él la ayudaba a acostarse, le lavaba los platos y le cerraba las cortinas antes de regresar a su casa. Ella era lo más parecido que tenía a una confidente.

—No sé qué voy a hacer si muere —dijo.

LA SOLEDAD DUELE

Estar solo duele.[3] Y no lo decimos de forma metafórica. Tiene un efecto físico en el cuerpo. La soledad se asocia con una mayor sensibilidad al dolor, una supresión del sistema inmunológico, una disminución de la función cerebral y una merma del sueño eficaz, lo que hace que las personas que la sufren estén también más cansadas e irritables.[4] Las investigaciones recientes muestran que para las personas mayores la soledad es dos veces más insana que la obesidad[5] y que la soledad crónica incrementa la probabilidad de muerte de una persona un 26 % en cualquier momento.[6] Un estudio en Reino Unido, el Environmental Risk (E-Risk) Longitudinal Twin Study, informó recientemente de la conexión entre soledad y peor salud y autocuidado en adultos jóvenes.[7] Este estudio, aún en curso, incluye a más de 2 200 personas nacidas en Inglaterra y Gales en 1994 y 1995. Cuando tenían dieciocho años, los investigadores les preguntaron por su grado de soledad. Quienes indicaron estar más solos tenían más probabilidades de experimentar problemas de salud mental, llevar a cabo conductas de riesgo físico y usar más estrategias negativas para afrontar el estrés. Si sumamos a esto el hecho de que una oleada de soledad está inundando las sociedades modernas, tenemos un problema grave. Las estadísticas actuales deberían hacernos reaccionar.

En un estudio llevado a cabo en línea con una muestra de 55 000 participantes de cualquier edad de todo el mundo, una de cada tres personas decía sentirse sola a menudo.[8] Entre ellas, el grupo que se sentía más solo era el de 16-24 años, el 40 % de los cuales decía sentirse solo «a menudo o muy a menudo» (hablaremos más a fondo enseguida sobre este fenómeno). En Reino Unido, el costo económico de esta soledad, porque la gente que se siente sola es menos productiva y más propensa a ser sustituida en el trabajo, se estima en unos 2 500 millones de libras (unos 3 000 millones de euros) anuales y condujo a la creación en Reino Unido de un Ministerio de la Soledad.[9]

En Japón, el 32 % de los adultos encuestados antes de 2020 preveían sentirse solos la mayor parte del tiempo durante el año siguiente.[10]

En Estados Unidos, un estudio de 2018 sugería que tres de cada cuatro adultos sentían niveles de soledad de moderados a altos.[11] Al escribir estas líneas, aún se siguen estudiando los efectos a largo plazo de la pandemia de covid-19, que nos separó a todos a gran escala e hizo que muchos se sintieran más aislados que nunca. En 2020 se estimó que 162 000 muertes podían atribuirse a causas derivadas del aislamiento social.[12]

Aliviar esta epidemia de soledad es difícil, porque lo que hace que una persona se sienta sola puede no tener ningún efecto en otra. No podemos confiar por completo en indicadores fácilmente observables como el hecho de que alguien viva solo, porque la soledad es una experiencia subjetiva. Alguien puede tener una relación amorosa y demasiados amigos como para contarlos y aun así sentirse solo, mientras que otro puede vivir solo, tener unos pocos contactos cercanos y, aun así, sentirse muy conectado. Los hechos objetivos de la vida de alguien no bastan para explicar por qué se siente solo. Independientemente de tu raza, clase social o género, la sensación reside en la diferencia entre el contacto social que quieres y el que tienes en realidad. Pero, entonces, ¿cómo puede la soledad ser tan dañina físicamente si es una experiencia subjetiva?

Responder a esta pregunta resulta un poco más sencillo si entendemos las raíces biológicas del problema. Como ya comentamos en el capítulo dos, los seres humanos evolucionaron para ser sociales. Los procesos biológicos que fomentan el comportamiento social están ahí para protegernos, no para dañarnos. Cuando nos sentimos aislados, nuestros cuerpos y nuestros cerebros reaccionan de formas diseñadas para ayudarnos a sobrevivir a ese aislamiento.[13] Hace cincuenta mil años, estar solo era peligroso. Si la *Homo sapiens* que mencionamos anteriormente hubiera sido abandonada por su tribu en el asentamiento del río, su cuerpo y su cerebro se habrían puesto temporalmente en modo supervivencia. La necesidad de reconocer amenazas habría recaído solo en ella y sus hormonas del estrés se habrían incrementado para que estuviera más alerta. Si su familia o su tribu pasaran la noche fuera, ella tendría que dormir sola y su sueño habría sido más ligero; si se aproximara un depredador, ella querría saberlo, así que tendría que poder despertarse con facilidad y lo habría hecho más veces durante la noche.

Si, por algún motivo, se quedara sola —digamos— un mes, en lugar de una noche, estos procesos físicos se habrían mantenido y convertido en una sensación constante y pesada de incomodidad que empezaría a pasarle factura a su salud física y mental. Estaría, como decimos ahora, estresada. Se sentiría sola.

Hoy en día, la soledad tiene estos mismos efectos. La sensación de soledad es una especie de alarma que suena en nuestro interior. Al principio, puede ayudarnos. Necesitamos que nos avise que existe un problema. Pero imagina vivir en una casa con la alarma de incendios sonando día y noche todos los días y empezarás a hacerte una idea de lo que le está haciendo la soledad, entre bambalinas, a nuestros cuerpos y mentes.

La soledad es solo una pieza de la ecuación cuerpo-mente de las relaciones. Es la punta visible del iceberg social, pero hay mucho más sumergido. En la actualidad existe un enorme corpus de investigación que revela las relaciones entre salud y conexiones sociales, las cuales pueden trazarse hasta el origen de las especies, cuando las cosas eran mucho más simples. Nuestras necesidades relacionales básicas no son complicadas. Necesitamos sentir amor, conexión y pertenencia. Pero hoy en día vivimos en entornos sociales complicados, de modo que cubrir estas necesidades se convierte en todo un reto.

HAZ CUENTAS

Piensa un momento en la relación que tienes con alguien a quien aprecias mucho pero que sientes que no ves lo suficiente. No tiene por qué ser tu relación más significativa, solo alguien que te llene de energía cuando están juntos y a quien te gustaría ver más a menudo. Piensa en los posibles candidatos (quizá solo hay uno). Ahora piensa en la última vez que se vieron e intenta recrear en tu imaginación cómo te sentiste. ¿Optimista, casi invencible? ¿Comprendido? Quizá te reías con facilidad y las desgracias de tu vida y del mundo parecían menos abrumadoras.

Ahora piensa con qué frecuencia ves a esa persona. ¿Todos los días? ¿Una vez al mes? ¿Una vez al año? Haz cuentas y proyecta cuántas horas al año crees que pasas con esa persona. Escribe el número y tenlo a mano.

Nosotros, Bob y Marc, aunque nos reunimos todas las semanas por teléfono o videollamada, solo nos vemos en persona un total de unos dos días (cuarenta y ocho horas) al año.

¿Cuánto suma esto si pensamos en los años venideros?[14] Cuando se publique este libro, Bob tendrá setenta y un años. Marc, sesenta. Seamos (muy) generosos y pensemos que ambos vamos a celebrar el centenario de Bob. A dos días por año durante veintinueve años, nos quedan cincuenta y ocho días para pasar juntos el resto de nuestras vidas.

Cincuenta y ocho días de 10 585.

Esto, claro está, si tenemos suerte, porque el número real será casi seguro más bajo.

Haz estos números con esa relación a la que aprecias o piensa en estos cálculos redondeados: si tienes cuarenta años y ves a esa persona una hora a la semana para tomarse un café, eso son unos ochenta y siete días antes de cumplir los ochenta. Si se ven una vez al mes, eso son unos veinte días. Una vez al año, unos dos días.

Puede que estos números parezcan muy altos. Pero vamos a compararlos con el hecho de que, en 2018, el estadounidense promedio pasaba unas sorprendentes once horas cada día interactuando con medios de comunicación, desde la televisión o la radio a los *smartphones*.[15] Entre los cuarenta y los ochenta años, eso suma dieciocho años del tiempo que pasamos despiertos. Para alguien de dieciocho años, son veintiocho años de vida antes de cumplir los ochenta.

La finalidad de este ejercicio mental no es asustarte. Es poner de manifiesto algo que a menudo se pasa por alto: cuánto tiempo pasamos de verdad con las personas que nos gustan y que amamos. No necesitamos pasar todo el tiempo con buenos amigos. De hecho, algunas personas que nos cargan de energía y mejoran nuestras vidas puede que lo hagan precisamente porque no las vemos muy a menudo y, como todo en la vida, existe un equilibrio que no debería romperse. A veces solo somos compatibles con una persona hasta cierto punto y con eso basta.

Pero la mayoría tenemos amigos y familiares que nos llenan de energía y a quienes no vemos lo suficiente. ¿Cuánto tiempo pasas con las personas que más quieres? ¿Hay alguna relación en tu vida en la que ambos miembros se beneficiarían de pasar más tiempo juntos? A menudo, estos recursos inexplorados ya existen en tu vida y están ahí, esperando. Con unos pocos ajustes en nuestras relaciones más preciadas, podemos experimentar efectos reales en cómo nos sentimos y en cómo vemos nuestras propias vidas. Puede que estemos sentados sobre una mina de vitalidad a la que no estamos prestando atención porque está siendo eclipsada por el brillo del *smartphone* y la televisión o dejada de lado por las demandas laborales.

DOS PREDICTORES CRUCIALES DE LA FELICIDAD

En 2008 llamamos por teléfono cada noche durante ocho noches seguidas a las esposas y maridos de las parejas del Estudio

Harvard que tenían más de ochenta años.[16] Hablamos con cada uno de los miembros de la pareja por separado y les planteamos preguntas sobre el día que habían pasado. Mencionamos esta encuesta en el capítulo uno (¡nos proporcionó muchísimos datos útiles!). Queríamos saber cómo se sentían físicamente ese día, qué actividades habían llevado a cabo, si necesitaban o recibían apoyo emocional y cuánto tiempo habían pasado con su cónyuge y con otras personas. La simple medida del tiempo pasado con otros resultó ser bastante importante, porque en el día a día estaba claramente ligada a la felicidad. Los días en que estos hombres y mujeres pasaban más tiempo en compañía de otros estaban más felices. En concreto, cuanto más tiempo pasaban con sus parejas, más felices decían estar. Esto era cierto en todas las parejas, pero especialmente en las relaciones satisfactorias.

Como la mayoría de las personas mayores, estos hombres y mujeres experimentaban fluctuaciones diarias en sus niveles de dolor físico y problemas de salud. No es ninguna sorpresa que su estado de ánimo fuera peor los días que sentían más dolor físico. Pero hallamos que las personas que tenían relaciones más satisfactorias estaban de algún modo protegidas frente a estos altibajos: su felicidad no disminuía tanto los días que sentían más dolor. Cuando se sentían peor físicamente no mostraban un empeoramiento del estado de ánimo tan importante como el de quienes tenían relaciones menos satisfactorias. Sus matrimonios felices protegían su estado de ánimo incluso los días que sentían más dolor.

Todo esto puede sonar bastante intuitivo, pero estos hallazgos contienen un mensaje sencillo aunque muy potente: la frecuencia y la calidad de nuestros contactos con otras personas son dos de los principales predictores de la felicidad.

TU OBSERVATORIO SOCIAL

Sterling Ainsley, tan dispuesto a evitar pensar en cualquiera de sus relaciones, creía que estaba en bastante buena forma social. Estaba convencido de que su manera de relacionarse con sus hijos era sana, que su rechazo a divorciarse de su esposa, a quien apenas veía, era algo heroico e incluso se enorgullecía de su habilidad para hablar con la gente, que había desarrollado en su vida laboral. Pero cuando se le pidió que se mirara en serio en el espejo y valorara sus relaciones, quedó claro que, en el fondo, se sentía bastante solo y que no entendía muy bien lo aislado que estaba.

Entonces, ¿por dónde empezamos? ¿Cómo podemos acercarnos a ver la realidad de nuestro propio universo social?

Es bueno empezar por algo sencillo. Pregúntate: ¿qué personas hay en mi vida?

Es una cuestión que, sorprendentemente, muchos de nosotros no nos molestamos en hacernos. Incluso hacer una lista básica de las diez personas que pueblan el centro de nuestro universo social puede ser revelador. Prueba a hacerlo aquí abajo; a lo mejor te sorprende quiénes acuden a tu mente y quiénes no.

¿QUIÉNES SON MIS AMISTADES Y FAMILIARES MÁS CERCANOS?

____________________	____________________
____________________	____________________
____________________	____________________
____________________	____________________
____________________	____________________

Seguramente hay unas cuantas relaciones esenciales —tu familia, tu pareja romántica, tus amigos más íntimos— que acuden rápidamente a tu cabeza, pero no pienses solo en tus conexiones más «importantes» o exitosas. Pon en la lista a quienes te afectan día a día o año a año, para bien y para mal. Tu jefe o un compañero de trabajo en concreto, por ejemplo. Incluso relaciones que pueden parecer insignificantes pueden entrar en la lista. Hablaremos mucho más sobre esto a lo largo de este capítulo, pero los conocidos y las relaciones informales que se construyen en torno a actividades como tejer, jugar futbol o reunirse en un club de lectura pueden ser más importantes de lo que crees. La lista también puede incluir a personas que te gustan mucho, pero a las que casi nunca ves: por ejemplo, un viejo amigo en quien piensas a menudo, pero con quien perdiste el contacto. Puede incluso incluir a personas con quien solo intercambias cumplidos, como el conductor del autobús que te lleva al trabajo, a quien te gusta ver porque te da una pequeña dosis de energía para tu día.

Una vez que tengas un buen número de personas, llega el momento de preguntarte: ¿qué carácter tienen estas relaciones?

Les planteamos a los participantes del estudio una enorme variedad de preguntas a lo largo de los años para intentar dar respuesta a esta gran pregunta y crear «imágenes» (en realidad, conjuntos de datos) que reflejen el carácter de sus universos sociales. Pero intentar tener una mayor perspectiva de tu universo social no tiene por qué ser algo tan complejo como una investigación. Puedes, sencillamente, pensar en la calidad y la frecuencia del contacto que tienes con cada una de las personas que te rodean y emplear estas dos dimensiones amplias para capturar tu mundo social: 1) cómo te hace sentir una relación y 2) cada cuánto sucede.

A continuación encontrarás un gráfico que puedes usar para dar forma a tu universo social en este espectro de dos dimensiones. El punto en el que coloques en él a alguien dependerá de si la relación te aporta energía o te la quita y de la frecuencia con la que interactúes con esa persona. Se parecerá a esto:

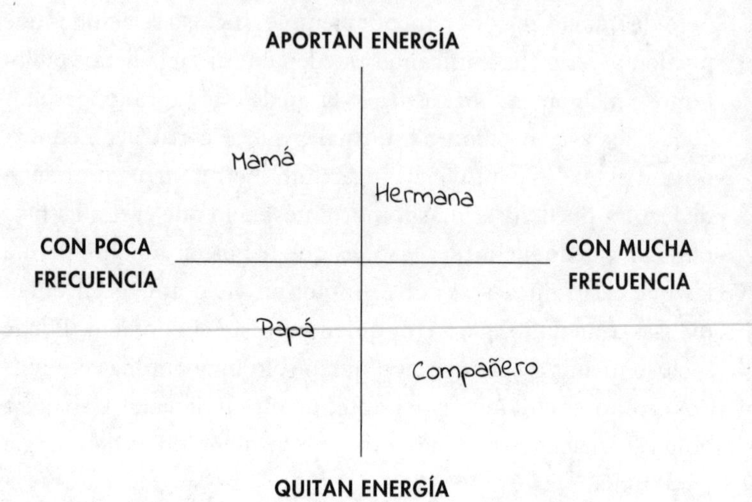

A primera vista, esto puede parecer simplista... y en parte lo es. Estás tomando algo intensamente personal y complicado y lo estás aplanando para otorgarle un lugar estático en este universo social; en el camino, perdimos cualquier complejidad. Y eso está bien. Se trata de un primer paso para capturar el carácter de las relaciones que convierten tu vida en lo que es.

¿Qué queremos decir cuando hablamos de aportar y quitar energía?

Estos términos son subjetivos y es a propósito: esto se trata de reconocer cómo te sientes cuando estás con dichos individuos. A veces, no sabemos de verdad cómo nos sentimos en una relación hasta que nos detenemos a pensar en ello.

En general, una relación que aporta energía nos aporta también vivacidad y vigor y nos transmite una sensación de conexión y pertenencia que permanece después de separarse de esa persona. Te hace sentir mejor de lo que te sentirías si te quedaras a solas.

Una relación que quita energía genera tensión, frustración o ansiedad y hace que sientas preocupación o, incluso, te consume la moral. De alguna manera, hace que te sientas peor o más desconectado de lo que estarías si te quedaras a solas.

Esto no significa que una relación que te aporta energía te haga sentir bien todo el tiempo o que una relación que te quita energía te haga sentir mal todo el tiempo. Incluso nuestras relaciones más vitales tienen sus complicaciones y muchas, claro está, son una mezcla de todo. Lo que quieres capturar es tu intuición general sobre cada persona de la lista: cuando pasas tiempo con ella, ¿cómo te sientes?

Echa un vistazo al gráfico y piensa en dónde caería cada una de las personas de tu lista. ¿Te aportan energía o te la quitan? ¿Las ves mucho o poco?

Esa persona a la que le tienes mucho cariño pero que no ves lo suficiente puede ser tu punto de partida. Sitúala en el mapa haciendo un puntito, como si fuera una estrella en tu universo social.

A medida que vayas situando tus relaciones, piensa en cada una de ellas. ¿Por qué está esa persona en ese lugar en concreto? ¿Qué tiene esa relación que te empujó a ponerla ahí? ¿Está donde a ti te gustaría que estuviera? Si una relación es especialmente difícil y te hace sentir que te roba toda tu energía, ¿se te ocurre algún motivo que lo explique?

Revisar así cada una de las relaciones puede ayudarnos a apreciar y dar gracias por las personas que enriquecen nuestras vidas y ver en qué relaciones queremos trabajar para mejorarlas. Tus respuestas a estas preguntas reflejarán (y así debería ser) tus propias preferencias sobre la cantidad y el tipo de conexiones sociales que se ajustan a ti. Quizá te des cuenta de que te gustaría ver más a menudo a tal persona, pero que ella está situada en el lugar correcto. Quizá esta otra relación te quita energía, pero es importante para ti y necesita que le prestes una especial atención. Si tienes una idea de en qué dirección te gustaría que se moviera una relación, dibuja una flecha desde donde está hacia el punto en el que te gustaría que estuviera.

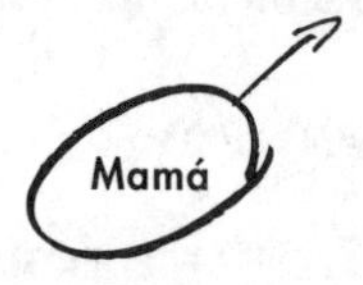

Queremos dejar claro que identificar que una relación te quita energía no significa que tengas que expulsar a ese alguien de tu vida (aunque después de reflexionar puede que decidas que necesitas ver menos a menudo a determinadas personas). En lugar de eso, puede ser una señal de que hay algo importante a lo que debes prestar atención. Y eso significa que esa relación contiene una oportunidad.

En realidad, casi todas las relaciones contienen oportunidades; solo tenemos que identificarlas. Como ejemplo tenemos relaciones importantes de nuestro pasado, relaciones positivas a las que no hemos estado prestando atención y relaciones difíciles que pueden contener la semilla de una mejor conexión. Pero estas oportunidades no son eternas: tenemos que aprovecharlas mientras podamos. Si esperamos demasiado, nos podríamos encontrar, como le sucedió a Sterling Ainsley, con que ya es tarde.

ROSALIE, HARRIET Y STERLING

Sterling Ainsley era uno de los universitarios de Harvard del estudio, pero no había nacido en una familia privilegiada. De hecho, cuando nació, fue su hermana la primera en tomarlo en brazos. Esto pasó cerca de Pittsburgh, Pensilvania, en 1923, y Rosalie, su hermana, tenía doce años. Estaba sola en casa con su madre, que estaba dándole una clase de francés en la mesa de la cocina cuando se puso repentinamente en labor de parto. No tenían teléfono y no daba tiempo de ir a buscar a un vecino ni de avisar al médico. Entre oleadas de gritos de dolor, su madre logró darle instrucciones a Rosalie sobre qué hacer en cada momento y ella fue capaz de ayudar a Sterling a nacer. Incluso ató y cortó el cordón umbilical. «Yo estaba muy unida a Sterling —le dijo Rosalie al estudio—. En lo que a mí respectaba, él era mi responsabilidad. Lo trataba como si fuera hijo mío».

El padre de Sterling era un trabajador del metal que apenas ganaba lo justo para mantener a los siete miembros de su familia, pero también era un jugador compulsivo. Cada semana arriesgaba su salario de modo que solo una parte llegaba a casa, así que sus hijos mayores se vieron obligados a trabajar. Tres semanas después del nacimiento de Sterling, su padre metió a su madre en un sanatorio. Durante cuatro meses, Rosalie cuidó de él y le dio el biberón. «Recuerdo tirarme al suelo con él, cantarle —dijo—. Cuando mi madre regresó a casa estaba cambiada. Mi padre era analfabeto, pero mi madre había sido una mujer brillante que nos hablaba en tres idiomas y nos había enseñado a leer y escribir en inglés y francés, pero después de aquello ya no volvió a ser la misma. No podía cuidar de Sterling. No sabía qué hacer, aunque ya había criado a cuatro hijos. Así que, durante varios años, lo hice yo».

Cuando Sterling tenía nueve años, su padre volvió a ingresar a su madre en un sanatorio, esta vez de forma permanente, y después se mudó de forma repentina y abandonó a su suerte a sus hijos más pequeños. Para entonces, Rosalie, que tenía veintiún años, estaba casada y tenía ya un hijo, y ella y su marido acogieron a tres de sus hermanos en su casa. Ella quería quedarse también con Sterling, pero una amiga de la familia, Harriet Ainsley, acababa de perder a su hijo en un trágico accidente y se ofreció a quedarse con él y criarlo como si fuera suyo. Rosalie y su marido, que atravesaban problemas económicos, aceptaron. Los Ainsley vivían en una granja en la Pensilvania rural y su estilo de vida supuso un cambio muy brusco para Sterling, pero sus padres adoptivos eran amables, tranquilos y comprensivos. Su nuevo padre era severo pero justo y le enseñó todo lo necesario para llevar una granja. Cuando Sterling tenía diecinueve años, dijo de Harriet, su madre adoptiva: «Ella lo es todo en el mundo para mí. Ha sido una madre maravillosa. Creo que ella es la responsable de mis grandes aspiraciones. Es quien hizo que me interesara tanto por la literatura inglesa».

Gracias en parte al aliento de su madre adoptiva y de su hermana Rosalie, a Sterling le fue bien en la preparatoria, hizo campaña para convertirse en delegado de curso (y perdió) y fue aceptado en Harvard con una beca. Cuando entró en el estudio a los diecinueve años, le preguntaron a Rosalie qué pensaba de él y ella respondió: «Ahora mismo es difícil de describir. Creo que tiene una tendencia a sacar lo mejor de la gente con la que se cruza. Sus ideales son elevados. Cuando paso un día con Sterling me siento como si hubiera asistido a un centro de educación superior».

Estas dos mujeres valientes y resilientes, Rosalie y Harriet, tuvieron un papel decisivo en la vida de Sterling. Su madre biológica, que no formaba parte de su vida, tuvo igualmente un papel vital a la hora de cultivar la bondad, el cariño y la determinación de Rosalie, que le permitieron criarlo ella sola los primeros años. Aun así, su padre maltrató a Sterling, algo que Rosalie no podía controlar, y la ruptura final de la familia fue muy complicada para él. Si no hubiera sido por cada una de las mujeres que lo quisieron, es muy improbable que Sterling hubiera ido a la universidad y se hubiera construido una vida en el oeste. Como mujeres de clase trabajadora de principios del siglo xx, había muchas cosas que les impedían perseguir sus prioridades personales. Pero hicieron todo lo que pudieron para ayudar a Sterling. Él repitió muchas veces en sus entrevistas lo agradecido que estaba por su apoyo y su amor.

Y, aun así, perdió el contacto con ambas.

LAS PIEDRAS ANGULARES DE LAS RELACIONES

Hemos estado diciendo que los seres humanos son criaturas sociales; en esencia, esto solo significa que cada uno de nosotros como individuos no podemos proporcionarnos todo lo que necesitamos. No podemos hacernos confidencias ni mantener relaciones amorosas ni ejercer de mentores con nosotros mismos, como tampoco podemos ayudarnos a mover un sofá. Necesitamos a los demás para interactuar y para que nos amparen y prosperamos cuando proporcionamos la misma conexión y apoyo a otros. Este proceso de dar y recibir es la base de una vida con sentido. Cómo nos sentimos con nuestro universo social está directamente relacionado con el tipo de cosas que damos y recibimos de los demás. Cuando los participantes en el estudio expresan frustración o insatisfacción con sus vidas sociales, como Sterling al final de su vida, normalmente se puede rastrear el origen en la pérdida de un tipo de apoyo concreto.

Este es el tipo de preguntas sobre distintos tipos de apoyo que el estudio les ha formulado a los participantes a lo largo de los años:

Seguridad

¿A quién llamarías si te despertaras asustado a mitad de la noche?

¿A quién acudirías en un momento de crisis?

Las relaciones que nos aportan seguridad son los bloques de construcción fundamentales de nuestras vidas relacionales. Si puedes hacer una lista de personas concretas para responder a las preguntas anteriores, tienes mucha suerte: es crucial que cultives dichas relaciones y que las aprecies. Nos ayudan a navegar por épocas de estrés y nos dan el valor de explorar nuevas experiencias. Lo esencial es la convicción de que esas personas estarán ahí para acompañarnos si la cosa va mal.

Aprender y crecer

¿Quién te anima a probar cosas nuevas, a arriesgarte, a perseguir tus objetivos vitales?

Sentirse lo bastante seguro para aventurarse en territorio desconocido es una cosa, pero que alguien en quien confías te anime o te inspire a hacerlo es un regalo precioso.

Cercanía emocional y confidencias

¿Quién lo sabe todo (o casi todo) de ti?
¿A quién puedes llamar cuando no estás bien y hablar con sinceridad sobre cómo te sientes?
¿A quién puedes pedir consejo (y confiar en lo que te diga)?

Afirmación de la identidad y la experiencia compartida

¿Hay alguien en tu vida con quien hayas compartido tantas experiencias que te ayude a reforzar la idea de quién eres y de dónde vienes?

Amigos de la infancia, hermanos, personas con quienes compartiste importantes experiencias vitales... A menudo subestimamos estas relaciones porque llevan con nosotros mucho tiempo, pero son especialmente valiosas porque no se pueden reemplazar. Como suele decirse, no se pueden hacer viejos amigos.[17]

Intimidad romántica (amor y sexo)

> ¿Te satisface la intimidad romántica que hay en tu vida?
>
> ¿Te satisfacen tus relaciones sexuales?

La mayoría de nosotros esperamos tener relaciones románticas no solo por la satisfacción sexual, sino también por la intimidad que proporciona que otra persona nos toque, compartir las alegrías y las penas del día a día y el sentido que nos otorga ser testigos de las experiencias del otro. Para algunos, el amor romántico supone una parte esencial de sus vidas. Para otros, no tanto. El matrimonio, claro está, no es necesariamente el estándar de la intimidad romántica. La proporción de personas de entre veinticinco y cincuenta años que no se casaron nunca se incrementó espectacularmente en los últimos cincuenta años en muchos lugares de todo el mundo.[18] En Estados Unidos, la proporción aumentó del 9% en 1970 al 35% en 2018. Estas cifras no nos dicen qué porcentaje de personas experimenta intimidad romántica, pero sí son un indicador de que en Estados Unidos hay más personas quizá que en toda la historia que no se casan en su vida adulta. Además, algunas parejas estables son «abiertas» e incluyen a personas fuera de la pareja en su intimidad sexual y emocional.

Ayuda, tanto práctica como informativa

> ¿A quién recurres cuando necesitas una opinión experta o ayuda para solucionar problemas prácticos (por ejemplo, plantar un árbol, arreglar el wifi o llenar una solicitud oficial)?

Diversión y relajación

¿Quién te hace reír?

¿A quién llamas para ver una película o salir de excursión?

¿Con quién te sientes relajado, conectado, a gusto?

A continuación hay una tabla creada en torno a estas piedras angulares. La primera columna es para indicar qué relaciones crees que tienen más impacto en ti. Pon un símbolo más (+) en las columnas apropiadas si crees que una relación añade ese tipo de apoyo en tu vida y un menos (–) si esta carece de él. Recuerda: no pasa nada si no todas las relaciones (o ni siquiera la mayoría) te ofrecen todos los tipos de apoyo.

FUENTES DE APOYO EN MI VIDA

Mi relación con	Seguridad	Aprendizaje y crecimiento	Intimidad emocional y confianza	Afirmación de la identidad y experiencia compartida	Intimidad romántica	Ayuda (tanto práctica como informativa)	Diversión y relajación

Considera este ejercicio una radiografía, una herramienta que te ayuda a ver bajo la superficie de tu universo social. Quizá no consideres que todos los tipos de apoyo son importantes, pero piensa en cuáles sí y pregúntate si tienes suficiente apoyo en esas áreas. Si sientes determinadas insatisfacciones en tu vida, ¿hay alguno de los huecos de la tabla que haga eco de ese sentimiento? Quizá te des cuenta de que tienes muchas personas con quienes divertirte, pero nadie a quien puedas hacerle confidencias. O viceversa.

A medida que rellenes y amplíes esta tabla puede que veas algunos huecos y te lleves algunas sorpresas. A lo mejor no te habías dado cuenta de que solo tienes una persona a quien pedir ayuda o que esa persona que das por hecho que siempre va a estar es quien de verdad te aporta seguridad o que esa otra refuerza tu identidad de forma importante. Sabemos por experiencia (y por muchas conversaciones que tuvimos tomando una copa después de un congreso) que incluso a profesionales del ámbito de la psicología y la psiquiatría les cuesta observar así sus vidas si no se concentran en ello.

AVANZAR

A veces, estas reflexiones por sí solas apuntarán hacia la dirección que queremos tomar, pero incluso después de ver qué es lo que queremos cambiar puede costarnos dar los primeros pasos.

Existe todo un campo de investigación que estudia la motivación humana:[19] por qué tomamos las decisiones que tomamos, por qué algunas personas se esfuerzan por cambiar mientras que otras nunca lo logran. Esta investigación es popular entre los publicistas, que la usan para animarnos a comprar cosas. Pero también la podemos usar para animarnos a hacer cosas que queremos, como empezar a caminar hacia el crecimiento de nuestras relaciones. De hecho, ya la aplicamos en parte en este capítulo:

una de las cosas que muestra esta investigación es que la clave para motivarnos para el cambio es reconocer la diferencia entre dónde estamos y dónde nos gustaría estar. Definir estos dos estados crea una energía que nos ayuda a dar ese primer y complicado paso. Eso es lo que empezaste a hacer con estas herramientas relacionales. Hiciste un mapa de tu universo social y de la calidad de tus relaciones y reflexionaste sobre qué te gustaría cambiar. A partir de aquí, el proceso de hacerlo puede ser complicado, especialmente en el caso de las relaciones difíciles, pero la recompensa que obtendrás será preciosa. Entraremos a fondo en ese proceso en los capítulos que siguen, pero hay unas cuantas cosas que puedes hacer inmediatamente y principios que debes tener en cuenta.

TRABAJAR CON UN ABORDAJE DE ARRIBA ABAJO

Céntrate primero en lo que funciona. Es el lugar más sencillo por el que empezar. Echa una ojeada a las relaciones de tu universo social que te aportan energía y piensa en cómo puedes afianzar y potenciar lo bueno que tienen. Cuéntales (¡y muéstrales!) a esas personas lo mucho que las aprecias y por qué. Nunca está de más redoblar lo que ya aporta vitalidad y energía a tu vida. Estas relaciones funcionan, pero normalmente hay una o dos que se ralentizaron y que necesitan un empujoncito para volver a ponerse otra vez al máximo. Incluso las buenas relaciones tienden a repetir una y otra vez las mismas rutinas. Puede que haya llegado el momento de probar cosas nuevas con ellas.

Ahora, echa una ojeada a esas relaciones que están sacando la cabeza del eje de aportar energía o que rozan la zona de dejar de hacerlo. ¿Hay alguna manera de darles un meneo para que te aporten más energía? A veces, hacer cambios mínimos en estas relaciones puede liberar pequeñas cargas que se han ido sumando.

Seguramente tendrás que reflexionar y tener en cuenta más cosas en las relaciones que hayas identificado que te quitan energía. Quizá tengas que arriesgarte a llamar a alguien con quien normalmente no contactas, mandarle un mensaje, planear verse o invitarlo a un evento. Puede que tengas que abordar el elefante emocional que has estado ignorando, como una discusión reciente o un comentario mordaz (esto puede precisar algo de preparación adicional; hablaremos sobre cómo abordar los desacuerdos y este tipo de dificultades emocionales en los capítulos siguientes).

Estas acciones tienen su dificultad. Lo cierto es que tendrás que hacer esa llamada, sacar el calendario, liberarte esa tarde y hacer un plan. ¡Y si puede ser un plan recurrente, mejor!

Pero incluso en tus relaciones más positivas pueden reaparecer viejos hábitos, formas de ser y de interactuar antiguas y automatizadas, que hacen que la relación te aporte menos energía. Lo que viene a continuación son unos cuantos principios generales que vimos que son eficaces tanto en investigación como en terapia para dar vida y aportar energía a las relaciones:

Sugerencia n.° 1: El poder de la generosidad

En el mundo occidental, que hace mucho hincapié en el individualismo, se repite constantemente el mito del hombre o la mujer «hechos a sí mismos». Muchos imaginamos que somos nosotros quienes hemos creado nuestra identidad, que somos quienes somos porque así lo hemos decidido. En realidad, somos quienes somos por el lugar que ocupamos en relación con el mundo y con los demás. Si un eje no está unido a una rueda, no es un eje, es solo una pieza de metal. Incluso un ermitaño que vive en una cueva se define mediante su relación con —y su distanciamiento de— los demás.

Las relaciones son sistemas necesariamente recíprocos. El apoyo es bidireccional. El apoyo que recibimos rara vez es un reflejo exacto del apoyo que proporcionamos, pero el refrán que dice «Quien siembra vientos, recoge tempestades» nos recuerda cómo funcionan las cosas.

La idea de dar lo que te gustaría recibir es una respuesta a la impotencia y la desesperación que sienten algunas personas cuando piensan en sus relaciones. No podemos controlar directamente cómo se relacionan los demás con nosotros, pero sí cómo lo hacemos nosotros con ellos. Puede que no estemos recibiendo determinado tipo de apoyo, pero eso no quiere decir que no podamos proporcionarlo.

El Dalai Lama nos recuerda que lo que hacemos es lo que recibimos. «Somos egocéntricos y egoístas, pero tenemos que serlo con sabiduría y no con estupidez —dijo una vez—. Si descuidamos a los demás, nosotros también perdemos. Podemos educar a las personas para que entiendan que la mejor manera de servir sus intereses es que se preocupen por el bienestar de los demás. Pero esto llevará su tiempo».[20] Las investigaciones muestran claramente que tiene razón: ayudar a los demás beneficia a quien ayuda. Existe una conexión tanto neuronal como práctica entre generosidad y felicidad. Ser generoso es una manera de generar sensaciones agradables en el cerebro y esas sensaciones harán, a su vez, que seamos más propensos a ayudar a los demás en el futuro.[21] La generosidad es una espiral ascendente.

Vuelve a repasar las preguntas sobre el apoyo del principio del capítulo y, reflexionando sobre ti con sinceridad, respóndelas en la otra dirección: ¿proporcionas este tipo de apoyo a otros? Si es así, ¿a quiénes? ¿Hay personas en tu vida a quienes quieras apoyar más? Recuerda la investigación de Kiecolt-Glaser que mencionamos al inicio del capítulo, sobre el estrés del cuidador y la curación de heridas. Si hay personas en tu vida que están cuidando de otras o que están viviendo mucho estrés, ¿hay formas de que puedas acompañarlas y asegurarte de que están recibiendo apoyo? Si eres una persona cuidadora, ¿estás recibiendo el apoyo que necesitas? Cuando miras tu universo social, ¿cómo percibes el equilibrio entre dar y recibir?

PERSONAS A LAS QUE YO APOYO

Mi relación con	Seguridad	Aprendizaje y crecimiento	Intimidad emocional y confianza	Afirmación de la identidad y experiencia compartida	Intimidad romántica	Ayuda (tanto práctica como informativa)	Diversión y relajación

Sugerencia n.° 2: aprender nuevos pasos de baile

Mejoramos con la práctica y, sin darnos cuenta, podemos volvernos muy hábiles a la hora de hacer cosas que no nos interesan. Sterling Ainsley, por ejemplo, había mejorado cada vez más en la evitación de la intimidad y la conexión. Tenía buenos motivos: aunque tuvo a su hermana Rosalie a su lado durante los primeros años de vida, ella no pudo evitar el maltrato de su padre ni que su familia de origen se rompiera cuando este metió a su madre en un sanatorio. Cuando Sterling se mudó a la granja, dejó de ver a Rosalie con regularidad y eso le causó dolor. Así que cargó con su miedo a las relaciones cercanas hasta bien entrada su vida adulta. Con la excepción de su madre adoptiva, nunca estableció esa crucial sensación de seguridad con otra persona, ni por supuesto con más de una. Sin necesariamente contárselo a sí mismo, vivió asumiendo que sería más feliz —o que, al menos, estaría más a salvo— sin contactos cercanos. Creía que tener relaciones cercanas con los demás era un riesgo.

Y, en cierto modo, tenía razón. Nuestros sentimientos más potentes emergen de nuestras conexiones con los demás y, aunque el mundo social está lleno de placeres y sentido, también contiene dosis de decepción y dolor. Las personas que nos aman nos hacen daño. Sentimos una punzada cuando nos decepcionan o nos abandonan y un vacío cuando mueren.

El impulso de evitar estas experiencias negativas en las relaciones tiene todo el sentido. Pero si queremos obtener los beneficios de relacionarnos con los demás, tenemos que tolerar una cierta cantidad de riesgo. También debemos estar dispuestos a ver más allá de nuestras preocupaciones y nuestros miedos.

Esto nos plantea una pregunta importante: cómo puede alguien con el historial traumático de Sterling evitar que el miedo domine su vida. Esperamos que tuviera buenas experiencias de cercanía con el paso de los años que cambiaran su paradigma del momento. Esto a veces sucede. Una relación positiva, de confianza, con un cónyuge puede darle seguridad a alguien que no la tenía.[22] Pero muchas personas con la misma historia que Sterling pasan de una profecía autocumplida a otra y nunca tienen una experiencia distinta de la cercanía.

La pregunta es: ¿cómo evitamos pasarnos la vida combatiendo la última experiencia traumática que experimentamos y logramos abrirnos a una nueva experiencia?

Sugerencia n.° 3: Curiosidad radical

> Cada hombre que conozco es mi maestro en algún momento
> y es entonces cuando aprendo de él.
>
> RALPH WALDO EMERSON[23]

A menudo tenemos problemas en las relaciones por el mismo motivo que los tenemos en otras áreas de nuestra vida: nos volvemos demasiado egocéntricos. Nos preocupa si lo estamos haciendo bien, si somos buenos, si estamos consiguiendo lo que queremos. Como Sterling o John Marsden (el abogado infeliz), cuando nos centramos demasiado en nosotros mismos podemos llegar a olvidar las experiencias de los demás. Es una trampa habitual, pero no es inevitable. La misma curiosidad que nos hace querer experimentar algo nuevo con un libro o una película puede ayudarnos a saber cómo abordar nuestras relaciones incluso en los momentos más rutinarios de nuestra vida.

Dejarnos arrastrar por la experiencia de otra persona puede ser un gran placer. También puede resultar raro al principio, si no estás acostumbrado, y puede suponer un esfuerzo. La curiosidad, una curiosidad real y profunda sobre lo que están experimentando los demás, resulta muy útil en las relaciones importantes. Nos abre grandes vías de conversación y conocimiento que no sabíamos que existían. Ayuda a los demás a sentirse entendidos y apreciados. Es importante incluso en las relaciones menos significativas, donde puede sentar un precedente de cariño e incrementar la fortaleza de los lazos nuevos y frágiles.

Quizá conoces a alguien que siempre está hablando con los demás y desenterrando sus historias y opiniones. No es casualidad que estas personas sean a menudo muy alegres y vivaces. Como demuestra el experimento de «extraños en un tren» que mencionamos en el capítulo dos, interactuar con los demás mejora nuestro estado de ánimo y nos hace más felices de lo que esperábamos.

Bob piensa en su padre, que siempre hablaba con desconocidos en todas partes. Su curiosidad por todo el mundo era obsesiva (y radical). Los tíos de Bob solían contar que una vez se habían subido con él en un taxi en Washington D. C. y que el padre de Bob se había sentado adelante, como siempre, para hablar con el taxista. Mientras le preguntaba por su vida entera al conductor, el padre de Bob empezó a juguetear con la pequeña ventanilla triangular que tenían antes algunos coches. Estaba tan absorto en la conversación que ni se dio cuenta de que el cristal se desprendió y se le quedó en las manos. El asiento trasero estalló en risas, pero el padre de Bob seguía tan metido en su conversación que ni las oyó. Dejó el cristal a un lado sobre el asiento y empezó a jugar con la manija de la ventanilla, que también se desprendió. La dejó a su vez sobre el asiento y siguió haciendo preguntas. Por suerte para el coche, el trayecto era corto.

Este comportamiento era natural en él. No lo hacía necesariamente por ser amable con los demás: lo hacía porque le sentaba bien. Lo llenaba de energía. Algunos hemos perdido la práctica y hemos olvidado la sensación que proporciona esta curiosidad, así que tenemos que comportarnos con intención. Debemos adquirir un enfoque prácticamente radical para cultivar las a menudo sutiles semillas de nuestro interés natural por las personas y dar un decidido paso adelante más allá de nuestros hábitos de conversación habituales. Tenemos que asegurarnos de indagar en quién es de verdad esta persona y a qué se dedica. Después, es tan sencillo como hacer preguntas, escuchar las respuestas y ver a dónde nos llevan.

Lo importante aquí es que ser curiosos nos ayuda a conectar con los demás y esta conexión nos hace implicarnos más en la vida. La curiosidad genuina invita a las personas a compartir más de sí mismas con nosotros y esto, a su vez, nos ayuda a entenderlas. Este proceso aporta vivacidad a todos los implicados. El experimento de «extraños en un tren» apunta a estos beneficios en cascada, de los que hablaremos más a fondo en el capítulo diez. Incluso el menor interés por otra persona —un par de frases— puede crear nuevas emociones, nuevas vías de conexión y nuevos caminos para que fluya la vida.

Igual que la generosidad, la curiosidad es una espiral ascendente.

DE LA CURIOSIDAD A LA COMPRENSIÓN

Cuando la gente se entera de que nosotros, Bob y Marc, somos terapeutas, a menudo reaccionan diciendo cosas del estilo de: «¿Cómo pueden escuchar problemas ajenos todo el tiempo? Tiene que ser agotador y deprimente». Es verdad que escuchar no siempre es fácil, pero la experiencia que más prevalece en ambos, y la más potente, es la de gratitud hacia las personas con quienes trabajamos en terapia. Aprendemos de su experiencia y profundizamos la conexión con ellos. Una de nuestras mayores alegrías (que no se reduce al ámbito de la terapia) aparece en momentos en los que sentimos que entendimos la experiencia de otra persona y se lo comunicamos de una forma que ella siente como verdadera. Sentir que, de repente, entramos en sintonía con la vivencia de otra persona es una experiencia vital afirmativa.

Es un paso crucial a la hora de conectar con los demás mediante la curiosidad: comunicar nuestra comprensión de vuelta. Ahí es donde tiene lugar gran parte de la magia, donde la conexión entre las personas se reafirma, se hace visible y cobra sentido. Escuchar de otra persona un relato que demuestra una comprensión precisa de nuestra experiencia, expresada con sus palabras, puede ser emocionante, en especial si nos sentimos alienados en un enclave social. De repente, alguien nos ve como somos y esa experiencia rompe momentáneamente la barrera que sentimos que existe entre nosotros y el mundo. Que nos vean es algo maravilloso.

Del mismo modo, ver de verdad a alguien también lo es, así como comunicar esa nueva visión. La emoción sucede tanto para la persona que está siendo vista como para quien ve. Una vez más, la conexión y la sensación de vitalidad son bidireccionales.

Esta idea no es nueva ni extraña. El clásico y muy influyente libro de Dale Carnegie *Cómo ganar amigos e influir sobre las personas*, escrito en 1936, hacía hincapié en esto. El libro se basa en seis principios y el primero de todos es «Interésate de verdad por los demás». Como siempre sucede, cuanto más practicas este tipo de curiosidad más sencillo resulta. Y el material para practicar está casi siempre a nuestro alcance. Hoy mismo puedes tomar una decisión, quizá en los próximos minutos, que dirija tu vida por el buen camino.

DE VUELTA A LA VIDA

Igual que mantener la buena forma social requiere practicar con regularidad, reflexionar sobre todas tus relaciones requiere que le dediques tiempo. No dudes en volver a hacerlo en el futuro. Si tu forma social no es la que te gustaría, puede que te convenga revisarla más a menudo. Nunca está de más, especialmente si estás bajo de ánimo, dedicar un minuto a reflexionar sobre qué tal andan tus relaciones y qué te gustaría que cambiara en ese ámbito. Si te gusta calendarizar, podrías convertirlo en un hábito; anualmente —el día de año nuevo o la mañana de tu cumpleaños, por ejemplo—, dedica un instante a dibujar tu universo social actual y piensa en lo que estás recibiendo, lo que estás dando y en dónde te gustaría estar dentro de un año. Podrías guardar una gráfica o evaluación de tus relaciones en algún lugar privado o incluso dentro de este libro, para que sepas dónde buscarla la próxima vez que quieras echarle una ojeada y ver cómo cambiaron las circunstancias. En un año pueden pasar muchas cosas.

Como mínimo, hacer esto te recordará lo que es importante y eso siempre es bueno. Una y otra vez, cuando los participantes en el Estudio Harvard cumplían setenta u ochenta años, insistían en afirmar que lo que más valoraban eran sus relaciones con sus amigos y su familia. Sterling Ainsley también. Él quería mucho a su madre adoptiva y a su hermana, pero perdió el contacto con ellas. Algunos de sus recuerdos más queridos eran de sus amigos, con quienes nunca hablaba. No había nada que quisiera más que a sus hijos, a quienes rara vez veía. Desde afuera podría parecer que no le importaban. Pero no era así. Sterling era una persona muy emotiva cuando hablaba de sus relaciones más queridas y su reticencia a responder a algunas preguntas del estudio estaba claramente conectada con el dolor que le causaba haber mantenido esa distancia a lo largo de los años. Sterling nunca se había sentado a pensar de verdad en cómo podría reconducir sus relaciones o en qué podría hacer para cuidar de verdad a quienes más quería. Si aceptamos la sabiduría —y las evidencias científicas más recientes— de que nuestras relaciones son de verdad una de las herramientas más valiosas para cuidar de nuestra salud y tener felicidad, invertir tiempo y energía en ellas se convierte en algo de vital importancia. E invertir en nuestra buena forma social no equivale únicamente a hacerlo en nuestras vidas tal y como son en la actualidad. Es una inversión que afectará del todo a cómo viviremos en el futuro.

5

PRESTAR ATENCIÓN A TUS RELACIONES

Tu mejor inversión

El regalo más grande es dar una parte de ti.
RALPH WALDO EMERSON[1]

Cuestionario para la segunda generación del Estudio Harvard, 2015:[2]

Tengo la sensación de ir «en piloto automático», sin ser muy consciente de lo que hago.

Nunca Casi nunca De vez en cuando A menudo Siempre

Hago las cosas con prisas, sin prestar realmente atención.

Nunca Casi nunca De vez en cuando A menudo Siempre

Presto atención a las experiencias físicas, como el viento agitándome el pelo o la luz del sol en el rostro.

Nunca Casi nunca De vez en cuando A menudo Siempre

Imagina empezar tu vida con todo el dinero que tendrás en el futuro. Que en el instante de tu nacimiento te dieran una cuenta de ahorros y, siempre que tuvieras que pagar algo, el dinero saliera de ahí.

No tienes que trabajar, pero todo lo que hagas te cuesta dinero. Comida, agua, vivienda y bienes de consumo cuestan igual que siempre, pero ahora necesitas una parte de tus fondos hasta para mandar un correo electrónico. Sentarte en una silla en silencio sin hacer nada cuesta dinero. Dormir cuesta dinero. Todo exige que gastes dinero.

Pero el problema es el siguiente: no sabes cuánto dinero hay en la cuenta y, cuando se vacíe, tu vida se acabará.

Si te encontraras en esta tesitura, ¿vivirías igual que ahora? ¿Cambiarías algo?

Esto es una fantasía, pero si cambias un elemento clave no está tan lejos de la realidad del ser humano. Solo que, en lugar de dinero, nuestra cuenta tiene una cantidad limitada de tiempo y no sabemos cuánto.

Es una pregunta más o menos cotidiana: ¿a qué deberíamos dedicar nuestro tiempo? Pero, dada la brevedad e incertidumbre de nuestra vida, también es profunda y tiene grandes implicaciones relacionadas con nuestra salud y felicidad.

Existe un mantra budista que se enseña a los monjes para que lo usen en sus meditaciones. Dice lo siguiente: «Si solo la muerte es segura y su hora incierta, ¿qué debería hacer?».

Enfrentarse con la inevitable consciencia del final de tu vida llena el mundo de una nueva perspectiva y hay otras cosas que cobran importancia.

Al llevar a cabo nuestra encuesta de ocho días a las parejas del Estudio Harvard que tienen más de ochenta años, al final de cada entrevista diaria les hacemos distintas preguntas sobre sus perspectivas vitales hasta ahora. El valor del tiempo ocupa a menudo un lugar central en sus respuestas:

DÍA 7: Cuando echas la vista atrás, ¿qué cosas habrías preferido hacer menos? ¿Y cuáles más?

Edith, ochenta años: Me habría gustado enfadarme menos por tonterías. Cuando las pones en perspectiva, no eran tan importantes. Preocuparme menos por eso. Pasar más tiempo con mis hijos, marido, madre, padre.

Neil, ochenta y tres años: Ojalá hubiera pasado más tiempo con mi esposa. Ella murió justo cuando yo empecé a trabajar menos.

Estas son solo dos de las muchas respuestas similares obtenidas. A casi todos los participantes en el estudio les preocupaba a qué habían dedicado su tiempo y muchos sentían que no se lo habían planteado demasiado. Es una sensación muy habitual. El flujo de los días tiene la capacidad de absorbernos y hacernos sentir que la vida es solo algo que nos sucede, que estamos sujetos a ella en lugar de ser los que podemos darle forma. Como muchas personas, algunos de los participantes en el estudio llegaron a edades avanzadas, echaron la vista atrás y pensaron cosas como: tendría que haber visto más a mis amigos... Tendría que haber prestado más atención a mis hijos... Dediqué mucho tiempo a hacer cosas que no eran importantes para mí.

Fíjate en los verbos: dedicamos tiempo, prestamos atención.

Nuestro lenguaje está tan lleno de términos económicos que ya nos resultan naturales y con sentido, pero tanto nuestro tiempo como nuestra atención son mucho más preciosos de lo que sugieren estas palabras. El tiempo y la atención no son algo que se pueda rellenar. Son a lo que se reduce nuestra vida. Cuando ofrecemos nuestro tiempo y atención no estamos simplemente «dedicando» o «prestando». Estamos entregando nuestras vidas.

Como escribió una vez la filósofa Simone Weil: «La atención es la forma de generosidad más escasa y pura».[3]

Eso se debe a que la atención, el tiempo, es lo más valioso que tenemos.

Muchas décadas después de Simone Weil, el maestro zen John Tarrant aportó una nueva dimensión a esta idea en su libro *The Light Inside the Dark* («La luz en la oscuridad»): «La atención —escribió— es la forma más básica del amor».

Esto señala una verdad que cuesta convertir en palabras; como el amor, la atención es un regalo que fluye en ambos sentidos. Cuando prestamos nuestra atención, estamos prestando nuestra vida, pero también nos sentimos más vivos en el proceso.

Tiempo y atención son los materiales esenciales de la felicidad. Son la reserva de la que se nutren nuestras vidas. Esto es más preciso que cualquier metáfora económica. Igual que el agua de un pantano puede encaminarse y enriquecer zonas concretas de un paisaje, el flujo de nuestra atención puede dar vida y enriquecer determinadas áreas de nuestra existencia. Así que nunca está de más echar una ojeada a las cosas hacia las cuales fluyó nuestro tiempo y preguntarnos si se está dirigiendo a lugares que beneficien tanto a las personas que queremos como a nosotros (estas dos cosas suelen ir juntas). ¿Estamos prosperando? ¿Están recibiendo la atención que merecen las actividades y objetivos que nos hacen sentirnos más vivos? ¿Quiénes son las personas más importantes para nosotros? ¿Están recibiendo esas relaciones, con sus dificultades, la atención que merecen?

HOY NO TENGO TIEMPO, PERO MAÑANA SÍ

Usamos la palabra «atención» con dos sentidos.

El primero es el que se refiere a priorizar el tiempo. Esto está relacionado con el eje de frecuencia del universo social del gráfico del capítulo cuatro. ¿Estamos priorizando las cosas más importantes para nosotros, poniéndolas al principio de la lista cuando repartimos nuestro tiempo?

Puede que pienses que eso es fácil de decir, pero que, obviamente, nosotros no sabemos nada de tu vida. Que no puedes añadir horas mágicamente a tus días. Que inviertes tiempo en el trabajo para que tus seres queridos puedan comer y tus hijos puedan vestirse para ir a la escuela. Que ya aprovechas tus horas al máximo, así que ¿cómo vas a dedicar un tiempo que no tienes?

Buena pregunta. Vamos a hablar un poco sobre el tiempo.

A menudo tenemos sentimientos contradictorios sobre el tiempo del que disponemos. Por un lado, lo anhelamos y sentimos que no nos basta para cumplir con nuestras obligaciones diarias, sin mencionar todo lo que nos gustaría hacer. Por otro, tendemos a pensar en un futuro inconcreto en el que tendremos un extra de tiempo y que alcanzaremos ese momento de nuestra vida en el que las cosas que secuestran nuestro tiempo ahora mismo dejarán de consumirnos. Esa visita a nuestros padres que hace tiempo que les debemos, esa llamada a un viejo amigo..., cualquier cosa que pensemos que pasará más adelante, a menudo recibe el mismo tratamiento: «Ya tendré tiempo de sobra para eso», nos decimos.

Es cierto que un enorme número de personas dicen estar demasiado ocupadas y sentirse superadas por las responsabilidades y las obligaciones. A medida que el siglo XXI nos pasa por encima como una aplanadora, tenemos la sensación de que cada vez disponemos de menos tiempo y eso va acompañado de un mayor estrés y una peor salud.[4] Las personas a las que les falta tiempo, sean de la sociedad que sean, deben de estar trabajando más horas, ¿no?

No exactamente. En cifras globales, el promedio de horas trabajadas disminuyó significativamente desde mediados del siglo pasado.[5] Los estadounidenses trabajan en promedio un 10 % menos que en 1950 y en algunos países, como Holanda y Alemania, las horas de trabajo se redujeron hasta un 40 %.

Esto son promedios y hay que hacer algunas aclaraciones sobre quién está trabajando más y quién menos.[6] Por ejemplo, las madres trabajadoras son las que tienen menos tiempo de ocio; las personas con más formación tienden a trabajar más y tener menos tiempo libre, mientras que quienes tienen menos formación cuentan con más tiempo de ocio. Así que la evaluación general no es simple. Pero los datos son claros: incluso teniendo en cuenta estas objeciones, las personas están menos ocupadas con el trabajo que en las generaciones anteriores. Pero, en cambio, sentimos que apuramos nuestro tiempo al máximo.[7] ¿Por qué?

Puede que la respuesta a esta pregunta se encuentre en la segunda acepción de la palabra «atención», que se refiere a cómo empleamos el tiempo y, en concreto, a lo que hace nuestra mente en cada momento.

PENSAR EN LO QUE NO ESTÁ PASANDO

Nosotros, Bob y Marc, llevamos más de dos décadas viviendo a unos cuantos kilómetros de distancia. Para trabajar juntos en proyectos tenemos que reunirnos por teléfono o videollamada. Somos viejos amigos, pero tenemos que fijar citas estrictas o, de lo contrario, no nos vemos. Cuando finalmente llega el día, al menos una vez por semana, ambos lo consideramos un respiro programado en un horario laboral frenético. Nos relajamos un poco y bajamos la guardia. Y a veces, después de estar muy concentrados todo el día o toda la semana, cuando por fin podemos hablar nos cuesta centrar la atención.

Ya sabes a qué nos referimos. La vida es una locura y hay millones de cosas por hacer. Cuando te sientas con un amigo o con tus hijos y tienes un momento, tu comodidad y confianza en esa relación te da a entender que no tienes por qué dedicarle toda tu atención. Son personas a las que conoces. Tienen una rutina juntos, la interacción es familiar y puede que no haya pasado nada nuevo, de modo que tu mente se aleja. E incluso cuando sus vidas no están desbordadas de preocupaciones y cosas que hacer, siempre existe un enorme flujo de información reclamándonos en internet. En cuanto tenemos un momento de calma, sacamos el teléfono.

Incluso mientras trabajábamos en este capítulo, cuando estábamos literalmente hablando sobre prestar atención, Marc empezó a oír un silencio conocido a través del teléfono. Bob se había embobado.

—Bob —dijo.

—¿Sí?

—Te perdí.

Nos pasa a todos. En un estudio de 2010, Matthew Killingsworth y Daniel Gilbert usaron en contra de sí mismos a uno de los culpables modernos de la distracción, el *smartphone*, para llevar a cabo un estudio gigantesco sobre cómo empleamos nuestros momentos de vigilia, tanto física como mentalmente.[8] En primer lugar, diseñaron una app que se ponía en contacto con los participantes en momentos aleatorios a lo largo del día, les preguntaba qué estaban haciendo, sintiendo y pensando y guardaba sus respuestas. La base de datos recopiló millones de muestras de más de cinco mil personas de todas las edades y de ochenta y seis categorías laborales en ochenta y tres países. Sus hallazgos mostraron que casi la mitad de nuestros momentos de vigilia los dedicamos a pensar en algo distinto a lo que estamos haciendo. ¡Casi la mitad! Como señalaron los autores del estudio, esto no es únicamente una desafortunada particularidad mental, sino una obvia adaptación evolutiva humana.

Pensar en el pasado y en el futuro nos permite planear, anticipar y hacer conexiones creativas entre distintas ideas y experiencias. Pero el entorno moderno, con toda su estimulación, puede atrapar nuestras mentes en un estado de distracción que supera con mucho sus escasos beneficios. Nuestras mentes ya no anticipan ni establecen conexiones creativas tanto como deambulan entre la maleza. Y el estudio de Killingsworth y Gilbert demostró algo que todos sabemos en el fondo: que el hecho de que nuestra mente deambule está conectado con la infelicidad.

«La capacidad de pensar en lo que no está sucediendo —escribieron— es un logro cognitivo que tiene un costo emocional».

EL BÚHO Y EL COLIBRÍ

Esta capacidad cognitiva de recordar el pasado y anticipar el futuro es una de las cosas que hacen que nos sintamos muy ocupados, no por el número de tareas que tenemos que completar en un día, sino por el número total de cosas que compiten por nuestra atención. Seguramente, lo que comúnmente denominamos «distracción» puede entenderse mejor como «sobreestimulación».

Hallazgos recientes en neurociencia muestran que nuestra mente consciente no puede hacer más de una cosa al mismo tiempo. Quizá te parece que tú eres capaz de compaginar tareas y pensar en dos (o más cosas) a la vez, pero lo que hace en realidad tu mente es saltar de una a otra. Este es un proceso muy costoso en términos neurológicos. Pasar de una tarea a otra implica un gasto de energía y de tiempo medibles.[9] Y, cuando volvemos a la primera tarea, esto implica otro periodo de tiempo para volver a centrar nuestra atención en el objeto original. Y no se trata solo del tiempo, sino también de la calidad de nuestra atención. Si nos pasamos el día saltando de una cosa a otra, nunca seremos capaces de centrarnos de verdad en experimentar el placer y la eficacia de una mente concentrada. En lugar de eso, vivimos en un estado de recalibrado constante, o lo que la escritora Linda Stone llama acertadamente «atención parcial continua».[10]

La consciencia humana no es la criatura ágil y veloz que nosotros pensamos. Nuestros cerebros evolucionaron para parecerse más a los búhos que a los colibrís: nos fijamos en algo, dirigimos allí nuestra atención y nos concentramos. Es en este estado de concentración intenso y solitario cuando estamos en posesión de nuestras facultades de potencia mental humana más únicas. Cuando nos concentramos en algo es cuando somos más reflexivos, creativos y productivos.

Pero en el entorno cargado de pantallas del siglo XXI, nuestras mentes de búho, grandes y poco manejables, son tratadas como colibrís y acaban dando tumbos de un lado a otro de forma poco eficaz. Hacer esto un día sí y un día no provoca que nos acostumbremos a una forma de funcionar que, en realidad, no es natural para nosotros y nos genera ansiedad: es una forma de funcionar que hace que a nuestra mente le cueste nutrirse.

¿Qué búho va a sentirse más ocupado, el que se concentra en el sonido que hace un ratón sobre la nieve o el que intenta absorber un poquito de néctar de un millar de flores? ¿Y cuál de ellos va a estar mejor alimentado?

LA ATENCIÓN DE TODA UNA VIDA FAMILIAR

Saber que nuestra atención es valiosa es una cosa, pero ¿qué forma adquiere la atención en nuestras relaciones a lo largo de toda una vida?

Para tener un poco de contexto real vamos a observar a Leo DeMarco, el profesor de preparatoria del capítulo dos, considerado, en términos generales, uno de los hombres más felices del Estudio Harvard, para ver cómo gestionaba él su tiempo y su atención.

Leo, como maestro de preparatoria, era una persona increíblemente ocupada que aprovechaba su tiempo al máximo. Estaba muy implicado con sus alumnos. Más que la mayoría de los profesores, según quienes lo conocían. Siempre sentía que se podía hacer más y nunca dudaba en ayudar a un alumno con problemas o en reunirse con padres preocupados. También estaba implicado en actividades extracurriculares, por lo que no siempre estaba disponible para sus propios hijos después de la escuela o los fines de semana. Su familia disfrutaba de su compañía, era una persona que sabía escuchar y siempre tenía un buen chiste a la mano, de modo que, cuando no estaba, notaban su ausencia y a veces se preguntaban si valoraba más su trabajo que a su familia.

Es cierto que su trabajo era importante para él. Daba sentido a su vida; le dijo al estudio más de una vez que lo hacía sentirse como un miembro valioso de la comunidad, que significaba algo para las personas con quienes trabajaba y, en especial, para sus alumnos. Este propósito es algo importante para nuestra felicidad y bienestar (hablaremos más de esto en el capítulo nueve) y no es raro que comporte un conflicto de prioridades con otras cosas, como el tiempo en familia. Esta competencia por nuestra atención es un problema complicado al que muchos nos enfrentamos. Pero no es insalvable. La familia de Leo no tenía ningún problema en hablar con él de este tema. Su esposa, Grace, se lo mencionó, y también sus dos hijas y su hijo.

En 1986 le preguntamos a su hija mayor, Katherine, cuál era su recuerdo más claro de Leo y ella nos habló con mucho sentimiento de sus excursiones de pesca. Cada verano, cuando finalizaban las clases, Leo se llevaba a uno de sus hijos cada vez a pasar una semana de campamento en distintos enclaves de pesca. Durante esas excursiones, ella lo recordaba como alguien atento; no se trataba solo de pescar, sino que le preguntaba por su vida y sus opiniones. Incapaz de desconectar a su profesor interior, les enseñaba a sus hijos a hacer nudos para los anzuelos y los flotadores, a saber dónde les gustaba esconderse a los peces, a hacer fuego y a identificar constelaciones en el cielo estrellado. Se aseguraba de que todos fueran capaces de acampar y pescar por su cuenta, para que supieran arreglárselas en la naturaleza y seguir esa tradición con su propia descendencia, si la tenían.

Leo les concedía a sus hijos toda su atención, tal y como hacía con su esposa, Grace. Cuando ya había cumplido los ochenta años, le preguntamos a Leo qué actividades hacían en pareja:

> Cuidamos juntos del jardín o salimos a pasear y hablamos del paisaje. Es decir, ayer dimos un paseo de seis u ocho kilómetros. Nos abrigamos, nos metimos en el bosque y nos fuimos parando para ver los patos que sobrevolaban el río que estábamos cruzando. Esto es algo habitual en nuestra vida. Compartimos cosas. O, cuando leo un libro, yo sé lo que le interesa, así que le propongo que eche una ojeada a cosas concretas. Y ella hace lo mismo conmigo.

Son cosas pequeñas, breves momentos en los días de Leo y Grace, pero si los vemos en conjunto a lo largo de una vida, suman. «La atención es la forma más básica del amor».[11] No es una coincidencia que Leo sea uno de los miembros del estudio más atentos y presentes y también uno de los más felices.

LAS FORMAS MODERNAS DE CONEXIÓN

A Leo y a los demás participantes de la primera generación en el Estudio Harvard, que criaron a sus hijos en las décadas de 1940, 1950 y 1960, la vida en línea que conocemos en el siglo XXI les habría sonado a ciencia ficción. En aquel entonces, no tenían que convivir con la omnipresencia de los *smartphones*, la naturaleza ubicua de las redes sociales ni la aplastante superabundancia de información y estímulos. Pero es probable que sus problemas con las relaciones se parezcan más a los actuales de lo que podríamos pensar.

En 1946, un joven Stanley Kubrick publicó una fotografía en la revista *Look* que nos resultaría muy familiar hoy en día: un vagón de metro lleno de neoyorquinos camino al trabajo, con las cabezas inclinadas, prácticamente todos absortos en... sus periódicos. Y muchas de las familias originales del Estudio Harvard hablaban de la misma sensación que tenemos hoy en día: decían que tenían problemas para dedicar a sus familias la atención que merecían, que el trabajo las superaba, el mundo parecía estar enloqueciendo y les preocupaba el futuro de sus hijos. Recuerda, el 89 % de los universitarios del estudio sirvieron en la Segunda Guerra Mundial, un conflicto catastrófico cuyo resultado, entonces, era totalmente incierto, y más tarde criaron a sus hijos durante la Guerra Fría con un temor constante a un desastre nuclear. Dentro de casa, en lugar de internet, a los padres les preocupaba lo que la televisión les estaba haciendo a sus hijos y a la sociedad en general. Pero, aunque muchos de sus problemas eran distintos en cuanto a naturaleza y escala y aunque la velocidad del cambio cultural puede que fuera, al menos en algunos aspectos, menos extrema que la que vivimos nosotros, las soluciones eficaces para nutrir las relaciones —dedicar tiempo y atención al momento presente— eran las mismas que hoy en día. La atención es el auténtico material del que está hecha la vida y es igual de valiosa independientemente de la era en la que viva la persona.[12]

NUESTRA ATENCIÓN, EN LÍNEA

Tecnologías como los *smartphones* y las redes sociales participan en la actualidad en cómo moldeamos algunas de las zonas más íntimas de nuestras vidas. Bastante a menudo, cuando conectamos con otra persona, se interpone entre nosotros un dispositivo o un programa informático.

Esta es una situación vulnerable, ya que hay una cantidad increíble de emociones y de vida fluyendo por estos medios. La chispa de un enamoramiento, rupturas, noticias sobre nacimientos y muertes, las comunicaciones habituales en una amistad y todo tipo de interacciones íntimas se filtran ahora a través de dispositivos y programas informáticos, algunos de ellos diseñados de forma sutil —a veces no tanto— para dar forma a las interacciones. ¿Cómo afecta esto a nuestras relaciones? ¿A nuestra felicidad? ¿Están estas nuevas formas de comunicación contribuyendo a que profundicemos o a que inhibamos nuestra capacidad para conectar de verdad con los demás?

Las respuestas definitivas a estas preguntas no son sencillas de encontrar. Cada individuo emplea estas tecnologías de forma distinta y, como sucede con cualquier periodo de transformación social, cuesta ver la auténtica naturaleza del cambio hasta que se alcanza cierta distancia. Pero una cosa que sí sabemos es que las redes sociales y la vida en línea son complicadas. Hay algunos motivos para la esperanza y también para la preocupación.

EL TOMA Y DACA DE LAS REDES SOCIALES

En la vertiente positiva, cuando las redes sociales se usan para mantener el contacto con amigos y familia, pueden mejorar la sensación de conexión y pertenencia.[13] Viejos amigos y colegas con quienes habríamos perdido el contacto en el pasado ahora se encuentran solo a unos pocos clics de distancia y cada día emergen nuevas comunidades en torno a intereses y dificultades. Alguien con una enfermedad rara como la fibrosis quística puede encontrar apoyo y consuelo en línea y alguien que ha sido marginado a causa de su orientación sexual, su identidad de género o su aspecto puede encontrar una comunidad más allá de su ubicación física. Para alguien que esté aislado y en una situación inusual, internet puede ser una auténtica bendición.

Pero también hay preguntas importantes que debemos plantearnos y las respuestas pueden afectar a nuestro bienestar personal y como sociedad. Entre las más urgentes está la de cómo afectan esos espacios en línea al desarrollo de niños y adolescentes. Como muestran los datos de nuestro Estudio Harvard (y muchos otros), las experiencias sociales tempranas son importantes.[14] La forma de relacionarse de una persona más adelante en la vida está vinculada con su desarrollo infantil. Por algo llamamos «formativos» a estos años (hablaremos más del tema en el capítulo ocho).

¿Qué impacto tiene este incremento de interacciones en línea sobre la capacidad de las personas jóvenes de leer el contexto social y reconocer emociones en la vida real? ¿O en su capacidad para emitir señales emocionales y conversacionales con sentido? Una gran parte de la comunicación en persona no está relacionada en absoluto con el lenguaje. ¿Estas habilidades no verbales se atrofian en los contextos virtuales de formas que afectan a las interacciones en persona?

Esta es un área de análisis rica y en desarrollo y nosotros mismos estamos llevando a cabo una parte. Los resultados hasta ahora no son concluyentes; hace falta mucha más investigación. Pero lo que sí está claro llegados a este punto es que no podemos afirmar que los espacios en línea sean iguales que los físicos y, en especial, no podemos asumir que las habilidades sociales que desarrollan los niños al estar juntos en persona se puedan desarrollar también en línea.[15]

AISLAMIENTO Y CONEXIÓN

En 2020 el mundo fue sacudido por la pandemia de covid-19. La rápida expansión de un virus microscópico cambió drásticamente gran parte de nuestra forma de vida y nos separó de amigos, vecinos y familias, con un costo extremo para nuestra fortaleza psicológica individual. Las cuarentenas encerraron a las personas en casa y las normas de distancia en el espacio público impedían la mayoría de las formas de socialización. Los restaurantes cerraron. Los lugares de trabajo cerraron. Casi de la noche a la mañana, las videollamadas y las redes sociales se convirtieron en la única forma de conectar con el mundo exterior para muchas personas. Fue como un experimento masivo y global sobre el aislamiento social y la naturaleza de la vida en línea.

A medida que las semanas de confinamiento se convertían en meses, las herramientas digitales empezaron a llenar el vacío dejado por la ausencia de interacción en el mundo real. Las reuniones a distancia mantuvieron en funcionamiento muchas empresas y permitieron que escuelas y universidades abrieran sus puertas (virtuales). Los servicios religiosos se celebraban en línea. Incluso las bodas y los funerales se celebraban de forma virtual.

Para quienes no tenían acceso a internet, la situación fue muchísimo peor. Frente al aislamiento total o el riesgo de contagio, muchas personas eligieron lo segundo. En las residencias, donde apenas penetraron las redes sociales y las videollamadas, lo único peor que el virus era la soledad, que dañó tanto la salud de sus residentes que se convirtió en una causa oficial de muerte.[16]

Sin redes sociales ni videollamadas, es probable que los efectos sobre la salud del confinamiento hubieran sido mucho más graves.

Pero pronto quedó claro que estas herramientas virtuales no bastaban en absoluto. Había algo que faltaba en la experiencia sensorial y el contenido emocional de esas reuniones virtuales.

La comunicación no es un mero intercambio de información. El tacto humano y la proximidad física tienen efectos emocionales, psicológicos e incluso biológicos. Cuando se ciñe a las prestaciones de un programa informático, la experiencia de la interacción social en línea es distinta y, a menudo, más limitada. Mientras que en épocas de normalidad las limitaciones de la conexión en línea quedan compensadas por las interacciones regulares en persona, durante la pandemia estas limitaciones se manifestaron en todo su esplendor. A pesar de nuestra conectividad virtual, los trastornos de desesperación, depresión y ansiedad se incrementaron en el primer año de pandemia, y la sensación de soledad empeoró en algunas comunidades.[17] Incluso entre los bien conectados, muchos empezaron a experimentar «hambre de piel», un deseo que nace de la falta de contacto humano. Frente a un aislamiento intenso, las redes sociales, al menos, eran algo. Pero no bastaban.

Este enorme experimento global sobre aislamiento dejó algo muy claro: una máquina no puede sustituir la presencia física de otro ser humano. No existe un sucedáneo de estar juntos.

NO DESLICES LA PANTALLA: INTERACTÚA

Las redes sociales y la interacción virtual llegaron para quedarse y es probable que evolucionen de formas impredecibles. Mientras observamos cómo las sociedades de todo el mundo afrontan estos cambios tecnológicos, ¿hay algo que podamos hacer en nuestras vidas para aumentar lo bueno y mitigar lo malo?

Afortunadamente, tenemos datos sobre esto. La forma en la que los individuos emplean las plataformas importa[18] y podemos darte un par de recomendaciones muy básicas que puedes empezar a implementar hoy mismo:

En primer lugar, interactúa con los demás.

Un estudio muy influyente mostró que quienes usan Facebook de forma pasiva, solo leyendo y deslizando la pantalla, se sienten peor que quienes interactúan activamente, poniéndose en contacto con otros y comentando sus publicaciones.[19] Un estudio llevado a cabo en Noruega, uno de los países más «felices» del mundo, llegó a una conclusión parecida.[20] Los noruegos tienen una tasa de uso de Facebook muy alta y un estudio halló que los niños que lo usan principalmente para comunicarse experimentaban más sentimientos positivos. Quienes lo usaban sobre todo para mirar experimentaban más sentimientos negativos. Estos hallazgos no son tan sorprendentes: ya sabemos que quienes se comparan más a menudo con los demás son menos felices.[21]

Como dijimos antes, siempre comparamos nuestra realidad con el exterior de los demás; nuestras experiencias y altibajos, nuestros días buenos y malos, nuestros momentos de confianza y de inseguridad con la versión editada de las vidas que nos muestran otras personas. Esto sucede de forma más acusada en las redes sociales, donde nos cuesta poco colgar fotos de un buen momento en un restaurante o de vacaciones en la playa, pero rara vez las equilibramos con la realidad de las discusiones a la hora de la cena o de las malas resacas. Este desequilibrio significa que cuando comparamos nuestras vidas con las imágenes que otros nos muestran en las redes sociales es fácil sentir que la buena vida es algo que solo los demás disfrutan.

En segundo lugar, obsérvate al usar las redes sociales.

Para empezar, no todas son para todo el mundo. Lo que para otra persona puede ser bueno, puede no serlo para ti. Así que, al pensar en tus hábitos en línea, lo que de verdad importa es cómo te hace sentir cada plataforma. Si te pasas media hora en Facebook, ¿sales de ahí sintiendo que recargaste pilas? ¿Te sientes agotado después de perderte dando tumbos por internet de clic en clic? Dedicar un momento a notar los cambios en tu estado de ánimo y tu actitud después de un periodo de tiempo en cualquier red social puede señalarte la dirección adecuada. La próxima vez que notes que te quedaste pegado en la silla frente a la pantalla, dedica un momento a observarte y ver cómo te sientes.

En tercer lugar, indaga qué opinan de tu uso de redes sociales las personas que son importantes para ti. Pregunta a tu pareja qué opina de tu uso del teléfono. ¿Le afectan tus hábitos en línea?[22] ¿Hay algún momento o actividad —en el desayuno, después de cenar, en el coche— donde extrañe tu presencia y atención completa? ¿Y qué opinan tus hijos? Las personas más mayores tienden a asumir que son sobre todo los jóvenes los que están pegados a las pantallas, pero no es raro que sean los niños quienes se quejen de que sus padres están obsesionados con sus *smartphones*. No siempre somos capaces de detectar esto nosotros mismos; puede que tengas que hacer preguntas.

Por último, tómate de vez en cuando unas vacaciones tecnológicas. Estas serán distintas según cómo sea tu vida, pero decidir eliminar la tecnología de tu vida durante periodos breves de tiempo puede revelar cómo te afecta. En ciencia, usamos un grupo de control para comparar con el grupo que sigue un tratamiento para ver los efectos de forma más clara. Puede que tú necesites un periodo de control en tu vida. ¿Qué tal es la sensación de no mirar las redes sociales durante cuatro horas? Si tu teléfono no está disponible, ¿prestas más atención a las personas que amas? Después de un día sin redes sociales, ¿te sientes menos superado, menos disperso?

Cada vez que agarramos el *smartphone* o entramos a internet, estamos incrementando nuestro alcance potencial y abriéndonos a vulnerabilidades. Lo mejor que podemos hacer cada uno de nosotros es intentar entender cómo ambos lados de esta ecuación se traducen en nuestras vidas y esforzarnos en maximizar lo bueno y mitigar lo malo.

Para ello, tenemos una ventaja crucial frente a todos los gigantes tecnológicos: la guerra por nuestra atención se juega en nuestro campo, literalmente en nuestra mente. Y ahí podemos ganar.

PERMANECER (Y ESTAR) ALERTA

El momento presente es el único que dominamos.

THICH NHAT HANH[23]

Estos dilemas sobre la atención pueden parecer exclusivos de la modernidad, pero en origen son muy antiguos: tienen miles de años más que internet y cuentan con soluciones ancestrales.

En 1979, Jon Kabat-Zinn adaptó prácticas milenarias de meditación budista en un curso de ocho sesiones diseñado para ayudar a pacientes terminales y a las personas con dolor crónico a reducir su sensación de estrés. Llamó al curso «Reducción del estrés basada en la atención plena» o MBSR, por sus siglas en inglés, y este proceso terapéutico condujo a la ubicuidad actual del término «atención plena» y de su forma inglesa, *mindfulness*. Actualmente existe gran cantidad de investigaciones que apoyan su eficacia y muchas facultades de Medicina ofrecen formación en conciencia plena.[24]

La alerta y la atención constituyen el centro de la práctica de la atención plena. Kabat-Zinn la define a menudo de la siguiente manera: «La consciencia que emerge al prestar atención a las cosas tal y como son, a propósito, en el momento presente y sin juzgarlas».[25] Al hacer el esfuerzo consciente de prestar atención a las sensaciones de nuestro cuerpo y a lo que sucede a nuestro alrededor, y al hacerlo sin la abstracción y el filtro del juicio, nuestro pensamiento y nuestra experiencia nos ponen en sintonía con el lugar en el que estamos ahora mismo. La mente humana tiende a huir; el objetivo de la atención plena es hacerla regresar a casa, al momento presente.

Con los años, hay elementos de la atención plena que se filtraron en la cultura popular y el deseo de comercializarla despertó cierta desconfianza en estas prácticas. Pero sus ideas centrales nos acompañan desde hace siglos y forman parte de muchas tradiciones culturales. El objetivo es simplemente prestar atención de determinada manera y de forma cotidiana. Incluso el ejército de Estados Unidos invierte en atención plena y en aprender cómo hacer que los seres humanos permanezcan concentrados, porque para los soldados estar alerta en el momento es una cuestión de vida o muerte.[26]

Lo mismo se aplica para todos los demás. Estar alerta es la sensación de estar realmente vivos. Los momentos que acumulamos en piloto automático (por ejemplo, las horas que empleamos yendo al trabajo, más las que pasamos en internet, más las rutinas automáticas que seguimos al despertarnos y al acostarnos) contribuyen a la sensación de que la vida pasa rápidamente y que nos la estamos perdiendo.

Al aprender a prestar atención a lo que sucede frente a nosotros ganamos algo más que la sensación de estar vivos: también incrementamos nuestra capacidad de actuar. No pensamos en lo que ya sucedió, en lo que podría suceder, en lo que tendremos que hacer luego; estamos alerta en el momento, que es donde debe tener lugar cualquier acción. Si nuestra intención es conectar con otras personas, estar presentes es lo que lo posibilita.

Un momento de atención plena no tiene por qué ser un acto de meditación extenuante. Solo tenemos que detenernos, prestar atención y fijarnos en las cosas como son. En cada momento efímero de nuestra vida tenemos a nuestro alcance una increíble cantidad de información. Puedes tomarte un momento ahora mismo, en el lugar en el que te encuentres. Puedes fijarte en el peso de este libro en tus manos, el tacto de las páginas (o del dispositivo que estés usando para leerlo), el movimiento del aire sobre tu piel o cómo interactúan la luz y el suelo de la habitación. O puedes plantearte esta bella pregunta, que es útil en cualquier situación, en cualquier momento: ¿qué hay aquí que no había visto antes?

Usar la palabra inglesa *mindfulness* no es muy afortunado, porque su sentido no resulta evidente para muchas personas. En su significado más literal, el término sugiere que nuestra mente está «llena» (*full*) de pensamientos correctos que alcanzaremos con la práctica.

Pero la atención plena es algo más sencillo.

Como mostró el estudio de Gilbert y Killingsworth, la mente de la mayoría de las personas está casi siempre llena de pensamientos sobre nosotros mismos, el futuro y el pasado. Estos pensamientos arrastran nuestras consciencias hacia un túnel estrecho de pensamiento y preocupación, separado de la experiencia inmediata. Puede ser un lugar oscuro y claustrofóbico.

Si se lo permitimos, el momento presente es enorme y espacioso. Incluso cuando contiene experiencias tristes o que dan miedo, un instante real incluye mucho más que el contenido de nuestras mentes. La sensación de estar realmente vivos llega cuando prestamos atención solo a lo que está pasando justo ante nosotros, cuando nos agarramos a las sensaciones, a lo que nos pasa en el cuerpo, a las cosas que vemos y oímos, a la presencia de quienes nos acompañan, y los usamos para dar un volantazo, dejar de pensar en otras cosas y otros lugares y salir del túnel de nuestra mente a la vastedad del presente, el único lugar en el que todo, y todos, existimos de verdad.

Como lo resumió el maestro espiritual Ram Dass, la idea es «estar aquí ahora».

SOBRESALIENTE EN ESFUERZO

Esa misma pregunta —«¿qué hay aquí que no estoy viendo?»— puede ser extraordinariamente potente cuando se aplica a personas: ¿en qué detalle de esta persona no me había fijado nunca? O bien: ¿qué sentimientos de esta persona no había percibido? Esto forma parte de esa curiosidad radical de la que hablamos en el capítulo cuatro.

Muy a menudo, cuando estamos en presencia de otras personas, nos perdemos muchos detalles de su experiencia. En cualquier interacción y en cualquier relación (incluso en las más cercanas) hay cantidades enormes de sentimientos e información que nos pasan desapercibidos. Pero, al final, ¿qué es lo más importante? ¿Saber con exactitud lo que la otra persona está experimentando? ¿O desarrollar y mostrar una curiosidad genuina por comprender su experiencia?

En 2012 diseñamos un estudio para averiguarlo.[27] Si alguna vez tuviste una conversación difícil con tu pareja, sabes lo tensa que puede llegar a ser y los muchos malentendidos que pueden surgir. Así que buscamos 156 parejas con distintos trasfondos y le pedimos a cada uno de los miembros que grabara un resumen en una o dos frases de un suceso de su relación que lo frustrara, lo hiciera enojar o le molestara (por ejemplo, que su pareja no cumpliera con algo que había prometido, o que no comunicara un suceso importante, o que no llevara a cabo la tarea doméstica que le tocaba). Después, pusimos la grabación para que el otro miembro de la pareja la escuchara y esto desencadenara una discusión; finalmente, les pedimos que intentaran entender mejor qué había sucedido.

Los participantes no lo sabían, pero estábamos monitoreando la importancia de la empatía. Lo que queríamos saber era qué es más importante: entender con precisión los sentimientos de nuestra pareja o que esta vea que nos estamos esforzando por entenderla.

Después de la interacción, les preguntamos a ambos por sus sentimientos y los de su pareja durante la conversación. También les planteamos una serie de preguntas sobre las intenciones y motivaciones de sus parejas, incluido hasta qué punto creían que estas habían intentado entenderlos.

Nuestra hipótesis era que una mayor precisión en la empatía —conocer la respuesta correcta a la pregunta de qué sentía su pareja— estaría relacionada con una mayor sensación de satisfacción en la relación. Y esa correlación existía: sin duda, entender cómo se siente tu pareja es bueno.

Pero aún más importante que eso, especialmente en el caso de las mujeres, es el esfuerzo empático que implica el intentar comprender al otro. Si una persona sentía que su pareja se estaba esforzando de buena fe para entenderla, tenía una percepción más positiva sobre la interacción y la relación, independientemente de la precisión de su pareja.

Simplificando: entender a la otra persona es genial, pero solo intentarlo ya contribuye muchísimo a la conexión.

Para algunas personas hacer esto es un automatismo, pero el esfuerzo de entender al otro también puede ser un comportamiento deliberado, hecho a propósito. No tiene por qué resultarte natural al principio, pero cuanto más lo intentes más sencillo será. La próxima vez que tengas oportunidad de hacerlo, pregúntate:

¿Cómo se siente esa persona?
¿Qué está pensando?
¿Me estoy perdiendo algo?
¿Cómo me sentiría yo en su lugar?

Y, cuando sea posible, comunícale que sientes curiosidad por entenderla, un pequeño esfuerzo que puede tener un gran impacto.

LE PONEMOS A LEO UN NOTABLE POR EL ESFUERZO

Puede que Leo no fuera el miembro del estudio que más tiempo pasó con su familia, pero con el paso de los años hizo un esfuerzo consciente por mejorar en esa área y cuando pasaba tiempo con ellos procuraba que fuera de calidad. Eso no significa que se los llevara a vivir grandes aventuras ni de viaje al extranjero, ni que llenara de emociones sin fin cada segundo de vida familiar. No. Lo que hacía era prestarles atención a sus hijos y a su esposa y lo hacía de forma bastante consistente. Se mostraba disponible para ellos en el momento. Escuchaba, hacía preguntas y procuraba ayudar siempre que podía.

Le preguntamos qué le había gustado de su esposa cuando se habían conocido en la preparatoria y él hizo una lista: su inteligencia, su carácter agradable y algo misterioso que no atinaba a explicar («tenía algo que me gustaba. Me gustó desde el principio»). Pero cuando le preguntamos qué creía que le gustaba a ella de él no supo qué decir.

«Bueno, la verdad es que nunca me lo planteé», respondió. Estaba tan interesado en Grace que no se había parado a pensar en qué podía opinar ella de él. Este centrarse en el mundo que lo rodea es uno de los ejes centrales de la vida de Leo.

Cuando su familia se reunía, él decía que lo que le gustaba era ser como una mosca en la pared. Le divertía ver cómo se relacionaban entre sí, en su estado natural, fijándose en qué se diferenciaba el trato entre ellos del que tenían con él. Sus relaciones llenaban la casa de energía. «Eso hace que la vida sea maravillosa», afirmó al respecto.

Leo era afortunado. Ser curioso y atento con los demás y no preocuparse demasiado por su propia imagen era algo natural en él. Pero no todo el mundo es así. Algunos tenemos que esforzarnos conscientemente y aprender a prestar este tipo de atención. Incluso Leo, que siguió pendiente de su mujer durante toda su vida, no mantuvo su abordaje proactivo a la hora de conectar con sus hijos. Empezó a hablar con ellos cada vez menos cuando se fueron de casa y, en general, se mostró menos atento. Cuando su hija pequeña, Rachel, tenía treintaitantos años, escribió una nota espontánea en el cuestionario para la segunda generación:

> Adoro a mis padres, a los dos. Pero este año me di cuenta de que tengo que invertir tiempo para estar con ellos, en especial para lograr que mi padre hable. Siempre dejé que sea mi madre la que lleve a cabo las comunicaciones necesarias. Ahora soy yo la que da pie a maravillosas conversaciones nocturnas y me siento mucho más cercana a él.

Este comentario es muy revelador. La familia DeMarco estaba unida, es cierto, pero a veces eso no basta. Cuando Rachel se hizo adulta, perdió parte de esa cercanía con sus padres, de un modo que le resultaba incómodo. Tuvo que buscar tiempo para estar con ellos de forma más activa y para alimentar la relación con su padre. Como familia ya habían tenido la capacidad de comunicarse y mantenerse cercanos, pero seguía siendo necesario esforzarse y planificar. La cercanía no aparece por sí sola. Vivimos vidas ocupadas. Hay muchas cosas que se cruzan en nuestro camino y lo fácil es mostrarse pasivo y dejarse llevar. Rachel eligió ir a contracorriente en su vida y reconectar.

Pero esa decisión no surgió de la nada. Quizá Leo no lo supiera cuando era un padre joven, pero estaba plantando las semillas de la conexión que reaparecería y lo alimentaría a él (y a sus hijos) más adelante. Rachel y sus hermanos aprendieron que la conexión con su padre era agradable y que les aportaba una sensación especial que no obtenían fácilmente de nadie más. Lo sabían gracias al esfuerzo inicial de Leo.

Al final del cuestionario, Rachel dejó una última nota para los investigadores del estudio:

> P. D.: Perdón por tardar tanto en contestar. Vivo en la montaña, a la mitad del bosque, sin agua potable, electricidad, etcétera. ¡Un poco desconectada!

Se diría que las lecciones aprendidas en sus excursiones habían surtido efecto.

Si observamos a la familia DeMarco de cerca veremos algo que también muestran las investigaciones y que son los frutos naturales de la atención bien dirigida: amor y respeto recíprocos, sensación de pertenencia y una predisposición positiva ante las relaciones humanas en general, lo que conduce a más relaciones positivas y una mejor salud. En el caso de Leo y la familia DeMarco, su atención mutua cercana parece haber tenido un impacto muy importante en las vidas de todos.

UN POCO MÁS DE ATENCIÓN DIARIA

Ya te pedimos que pienses en qué relaciones de tu vida se beneficiarían de dedicarles algo más de tiempo. Ahora te vamos a plantear una pregunta más profunda: de las personas de tu vida que ya están recibiendo tu tiempo, ¿quiénes están recibiendo también toda tu atención?

Esta cuestión puede ser más difícil de responder de lo que

crees. A menudo pensamos que estamos prestando toda nuestra atención, pero nuestras reacciones y acciones automatizadas hacen que no estemos seguros de ello. Quizá tengas que observarte a conciencia y valorar si de verdad estás prestando toda tu atención a las personas más importantes para ti.

Cómo lo hagas dependerá totalmente de tu vida, pero vamos a proponerte algunas formas sencillas de empezar.

En primer lugar, piensa en una o dos relaciones que enriquezcan tu vida y valora dedicarles algo de atención extra. Si hiciste el universo social del capítulo cuatro, puedes echarle una ojeada y preguntarte: ¿qué acción podría llevar a cabo hoy para prestarle atención y respeto a alguien que lo merece?

En segundo lugar, piensa en hacer cambios en tu rutina diaria. ¿Es posible buscar tiempo o actividades libres de distracciones, sobre todo cuando estás con las personas que más quieres? Por ejemplo, nada de teléfonos durante la cena. ¿Hay momentos concretos durante la semana o el mes que puedas dedicar a una determinada persona? ¿Podrías hacer un cambio en tu horario que te permitiera tomar un café o salir a pasear regularmente con un ser querido o un nuevo amigo? ¿Podrías cambiar de sitio algunos muebles para promover la conversación en lugar de mirar una pantalla?

Por último, puede que quieras seguir con la práctica que iniciamos en el capítulo cuatro y mostrar curiosidad en los momentos que compartas con las personas de tu vida, en especial con quienes conoces bien y ya das por hecho. Esto requiere práctica, pero no es difícil mejorar. La conversación «¿Qué tal el día?»-«Bien» no tiene por qué quedarse ahí. Si tu interés es sincero, obtendrás una respuesta. Podrías seguir con una pregunta distendida como «¿Qué es lo más divertido que te pasó hoy?». O «¿Te pasó algo sorprendente?». Y cuando alguien te dé una respuesta corta puedes seguir indagando: «¿Puedo preguntarte más sobre el tema? Siento mucha curiosidad, no sé si lo entendí bien...». Intenta ponerte en el lugar de esa persona e imagina lo que experimentó. Para entablar conversaciones, a menudo basta con tomar esta perspectiva y la curiosidad es contagiosa. Puede que descubras que cuanto más te interesas por los demás, más se interesan ellos por ti, y puede que también te sorprenda lo divertido que puede ser este proceso.

Existe el peligro de que la vida se deslice entre nuestros dedos sin que nos percatemos de ello. Si tienes la sensación de que los días, los meses y los años pasan muy deprisa, prestar atención a las cosas puede ser un buen remedio. Dedicarle toda tu atención a algo es una forma de infundirle vida y asegurarte de que no vas de un lado a otro con el piloto automático puesto. Fijarte en otra persona es una forma de respetarla, de rendir homenaje a quien es en ese momento concreto. Y prestarnos atención, comprobar cómo avanzamos por el mundo, dónde estamos ahora y dónde nos gustaría estar, puede ayudarnos a identificar qué personas y objetivos requieren más atención de nuestra parte. La atención es tu activo más valioso y pensar en qué invertirla es una de las decisiones más importantes que puedes tomar. La buena noticia es que puedes hacerlo ahora mismo, en este momento y a cada nuevo instante de tu vida.

6

SEGUIR EL RITMO

Adaptarse a los cambios en las relaciones

Hay una grieta en todo: es por donde se cuela la luz.
LEONARD COHEN[1]

Cuestionario del Estudio Harvard, 1985, sección VI:

Pregunta n.º 8: ¿Cuál es tu filosofía para superar las malas épocas?

Todos los que conocían a Peggy Keane a los veintiséis años pensaban que iba por el camino correcto para alcanzar una buena vida. Tenía una carrera prometedora y una familia que la quería. La conocimos en el capítulo tres cuando nos contó que se casó con un hombre que ella describió como «uno de los mejores del planeta». Pero esta imagen de su vida no se correspondía con su realidad más íntima. Pocos meses después de su boda, la existencia de Peggy se convirtió en un caos cuando reconoció ante sí misma, su marido y su familia que era lesbiana. Peggy llevaba años escondiendo esta verdad sobre sí misma y, cuando finalmente la afrontó, parecía que todo su mundo iba a derrumbarse. Se sintió sola, sin energía y sin recursos. Fue uno de los momentos más difíciles de su vida. Cuando empezó a remontar tras un periodo de confusión y desesperación, miró a su alrededor y pensó: ¿y ahora qué? ¿A quién puedo recurrir?

A lo largo del libro hemos hecho hincapié en que las relaciones son la clave, no solo para afrontar las dificultades, grandes y pequeñas, sino también para crecernos ante ellas. George Vaillant lo resumió muy bien cuando escribió: «[El Estudio Harvard] revela dos pilares de la felicidad. Uno es el amor. El otro es encontrar una forma de afrontar la vida que no rehúya el amor».[2]

Es en el seno de las relaciones, y en especial de las más cercanas, donde encontramos los ingredientes de la buena vida. Pero no es fácil alcanzar ese punto. Cuando observamos los ochenta y cuatro años del Estudio Harvard vemos que los participantes más felices y sanos son los que tenían las mejores relaciones. Pero si examinamos los peores momentos de las vidas de nuestros participantes, estos también suelen estar muy vinculados con las relaciones. Divorcios, muertes de seres queridos, problemas con las drogas y el alcohol que llevaron al límite relaciones claves... Muchos de los peores momentos de las vidas de los participantes fueron resultado de su amor y cercanía con otras personas.

Que las personas que nos hacen sentirnos más vivos y nos conocen mejor sean también las más capaces de hacernos daño es una de las mayores ironías de la vida y el tema de millones de canciones, películas y grandes obras literarias. Esto no significa que quienes nos hacen daño sean malas personas ni que lo seamos nosotros cuando hacemos daño a los demás. A veces no es culpa de nadie. A medida que avanzamos por nuestros caminos personales podemos hacernos daño mutuamente sin pretenderlo.

Este es el enigma al que nos enfrentamos como seres humanos y la forma en la que gestionamos los problemas es a menudo lo que define el curso de nuestras vidas. ¿Bailamos al son de la música? ¿O escondemos la cabeza debajo del ala?

¿Qué hizo Peggy?

Vamos a avanzar hasta marzo de 2016, poco después de su cumpleaños cincuenta. A ver qué tal le ha ido.

A lo largo de la década de 1990, Peggy se centró en su carrera. Hizo una maestría y empezó a dar clases. Después de una relación corta y un periodo de soltería, Peggy se enamoró en 2001 y ha tenido una relación íntima con la misma mujer desde entonces. La describe como una relación «muy feliz, cálida y agradable». Pero en 2016 comenzó a tener problemas en el trabajo y el estrés estaba afectando su vida:

P1: Durante el último mes, ¿con qué frecuencia te has enfadado por un suceso inesperado?

Nunca Casi nunca De vez en cuando A menudo Siempre

P2: ¿Con qué frecuencia te has sentido nerviosa o estresada?

Nunca Casi nunca De vez en cuando A menudo Siempre

Pero, aunque estaba bajo presión, Peggy no estaba muy preocupada:

P3: ¿Con qué frecuencia has confiado en tu capacidad para gestionar tus problemas personales?

Nunca Casi nunca De vez en cuando A menudo Siempre

P4: ¿Con qué frecuencia has sentido que los problemas se acumulaban de tal manera que no ibas a poder superarlos?

Nunca Casi nunca De vez en cuando A menudo Siempre

¿De dónde procedía esa confianza en su capacidad para sortear los problemas? En gran parte, se debía a sus amigos y su familia:

P.43: ¿En qué medida te describe cada una de estas afirmaciones?

Tus amigos se preocupan por ti.

Nada Muy poco Algo Bastante Mucho

Tu familia se preocupa por ti.

Nada Muy poco Algo Bastante Mucho

Tus amigos te ayudan con los problemas graves.

Nada Muy poco Algo Bastante Mucho

Tu familia te ayuda con los problemas graves.

Nada Muy poco Algo Bastante Mucho

Peggy pasó por un mal momento y lo superó; y lo que la ayudó fueron sus relaciones. Gracias a su implicación total con las personas cercanas a ella, vivió, como dicen a veces los budistas zen, «las diez mil alegrías y las diez mil penas».

Mientras avanzamos por nuestros caminos personales, una de las pocas cosas que sabemos con seguridad es que nos enfrentaremos a dificultades vitales y relacionales para las que no nos sentiremos preparados. Las vidas de dos generaciones de participantes en el Estudio Harvard lo narran fuerte y claro. Da igual lo listos, experimentados o capaces que seamos; a veces nos veremos superados. Y aun así, si estamos dispuestos a enfrentarnos a estas dificultades, podremos hacer muchísimas cosas. «No puedes detener las olas —escribió Jon Kabat-Zinn—, pero sí puedes aprender a surfearlas».

En el capítulo cinco hablamos de la importancia de prestar atención al momento presente y al increíble valor de dirigir nuestra atención hacia las personas que nos rodean. Ahora la pregunta es: ¿qué sucede cuando nos encontramos en ese presente, implicados con personas y experimentando grandes dificultades? La vida solo pasa en el momento. Si queremos seguirle el ritmo, tendremos que hacerlo nota a nota, interacción a interacción, sentimiento a sentimiento.

Este capítulo trata sobre esas decisiones e interacciones que tienen lugar a cada instante y sobre nuestra adaptación a las dificultades relacionales, de modo que cuando las olas rompan sobre nosotros, en lugar de sucumbir, podamos recibirlas con todos los recursos a nuestra disposición y surfearlas.

REFLEXIONAR VS. REACCIONAR

Muchos problemas relacionales derivan de viejos hábitos. A lo largo de nuestras vidas, desarrollamos comportamientos automáticos, reactivos, que se mezclan de forma tan íntima con el tejido de nuestros días que ni siquiera los percibimos. En algunos casos, nos acostumbramos a evitar determinados sentimientos y nos alejamos de ellos, mientras que en otros puede que la emoción nos supere tanto que actuemos siguiendo nuestros sentimientos antes siquiera de darnos cuenta.

Podríamos decir que son «actos reflejos». Cuando un médico nos golpea la rodilla en un punto concreto, nuestros nervios reaccionan y damos una patada. No es algo consciente ni premeditado. A menudo, las emociones causan el mismo efecto en nosotros. Hay muchas investigaciones que muestran que cuando se desencadena una emoción, nuestra reacción es casi automática. Las reacciones emocionales son complejas, pero incluyen lo que los investigadores denominan «tendencia de acción»: el impulso de comportarse de una determinada manera. El miedo, por ejemplo, incluye el impulso de huir. Las emociones evolucionaron para desencadenar respuestas rápidas, en especial cuando nos sentimos amenazados. De modo que cuando los humanos vivíamos principalmente en la naturaleza, las tendencias de acción beneficiaban nuestra supervivencia de forma importante. Pero ahora las cosas son más complejas.

Cuando Bob era estudiante de medicina, se encontró con dos casos que ponen de manifiesto la diferencia clave entre las formas más y menos adaptativas de afrontar el estrés. Las dos implican a mujeres de cuarenta y muchos, ambas con un bulto en el pecho. Las llamaremos Abigail y Lucía. La reacción inicial de Abigail ante el bulto es minimizar su importancia y no decírselo a nadie. «No será nada», decidió. Era pequeño y, fuera lo que fuera, no era importante. No quería molestar a su marido ni a sus dos hijos, que estaban en la universidad y tenían vidas muy ocupadas. Al fin y al cabo, ella se encontraba bien y tenía otras cosas en las que pensar.

La reacción inicial de Lucía fue de alarma. Se lo contó a su marido y, tras una breve conversación, decidieron que debía pedir cita con su médico. Después llamó a su hija para contarle lo que estaba pasando. Mientras esperaba los resultados de la biopsia hizo todo lo posible para no pensar en ello y seguir con su vida. Tenía una carrera y otros asuntos que atender. Pero su hija la llamaba todos los días y su marido estaba tan encima de ella que tuvo que pedirle que le diera algo de espacio.

Abigail y Lucía estaban respondiendo ante un estresor muy importante de la manera que a ambas les resultaba natural. Es lo que hacemos todos. Las respuestas habituales —patrones de pensamiento y comportamiento— que surgen cuando ocurren sucesos estresantes es lo que los psicólogos llaman «estilos de afrontamiento».

Nuestros estilos de afrontamiento afectan a la forma en la que gestionamos los problemas que se interponen en nuestro camino, desde un pequeño desacuerdo a una gran catástrofe, y una pieza clave de cada estilo de afrontamiento es el uso de las relaciones. ¿Pedimos ayuda? ¿La aceptamos? ¿Nos volvemos introvertidos y afrontamos las dificultades en silencio? Sea cual sea nuestro estilo de afrontamiento, este tiene un impacto en quienes nos rodean. Los estilos de afrontamiento de las dos mujeres con las que se encontró Bob en su formación como médico no podrían haber sido más diferentes. Abigail gestionó su miedo negando la importancia de su descubrimiento, alejándose así del problema. No implicó a sus seres queridos y no actuó. Entendió su situación como una posible carga para los demás. Lucía también estaba asustada, pero ella usó su miedo para enfrentarse a la dificultad y emprender las acciones necesarias para preservar su salud. Vio su situación como algo que iba más allá de sí misma, algo que la familia debía afrontar unida. Asumió la situación, la gestionó de frente, pero sin dejar de ser flexible, bailando también al son del resto de sus obligaciones vitales.

Al final, resultó que estas dos mujeres tenían cáncer. Abigail no le dijo nada a su familia ni a su médico sobre el bulto hasta que empezó a encontrarse mal. Para entonces ya era demasiado tarde y el cáncer acabó con su vida. Lucía descubrió a tiempo la enfermedad, se sometió a un largo tratamiento y sobrevivió.

Se trata de un ejemplo extremo, pero estos finales tan distintos llamaron la atención de Bob por la claridad del mensaje: la incapacidad o el rechazo a la hora de afrontar las dificultades y pedir ayuda a tu red puede tener consecuencias terribles.

SEGUIR EL RITMO VS. ESCONDER LA CABEZA DEBAJO DEL ALA

El caso de Abigail no es nada raro. Marc colaboró en dos estudios distintos diseñados para ayudar a mujeres con cáncer de pecho a gestionar de forma más directa sus miedos y conseguir el apoyo de las personas importantes de sus vidas. Entre ellas, la reacción inicial de Abigail, la evitación, era habitual.

A menudo es más fácil dar media vuelta que enfrentarnos a lo que nos preocupa. Pero hacerlo puede tener consecuencias no previstas y el efecto de la evitación puede ser especialmente pronunciado allí donde más sucede: en nuestras relaciones personales.

Muchos estudios demuestran que cuando evitamos afrontar los problemas en una relación, estos no solo no desaparecen, sino que pueden empeorar.[3] El problema original sigue socavando la relación y puede derivar en muchos otros.

Esto es algo que los psicólogos saben desde hace tiempo, lo que no está tan claro es cómo afecta dicha evitación en el transcurso de toda una vida. ¿La tendencia a evitar enfrentarse a los problemas nos afecta solo a corto plazo o tiene consecuencias a largo plazo?

Para tener una perspectiva de toda una vida sobre este tema, hemos usado datos del Estudio Harvard y nos hemos preguntado: ¿qué sucede en el transcurso de toda una vida cuando un participante tiende a seguir la música (es decir, tiende a lanzarse) y qué cuando esconde la cabeza debajo del ala (es decir, evita)? Hallamos que la tendencia a evitar pensar y hablar sobre los problemas en la mediana edad se asocia con consecuencias negativas más de treinta años después. Las personas cuya respuesta habitual era evitar o ignorar las dificultades tenían menos memoria y estaban menos satisfechas con sus vidas a edades avanzadas que quienes tendían a afrontarlas.[4]

Claro está, la vida siempre nos enfrenta a problemas nuevos y diferentes. Lo que nos funcionó ayer puede no hacerlo hoy y distintos tipos de relaciones precisan distintas habilidades. La estrategia de hacer una broma para suavizar una discusión con tu hijo adolescente seguramente no te vaya a funcionar con un vecino que te pide que ates a tu perro. Durante una bronca acalorada en casa puedes acariciar la mano de tu pareja, pero en el trabajo, lo más probable es que tu jefe no aprecie ese gesto. Tenemos que cultivar una serie de herramientas y usar la correcta para cada dificultad.

Una cosa que aprendimos de la investigación es que ser flexible tiene ventajas.[5] Hay hombres y mujeres del Estudio Harvard que son increíblemente necios. Tienen una serie de formas de responder ante los problemas y se ciñen a ellas. Y en algunos momentos, esto les proporciona el control, pero en otros no.

Por ejemplo, a principios de la década de 1960, no era raro que a nuestros participantes de la primera generación les costara encontrar intereses comunes con sus hijos *baby boomers*. Esta incapacidad para adaptarse les generaba estrés.

«No me gusta el movimiento *hippie* —le dijo Sterling Ainsley al estudio en 1967—. Me molesta». Esto hizo que se aislara de sus hijos, incapaz de mostrar curiosidad por su forma distinta de ver el mundo.

Cada uno cultiva determinadas estrategias de afrontamiento a lo largo de su vida y estas pueden llegar a convertirse en inamovibles. Dicha «rigidez» puede, en realidad, convertirnos en personas más frágiles. En un terremoto, no son las estructuras más sólidas y robustas las que sobreviven. De hecho, pueden ser las primeras en derrumbarse. Esto ha sido detectado por la ingeniería de estructuras y ahora se exige flexibilidad en las construcciones altas, para que los edificios puedan literalmente surfear las olas que azotan la tierra. Y lo mismo sucede con los seres humanos. Ser flexibles ante circunstancias cambiantes es una habilidad increíblemente potente que podemos aprender. Puede ser la diferencia entre salir de una situación con daños leves o derrumbarnos.

Cambiar nuestras respuestas automáticas no es fácil. Hay personas muy brillantes del Estudio Harvard, por ejemplo, ingenieros aeroespaciales, que nunca fueron capaces de reconocer y aún menos controlar sus propias estrategias de afrontamiento, y sus vidas se vieron afectadas por ello. Al mismo tiempo, participantes como Peggy Keane y sus padres, Henry y Rosa, fueron capaces de crecer lidiando con los retos de sus vidas tan de frente como pudieron y usando la ayuda de amigos y familiares.

Así que ¿cómo podemos ir más allá de nuestras reacciones iniciales cuando nos enfrentamos a dificultades?

Cuando tienen lugar sucesos emocionales, positivos o negativos, grandes o pequeños, nuestra reacción a menudo se desarrolla tan deprisa que experimentamos las emociones tal cual llegan y quedamos a su merced. Pero, en realidad, nuestro pensamiento influye en ellas mucho más de lo que creemos.

Existen bastantes investigaciones que demuestran que hay conexión entre cómo percibimos los sucesos y qué nos hacen sentir.[6] Los humanos entendieron esto mucho antes de que la ciencia desarrollara evidencias objetivas.

«Corazón alegre, excelente remedio —dice la Biblia—; un espíritu abatido seca los huesos» (Proverbios 17:22).

El filósofo estoico Epícteto ya dijo que «a los hombres no les perturban las cosas, sino las opiniones que tienen de las cosas».[7]

«Los monjes —dijo Buda—, que miramos el todo y no solo una parte, sabemos que nosotros también somos sistemas de interdependencia, de sentimientos, percepciones, pensamientos y consciencia, todo interconectado».[8]

Nuestras emociones no tienen que dominarnos; lo que pensamos y cómo abordamos cada suceso que tiene lugar en nuestras vidas importa.

MOMENTO A MOMENTO

Si observamos cualquier secuencia emocional —un estresor que evoca una sensación que desencadena una reacción y sus consecuencias— y la ralentizamos para verla de cerca, queda al descubierto un nuevo nivel oculto de procesamiento. Igual que los investigadores médicos encuentran tratamientos para las enfermedades tras observar los procesos más pequeños del cuerpo, cuando examinamos nuestra experiencia emocional a nivel microscópico se nos abren posibilidades sorprendentes. Este proceso, del estresor a la reacción, sucede por fases. Cada una de ellas ofrece un rango de posibilidades que pueden impulsarnos en direcciones positivas o negativas y que puede ser alterado mediante nuestro pensamiento o comportamiento.

Los científicos elaboraron un mapa de estas fases y lo usan para ayudar a los niños a controlar su agresividad, a los adultos a reducir su depresión y a los atletas a optimizar su eficiencia. Pero estos mapas son útiles para cualquiera que se encuentre en una situación con implicación emocional. Si entendemos cómo avanzamos por estas fases y logramos ralentizarlas, podremos arrojar luz sobre algunos misterios ocultos de lo que sentimos y hacemos.

El modelo que presentamos a continuación proporciona una manera de frenar tus reacciones y observarlas al microscopio. Te lo ofrecemos para que lo puedas llevar encima (metafóricamente) y usarlo en cualquier situación de tipo emocional. En este libro nos centramos sobre todo en las relaciones, así que vamos a proponer ejemplos de cómo se puede usar este modelo en experiencias difíciles con otras personas. Pero se puede aplicar a cualquier problemática, desde cosas pequeñas e inesperadas que nos irritan, como ponchar una llanta, a estresores de salud crónicos como la diabetes o la artritis. Momento a momento.

EL MODELO MASIR DE REACCIÓN EMOCIONAL ANTE SITUACIONES Y SUCESOS RELACIONALES

Este modelo[9] permite bajar una o dos marchas nuestra reacción típica para darnos la oportunidad de mirar más de cerca los interesantes detalles de la situación, las experiencias de los demás y las reacciones propias que quizá hemos pasado por alto.

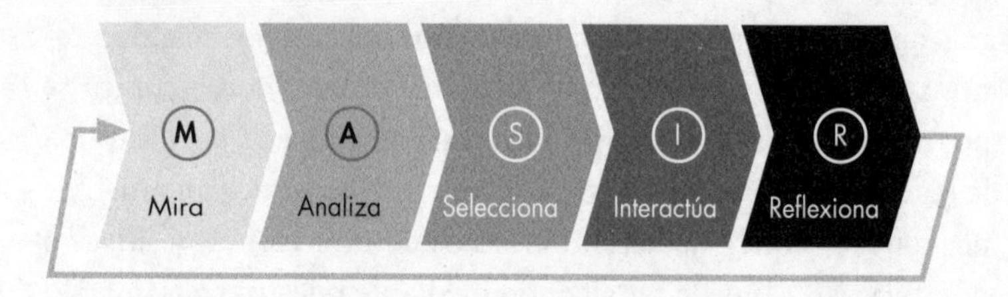

Para mostrarte cómo se aplica este modelo en el día a día, vamos a proponerte una situación que vemos muy a menudo, tanto en nuestra práctica clínica como en el Estudio Harvard: un familiar te ofrece un consejo no solicitado.

Imagínate a una madre, vamos a llamarla Clara, que ha estado teniendo problemas para conectar con su hija adolescente, Angela. Angela tiene quince años y, como la mayoría de las personas a su edad, intenta ser más independiente. Siente que su madre y su padre la agobian y quiere pasar más tiempo a solas con sus amistades. Angela ha sido una buena estudiante casi toda su vida, pero en el último año sus notas bajaron, la encontraron bebiendo alcohol más de una vez y se ha saltado clases. Todo esto ha provocado broncas en el hogar.

Los abuelos de Angela empatizan con la situación, ya que Clara también se mostró desafiante a esa edad, pero intentan apoyar a su hija y dejar que sea ella quien tome las decisiones de crianza. Sin embargo, la hermana mayor de Clara, Frances, también tiene hijos adolescentes y cree que su hermana menor y su cuñado no están actuando correctamente. A la tía Frances le preocupa el rumbo que está tomando Angela y siente que tiene la obligación de intervenir.

En una barbacoa familiar, Frances ve a su sobrina sentada en el extremo de la mesa de pícnic, desconectada de la situación, mandándose mensajes con sus amistades.

—¿Sabías que los *smartphones* te pudren el cerebro? —le dice medio en broma—. Lo demostraron en un laboratorio.

Luego, con un tono que sigue intentando ser de broma, pero con un fondo de seriedad, le dice a su hermana Clara:

—¿Y tú te preguntas por qué sus notas empeoraron? Quizá deberías ser más dura con ella, quitarle el teléfono. Eso es lo que hago yo con mis hijos. Quizá entonces tendría tiempo para estudiar.

De acuerdo. ¿Cómo podría Clara usar el modelo MASIR para decidir qué contestarle a su hermana?

Fase uno: mira (la curiosidad cura al gato)

En psiquiatría hay un refrán que dice: «No te limites a hacer algo: quédate ahí un rato».

Nuestras impresiones iniciales ante una situación son potentes, pero rara vez completas. Tendemos a centrarnos en lo que nos resulta familiar y esta visión tan estrecha excluye información que podría ser importante. Independientemente de lo que veas al principio, casi siempre hay más. Siempre que te halles ante un estresor y sientas nacer la emoción, resulta útil aplicar un poco de curiosidad dirigida. La observación reflexiva puede redondear nuestras impresiones iniciales, ampliar nuestra visión de la situación y darle al botón de pausa para evitar una respuesta reactiva potencialmente dañina.

En el caso de Clara, tomarse un momento para observar no será fácil. Tiene un largo historial de interacciones tensas con su hermana y su primera reacción es sentirse insultada. El comentario de Frances duele, porque a Clara le da cierta vergüenza su incapacidad para relacionarse con Angela, su incapacidad para conectar. Su respuesta refleja sería exclamar con sarcasmo algo del estilo: «Gracias por tus maravillosos consejos, ¿qué tal si no te metes donde no te llaman?». A partir de ahí, seguramente empezarían a discutir. Otra respuesta podría ser no decir nada, guardarse sus sentimientos, repetirse en silencio el comentario una y otra vez, acumular resentimiento y vergüenza y llegar furiosa a la próxima reunión familiar.

Cuando hablamos de observar, nos referimos a toda la situación: el entorno, la persona con quien estás interactuando y tú mismo. ¿Es una situación rara o habitual? ¿Qué suele pasar después? ¿Qué no tuve en cuenta que podría ser una parte importante de lo que está pasando?

Para Clara esto podría implicar pensar en cómo cree su hermana que funciona la familia. Puede que Frances no se sienta cómoda con Clara porque ella siempre fue «la tía genial» para sus hijos. O a lo mejor Frances está estresada porque está preocupada por la salud de su madre, algo que no tiene nada que ver con lo que está sucediendo ahora. La fase de observar puede llevar su tiempo y llegar a durar más de una hora. Clara puede dejar pasar el comentario de Frances en el momento y después preguntarle a su madre qué opina ella que pasó. Si lo hiciera, quizá se enteraría de que Frances estuvo teniendo broncas con su marido o que está recibiendo mucha presión en el trabajo. Estas consideraciones no excusan su comportamiento, pero complementan el contexto del suceso. Y el contexto tiene un valor incalculable. Nunca está de más tener la máxima información posible, más allá de lo que se ve a simple vista.

La curiosidad que reunimos en la fase de observar también incluye la que sentimos por nuestras propias reacciones emergentes, es decir, cómo nos sentimos y por qué. Puede que notes lo que le pasa a tu cuerpo: que tu corazón late más deprisa, que frunces los labios o que aprietas los dientes (señales de ira). Quizá sientas el impulso de contestar de malos modos o de esconderte porque sientes vergüenza. Ser más consciente de cómo reaccionas y de qué puedes estar a punto de hacer puede ayudarte a cabalgar la ola de la emoción en lugar de dejarte arrastrar por ella.

Eso nos lleva a la segunda fase, que es un punto de giro crítico en respuesta al estrés: interpretar qué significa la situación para ti.

Fase dos: analiza (pon nombre a lo que está en juego)

Esta es la fase donde las cosas se suelen torcer.

Interpretar es algo que todos hacemos todo el tiempo, consciente o inconscientemente: observamos el mundo que nos rodea, lo que nos sucede, y evaluamos por qué pasa y qué significa para nosotros. Por supuesto, construimos esta evaluación sobre la realidad, pero la cosa no siempre está clara. Cada cual percibe e interpreta las situaciones a su manera, de modo que lo que nosotros consideramos la «realidad» puede no ser lo que ven otras personas. Uno de los principales obstáculos es pensar que estamos en el centro de una situación; casi nunca es así.

Si quieres entender una situación con la mayor claridad posible, lo primero que tienes que saber es qué te estás jugando. La emoción suele ser una señal de que hay algo importante en juego para ti; de lo contrario, no sentirías nada.[10] Una emoción puede estar relacionada con un objetivo vital importante, una inseguridad concreta o una relación que aprecias mucho. Preguntarte «¿Por qué me está afectando esto?» es una buena forma de saber qué está en juego para ti. Si ves la apuesta clara, serás capaz de interpretar la situación con más habilidad.

Bob llama a esta fase «rellenar los espacios en blanco». Porque, como nuestra observación de una situación rara vez es completa, sacamos conclusiones precipitadas sobre cosas que no sabemos. Muchas situaciones son ambiguas y poco claras y es sobre este lienzo de ambigüedad sobre el que podemos proyectar todo tipo de ideas. Si fuimos descuidados en la fase de observación, seguramente no tendremos toda la información que podríamos tener sobre lo que de verdad está pasando, lo que nos conducirá a conclusiones precipitadas.

En el caso de Clara, ella podría pensar: ¿por qué me enfureció tanto ese comentario? ¿Es por mi hermana, por mis dificultades con Angela o por Angela? La reacción está siendo muy potente, ¿por qué me importa esto tanto?

Centrándose en su hermana, podría pensar: ¿Frances lo hizo a propósito para hacerme daño o de verdad cree que va a ayudar a Angela? ¿Es porque está resentida porque yo no la invito a implicarse más en la vida de Angela? ¿A lo mejor no se siente valorada en la familia como hermana mayor que puede dar buenos consejos?

Cuando rellenamos los espacios en blanco, a veces hacemos montañas de un grano de arena. Suele pasar que nos atascamos en aspectos negativos de un estresor y convertimos algo pequeño y manejable en algo enorme que nos supera.

Preguntarnos «¿Qué estoy asumiendo?» puede hacer que la montaña vuelva a parecerse al grano de arena que en realidad es. Asumir cosas es una fuente inagotable de malentendidos. Como suele decirse a los niños: «Don Penséque y don Creíque son primos de don Tonteque».

Pero también se puede errar en el otro sentido y convertir montañas en granos de arena, como en el ejemplo de Abigail, que se notó un bulto en el pecho y no se lo contó a nadie. Si intentamos minimizar o evitar pensar en un problema grave, podemos acabar ignorándolo por completo.

Lo importante en la fase de interpretación es ampliar nuestra comprensión más allá de nuestra percepción inicial automática. Tener en cuenta más perspectivas, aunque nos resulten incómodas. Preguntarnos «¿Qué puedo estar pasando por alto?».

Una vez más, prestar un poco de atención a nuestras emociones puede ser de ayuda. Si sientes una punzada de miedo, o de ira, o cierto vértigo en el estómago, tómatelo como una señal de que debes aplicar un poco de sana curiosidad a la situación para valorar no solo el estresor en sí, sino también tu propia realidad emocional: ¿por qué me siento así? ¿De dónde proceden estas emociones? ¿Qué hay de verdad en juego? ¿Por qué me cuesta tanto esta situación?

Fase tres: selecciona (elige una opción)

Una vez que te esforzaste en observar, analizar (e interpretar) la situación y ampliaste la mirada, toca hacerse la pregunta «¿Qué debería hacer?».

Cuando sentimos estrés, reaccionamos antes de tener en cuenta nuestras opciones o pensar siquiera que las tenemos. Frenar puede permitirnos sopesar las posibilidades y pensar en las probabilidades de éxito de cada una: dado lo que hay en juego y los recursos de los que dispongo, ¿qué puedo hacer en esta situación? ¿Cuál sería un buen resultado en este caso? ¿Y qué probabilidad hay de que las cosas salgan bien si respondo así y no de esta otra manera?

Es en la fase de selección donde dejamos claros cuáles son nuestros objetivos y de qué recursos disponemos. ¿Qué quiero conseguir? ¿Cuál es la mejor manera de hacerlo? ¿Tengo fortalezas que puedan ayudarme (por ejemplo, sentido del humor y capacidad para quitar hierro cuando la conversación se calienta) o debilidades que puedan dañarme (por ejemplo, tendencia a saltar cuando me critican)?

Vamos a suponer que Clara habló con su madre y adquirido cierta perspectiva. Entendió que Frances está realmente preocupada por Angela, pero no entiende que la situación es distinta a la que ella vivió con sus hijos. Clara ve que tiene más de un objetivo: quiere mantener una relación positiva con su hermana, proteger a su hija de las críticas y también sentirse a gusto con sus capacidades como madre.

Así que ahora Clara piensa en lo que debería hacer; en sus opciones y en la probabilidad que tiene cada una de ellas de proporcionarle un resultado positivo. Le preocupa que, si no hace nada, Frances siga criticando a su hija y culpándola a ella de no ser una madre lo bastante buena. Así que decide decir algo. Pero ¿cómo? ¿Y cuándo? A las dos les gusta tomarse el pelo, pero Clara no está de humor para bromas: le hirieron los sentimientos y sabe que cualquier comentario jocoso sonará pasivo-agresivo y empeorará las cosas. Así que decide esperar a estar a solas con Frances para hablar con ella. Al pensar en esa conversación, se da cuenta de que quizá le ayudaría hablar con su hermana de sus problemas con Angela; lo que no quiere en ningún caso son sus consejos.

En esta fase, Clara tiene que elegir entre distintas opciones. Puede que responder no ponga fin a esta situación (y seguramente no lo haga). En situaciones complicadas o relaciones largas es improbable que un único abordaje sea eficaz por sí mismo y tenga la capacidad de tratar todas las dificultades. Clara puede probar múltiples estrategias con su hermana durante los próximos meses. Y, claro está, las circunstancias cambian; quizá a su hermana también le surjan problemas de crianza importantes y visibles, y eso hará cambiar la respuesta de Clara.

Seleccionar una estrategia es algo muy personal. Las normas culturales y nuestros valores personales tienen un papel importante. Confrontar a alguien se considera maleducado en algunas culturas y maduro y auténtico en otras. A menudo, todo se reduce a intuición basada en la experiencia: qué nos da la sensación de que será la mejor respuesta en esta situación en este momento.

A veces puede ser difícil usar el modelo MASIR como guía para responder a un estresor. Los hay que aparecen de repente, por lo que no nos da tiempo de frenar nuestra respuesta. También hay ocasiones en las que las fuentes de estrés son recurrentes y evolucionan, lo que nos obliga a revisar estas fases para adaptarlas a dichos cambios. La clave es intentar frenar las cosas para poder observarlas de cerca y pasar de una respuesta totalmente automática a una más pensada y con un propósito, que esté también más alineada con quién eres y lo que quieres conseguir.

Fase cuatro: interactúa (implementa con cuidado)

Llegó el momento de responder con la mayor habilidad posible, de llevar a cabo la estrategia que hayas seleccionado. Si te tomaste tu tiempo para observar e interpretar la situación, e hiciste el esfuerzo de valorar las posibilidades y su probabilidad de éxito, tienes más números para que las cosas salgan bien. Pero la gracia está en descubrirlo. Hasta la respuesta más lógica puede fallar si implementamos mal la estrategia. Practicar, ya sea en tu imaginación o con una persona de confianza puede ser de ayuda. Las probabilidades de éxito también se incrementan si antes reflexionamos sobre qué se nos da bien y qué no. Algunos somos graciosos y sabemos que las personas responden bien a nuestro sentido del humor. Algunos hablamos de forma tranquila y sabemos que una discusión sin gritos en un lugar privado nos resulta más cómoda.

Clara reúne valor para decir algo después de recoger la mesa con Frances, cuando están solas en la cocina. Su actitud es directa y calmada; sus emociones siguen ahí, pero más de fondo. Al principio la cosa va bien; Frances le pide perdón por haberle dado un consejo no solicitado (ella también estuvo pensando sobre su comentario y no le gusta cómo sonó). Las dos coinciden en que desean lo mejor para Angela y Clara le cuenta a Frances algunos problemas recientes. Su hermana la entiende. Entonces Clara dice algo así como que Angela es como es y que no se parece a los hijos de Frances (¡en su cabeza sonaba espectacular!) y la situación se tuerce inmediatamente. Frances ha estado sometida a mucho estrés en el trabajo y discutió más de lo normal con su marido, así que el comentario de Clara le sienta mal. Empiezan a pelearse de nuevo, hasta que su madre las interrumpe.

—La verdad es que me gusta un poco cuando discuten —les dice.

—¿Te gusta? ¿Por qué?

—Porque me recuerda a cuando eran pequeñas y por un momento vuelvo a tener treinta y cinco años.

Las tres ríen. Pero se les pasa enseguida y las dos hermanas se van de la barbacoa con emociones potentes y sin haber resuelto del todo sus diferencias.

Fase cinco: reflexiona (consúltalo con la almohada)

¿Qué tal estuvo? ¿Mejoré o empeoré las cosas? ¿Aprendí algo nuevo sobre la dificultad a la que me enfrento y sobre la mejor respuesta ante ella? Reflexionar sobre nuestras respuestas puede beneficiarnos en el futuro. Nuestra sabiduría aumenta de verdad cuando aprendemos de las experiencias. Podemos hacer esto no solo con algo que acabe de pasar, sino con sucesos grandes y pequeños del pasado que todavía recordemos.

Echa un vistazo a la siguiente ficha y valora usarla para reflexionar sobre un incidente o situación que te preocupe.

MIRA
¿Me enfrenté directamente al problema o intenté esquivarlo?
¿Dediqué el tiempo necesario a evaluar la situación de forma precisa?
¿Hablé con las personas implicadas?
¿Pregunté a otras personas para tener su perspectiva de lo sucedido?
ANALIZA
¿Reconocí cómo me sentía y qué había en juego para mí en esa situación?
¿Fui capaz de reconocer mi papel en el conflicto?
¿Me centré demasiado en lo que sucedía en mi cabeza y no lo bastante en lo que pasaba a mi alrededor?
¿Hay formas alternativas de entender lo que está pasando en esa situación?
SELECCIONA
¿Tenía claro qué resultado quería?
¿Tuve en cuenta todas las opciones de respuesta a mi alcance?
¿Hice un buen trabajo a la hora de identificar los recursos disponibles para ayudarme?
¿Valoré los pros y los contras de las distintas estrategias para alcanzar mis objetivos?
¿Elegí las herramientas que podían funcionar mejor frente a la dificultad?
¿Reflexioné sobre SI o CUÁNDO debía hacer algo al respecto?
¿Tuve en cuenta quién más podría estar implicado en la resolución del problema o el abordaje de la dificultad?
INTERACTÚA
¿Practiqué mi respuesta o la probé con una persona de confianza para incrementar la probabilidad de éxito?
¿Di pasos que me parecieran realistas?
¿Evalué el progreso y fui capaz de hacer los ajustes necesarios?
¿En qué acciones me precipité o me lie? ¿Cuáles me salté? ¿Qué cosas hice bien?
REFLEXIONA
A la luz de todos los aspectos sobre los que acabo de reflexionar, ¿qué cosas haría de otra manera la próxima vez?
¿Qué aprendí?

No te preocupes si te da la sensación de que esta lista de preguntas —o incluso el modelo MASIR en general— te obliga a pensar en demasiadas cosas al mismo tiempo. Muchos de los pasos del modelo son acciones que quizá ya haces de forma instintiva y, además, el 90 % de lo que hacemos todos los días no precisa esta reflexión. Piensa en el modelo y en esta lista de preguntas como en una herramienta para ayudarte con ese último 10 % de tu vida donde te sientes atascado o te comportas de formas que no te funcionan.

Al final, pensar en lo que sucedió y por qué nos ayuda a ver cosas que pasamos por alto y a entender las causas y los efectos de estas cascadas emocionales, que podrían haber pasado desapercibidas. Si vamos a aprender de la experiencia y a enfrentarla mejor la próxima vez, debemos hacer algo más que vivir la situación. Tenemos que reflexionar. Al hacerlo, cuando en un futuro nos veamos en el fragor del momento, quizá seamos capaces de dedicar un segundo más a valorar la situación, tener claros nuestros objetivos, valorar las opciones de respuesta y mover el timón de nuestra vida en la dirección correcta.

DESATASCARSE

El modelo MASIR es más directo cuando lo aplicamos a problemas relacionales concretos. Pero el estrés adquiere todo tipo de formas y puede implicar patrones relacionales crónicos. A veces, nos enfrentamos a lo mismo una y otra vez: a las mismas discusiones, las mismas molestias, la misma secuencia de respuestas inútiles. Acabamos sintiendo que no avanzamos y somos incapaces de imaginar cómo salir del surco en el que vivimos. Nosotros dos, Bob y Marc, usamos un nombre de lo más científico para referirnos a esta sensación: «estar atascado».

Lo vemos tanto en los participantes del Estudio Harvard como en nuestros pacientes de psicoterapia. A menudo, las personas se sienten atascadas en sus vidas y pueden no ser capaces de articular del todo el porqué. Quizá tienen desacuerdos con su pareja una y otra vez, sin ser capaces ya de tener una sencilla conversación sin acalorarse. En el trabajo, la sensación puede ser que tu jefe se pasa el día controlando todo lo que haces y señalándote errores, lo que conduce a una sensación de inutilidad difícil de superar (de hecho, las relaciones laborales que se atascan pueden llegar a ser las más problemáticas; trataremos esto más a fondo en el capítulo nueve).

Por ejemplo, John Marsden, del capítulo dos, se encontró muy solo después de cumplir los ochenta, en parte porque él y su mujer estaban atrapados en una rueda de no darle al otro lo que más necesitaba: amor y apoyo.

P: ¿Acudes alguna vez a tu esposa cuando estás molesto?

R: No. Nunca. No se pondría de mi parte. Me diría que eso es signo de debilidad. Es que ni siquiera puedo contarte todas las señales negativas que recibo a lo largo del día. Es... muy destructivo.

John estaba pensando en su realidad vital, en conversaciones reales con su pareja. Pero, sin darse cuenta, también estaba construyendo esa realidad. Su aislamiento de su esposa se convirtió en profecía autocumplida. Consideraba cada nuevo encuentro con ella una prueba que avalaba su teoría: «Ella no quiere una relación cercana conmigo, no puedo confiarle mis sentimientos».

Como escribió el maestro budista moderno Shohaku Okumura: «El mundo en el que vivimos es el mundo que creamos».[11]

Como sucede con muchas lecciones budistas, esta idea tiene un doble sentido. Los humanos creamos físicamente el mundo en el que vivimos, pero a cada momento creamos también una imagen de este en nuestras mentes, contándonos historias, de forma individual o colectiva, que pueden ser o no verdad.

No hay dos relaciones iguales, pero cada persona se quedará atascada generalmente en lugares similares en sus distintas relaciones. El dicho de que «tropezamos siempre con la misma piedra» es muy cierto. Tendemos a pensar que lo que nos pasó está a punto de volver a sucedernos, aunque no sea así.

En su núcleo, la sensación de estar atascados procede de patrones vitales. Algunos de ellos nos ayudan a ir por la vida de forma eficaz y rápida, pero otros nos pueden conducir a responder de maneras que no nos convienen. Estos patrones pueden incluir pasar tiempo con las personas equivocadas: amigos que no nos aportan e incluso parejas que tampoco. Lejos de ser aleatorios, esos patrones a menudo reflejan áreas de preocupación e incomodidad de nuestro pasado que, de alguna manera, nos hacen sentir como en casa. Son como esos pasos de baile conocidos a los que siempre acabamos recurriendo. Al hablar con alguien se activa una sensación conocida, aunque sea negativa, y lo conocido nos proporciona cierta comodidad. Ajá, este baile lo conozco.

La mayoría de nosotros siente que está atascado de un modo u otro en distintos grados, pero la pregunta real es cómo de potente es esa sensación. ¿Disminuye de forma consistente nuestra calidad de vida? ¿Es constante? ¿Afecta en gran medida o en su totalidad a nuestra experiencia diaria?

Bob, de joven, estuvo atascado en un patrón. Salió con una serie de mujeres que siempre sorprendían a sus amigos. Sus relaciones acababan, invariablemente, agriándose. Al sentirse atascado, acudió a psicoterapia y, al describir sus relaciones fallidas al terapeuta, vio que no eran una coincidencia ni una mala racha. Este le ayudó a entender que había estado eligiendo una y otra vez al mismo tipo de persona, uno con el que no era compatible. Que personas en quienes confías compartan contigo una perspectiva sincera de tu vida puede ser muy revelador a la hora de desatascarse. Es casi seguro que estos observadores de confianza verán cosas de tu vida que tú no.

Puede que también puedas hacer algo así tú mismo preguntándote: si otra persona me contara esta historia, ¿yo qué pensaría?

¿Qué le diría? Esta forma de reflexión autodistanciada puede arrojar nueva luz sobre viejas historias.[12]

Entender que quizá no estamos viendo la imagen completa es un gran primer paso para romper patrones mentales que nos tienen atrapados. El maestro zen Shunryu Suzuki defendió que era positivo abordar algunas situaciones vitales como si nunca las hubieras vivido: «En la mente del principiante hay muchas posibilidades —escribió—, pero en la de un experto hay pocas».[13] Todos nos sentimos expertos en nuestras vidas y el reto está en permanecer abiertos a la posibilidad de aprender más de nosotros mismos para permitirnos ser principiantes.

RELACIONES, ADAPTACIÓN Y EL FIN DEL MUNDO

Cuando la pandemia de covid-19 asoló el mundo en 2020, el aislamiento social, la presión económica y la preocupación constante causaron una enorme conmoción en sociedades de todo el planeta. A medida que avanzaban la pandemia y los confinamientos, crecieron el aislamiento y la ansiedad. Los niveles de estrés estaban por las nubes. Era, en muchos aspectos, un desafío de una escala a la que el mundo no se había enfrentado desde la Segunda Guerra Mundial.

Cuando empezó la pandemia, consultamos los archivos de nuestro estudio para volver a leer lo que nos habían contado los miembros originales sobre cómo atravesar las grandes crisis vitales. Todos habían crecido durante la Gran Depresión y la mayoría de los universitarios había servido en la Segunda Guerra Mundial. Lo que casi todos recordaban era que, para sobrevivir a esas grandes crisis, habían tenido que apoyarse en sus relaciones más importantes. Los hombres que lucharon en la guerra hablaban de los lazos que habían formado con otros soldados y lo importantes que eran no solo para su seguridad, sino también para su cordura.[14]

Después de la guerra, muchos hablaban de la importancia de poder compartir al menos una parte de esas experiencias con sus esposas.[15] De hecho, quienes lo hicieron tenían más probabilidades de seguir casados. El apoyo que obtuvieron de los demás en esos momentos difíciles y más adelante, al procesarlos, fue crucial. Y lo mismo sucede hoy.

La pandemia congeló nuestras vidas, nos encerró con quienes vivíamos, nos alejó de amigos y compañeros de trabajo que estábamos acostumbrados a ver todos los días. Nunca firmamos tener que estar las veinticuatro horas del día siete días a la semana con nuestros cónyuges e hijos, pero tuvimos que hacerlo. Muchos adultos mayores nunca soñaron que pasarían más de un año separados de sus queridos nietos.

La flexibilidad fue más importante que nunca. Para sobrevivir, tuvimos que darnos espacio, ceder. Si necesitábamos distanciarnos de un cónyuge, quizá no era porque le pasara nada malo a la relación, sino porque vivíamos un momento anormal.

Por desgracia, la covid-19 no será la última pandemia o catástrofe global. Estas cosas seguirán sucediendo... y llegando a su fin. Así es la vida.

El Estudio Harvard nos enseña que es crucial apoyarse en las relaciones que pueden sostenernos cuando las cosas se tuercen, igual que las familias del estudio durante la Gran Depresión, la Segunda Guerra Mundial y la gran recesión de 2008. Durante la pandemia de covid-19, eso significaba estar en contacto a propósito con personas de las que, de repente, estábamos alejados. Enviar mensajes, quedar de acuerdo para una videollamada, llamar por teléfono. No solo pensar en ese amigo que no podíamos ver, sino ponernos en contacto con él. Significaba tener paciencia con nuestros seres queridos y pedir ayuda cuando la necesitábamos. Lo mismo valdrá para la próxima crisis, y para la próxima.

En el caso de Marc, la idea de que las relaciones nos ayudan a avanzar cuando nos enfrentamos a grandes dificultades tiene un sentido muy personal.

En diciembre de 1939, al mismo tiempo que Arlie Bock entrevistaba a alumnos de Harvard con la misión de saber qué mejoraba la salud de la gente, Robert Schulz, el padre de Marc, que entonces tenía diez años, cruzaba el Atlántico en un barco de pasajeros con su hermana mayor. Nacido en una familia judía en Hamburgo, habían huido de la Alemania nazi y llegado a Estados Unidos solo con lo necesario, dos maletas y ningún plan.

Pero estaban vivos. Y por un motivo importante: la costumbre natural de la abuela de Marc de establecer conexiones profundas con las personas.

El padre de Marc recuerda su infancia idílica en Hamburgo. A pesar de que su familia se enfrentó a la muerte de su padre a una edad temprana, él creció rodeado de parientes y amigos. La vida era buena. El negocio textil familiar estaba en expansión y él practicaba gimnasia y tocaba el piano. Marc lo oía hablar a menudo de la belleza de Hamburgo, el lago en el centro de la ciudad y, sobre todo, del mazapán típico alemán, un clásico de su infancia.

Siempre decía que había sido muy afortunado.

Pero las cosas empezaron a cambiar cuando los nazis se consolidaron en el poder y empezaron sus campañas contra los judíos. Tenía grabado en la memoria un día y una noche especialmente aterradores en noviembre de 1939, cuando él tenía nueve años. Durante una noche de terror que pasó a ser conocida como *Kristallnacht* o la noche de los cristales rotos, muchos hogares, negocios y sinagogas judíos de su barrio fueron destruidos o quemados hasta los cimientos. Al día siguiente, la Gestapo fue a su escuela y se llevó a muchos alumnos y maestros judíos.

Mientras las deportaciones y las detenciones se extendían por toda la ciudad, la abuela de Marc llamó a unos amigos cercanos, una familia alemana que tenía una lechería al final de la calle.

Aceptaron esconder al padre de Marc y a su familia en el sótano del negocio. Sin la combinación de su generosidad y mucha suerte no habrían sobrevivido.

Hasta hoy, Marc sigue en contacto con los descendientes de esa familia alemana, que cuentan la misma historia pero desde la perspectiva de sus padres y sus abuelos, quienes tomaron la decisión en ese momento de proteger a sus amigos corriendo ellos mismos un gran riesgo. Fue un acto de generosidad que podría haberles costado la vida. Sin ellos, Marc no estaría hoy aquí.

ACEPTAR EL GRAN RIESGO

Una pregunta recurrente que se nos plantea en nuestra vida diaria es: cuando nos enfrentamos a dificultades personales o globales, cuando nos hacen daño o cuando se lo hicimos nosotros a los demás, ¿qué hacemos?

Los seres humanos son criaturas misteriosas, maravillosas, peligrosas. Somos, al mismo tiempo, vulnerables e increíblemente resilientes. Tenemos la capacidad de crear la belleza más magnífica y la destrucción total.

Esa es la imagen global. Pero si nos acercamos a ella y nos centramos en la vida de una sola persona..., en tu vida, por ejemplo..., y en los sucesos y situaciones de estrés más pequeños, tu complejidad sigue ahí.

Si eres como la mayoría, te debates, al menos a veces, para entender a la gente de tu vida, desde las personas a quienes más quieres a aquellos que apenas conoces. Es difícil conectar de verdad con otras personas y conocerlas. Es difícil amar y ser amado. Es difícil evitar apartar el amor de tu vida.

Pero hacer ese esfuerzo puede proporcionarnos alegría, sensación de novedad, seguridad y, a veces, puede llegar a salvarnos la vida. Frenar, intentar ver con claridad las situaciones difíciles y cultivar relaciones positivas puede ayudarnos a surfear las olas, ya sean crisis políticas, un virus raro que viaja por todo el mundo, un instante de valoración sobre quiénes somos en realidad o un ataque de ira en una barbacoa familiar. Nuestras respuestas iniciales y automáticas no son la única forma de responder. Reconocerlo puede permitirnos hacer una pausa a la mitad de las dificultades, de nuestra mala suerte, de nuestros problemas repetidos o incluso de nuestros errores, y encontrar un camino por el que avanzar.

En los capítulos que siguen explicaremos cómo aplicar las ideas de las que hablamos hasta ahora en tipos de relaciones concretas. Cada clase de relación es diferente: las relaciones familiares no son como las laborales, que a su vez son distintas de las matrimoniales, que también lo son de las de amistad. Por supuesto, a veces estas categorías se superponen. Nuestros familiares pueden ser también compañeros de trabajo y nuestros hermanos pueden ser nuestros mejores amigos. Aun así, observar las grandes categorías puede ser de ayuda, sin olvidar que cada relación es única y requiere su propio tipo de atención y adaptación. En el próximo capítulo empezaremos muy cerca del corazón, con la persona que elegiste para que esté a tu lado.

LA PERSONA A TU LADO

Cómo moldean nuestras vidas las relaciones íntimas

Cuando éramos niños, solíamos pensar que al hacernos mayores dejaríamos de ser vulnerables. Pero crecer es aceptar la vulnerabilidad. Estar vivo es ser vulnerable.

MADELEINE L'ENGLE[1]

Cuestionario del Estudio Harvard, 1979:

5. Nos interesan mucho los altibajos en la armonía matrimonial. Por favor, dibuja tu matrimonio más largo o el único que hayas tenido.

	20	25	30	35	40	45	50	55	60
Muy agradable									
No fue la mejor época									
Inestable									
Se consideró el divorcio									

AÑOS

En *El banquete* de Platón, Aristófanes da un discurso sobre el origen de los seres humanos.[2] En el principio, dice, todos los humanos tenían cuatro piernas, cuatro brazos y dos cabezas. Eran criaturas fuertes y ambiciosas. Zeus, para reducir sus aterradores poderes, los partió en dos. Ahora, caminando sobre dos piernas, todos los humanos buscan su otra mitad. «Amor —dice Platón— es el nombre de nuestra búsqueda de la completitud, de nuestro anhelo de ella».

Miles de años después, esta idea sigue resultándonos familiar.

—Jean es mi otra mitad —respondió Dill Carson, uno de los participantes en el Estudio Harvard de los barrios marginales de Boston, cuando le preguntaron por su esposa—. Todas las noches nos sentamos a tomar una copa de vino. Es una especie de ritual, mi día no está completo sin él. Hablamos sobre cómo nos sentimos y qué está pasando. Si tuvimos una discusión, la comentamos. Hacemos planes, hablamos de los niños. Es una forma de cerrar el día y de pulir sus aristas. Si volviera a vivir, me casaría con la misma mujer, sin duda.

Mi otra mitad... Es un sentimiento que expresan algunos participantes en el Estudio Harvard cuando se les pregunta por sus parejas. Las conexiones íntimas más profundas y positivas a menudo nos proporcionan una sensación de equilibrio y unidad, como sugirió Platón.

Por desgracia, no existe una fórmula universal para la felicidad en pareja, ni en las relaciones románticas ni en el matrimonio; no existe una llave mágica que abra a todos la puerta de los gozos de la compañía íntima. La forma en la que estas dos «mitades» encajan varía entre culturas y, claro está, entre personas. Las maneras de relacionarse cambian incluso entre épocas o generaciones. La mayoría de los participantes originales del Estudio Harvard, por ejemplo, se casaron en algún momento de su vida, en parte porque esa era la forma más aceptable de expresar el compromiso en aquella época. Hoy en día, cada vez hay más tipos de relación comprometida y el matrimonio formal es menos habitual.[3] En Estados Unidos, en 2020, el 51 % de los hogares no estaba formado por parejas casadas. En 1950, este número era próximo al 20 %. Pero un cambio en la forma no implica necesariamente uno en el sentimiento; los seres humanos son prácticamente iguales. Incluso dentro de los matrimonios «tradicionales» puede haber mucha variabilidad. Hay amores de todo tipo.

Tomemos como ejemplo a James Brewer, uno de los universitarios que participaron en el estudio. Era originario de un pueblito de Indiana y cuando llegó a Harvard era un joven inteligente pero ingenuo, con poca experiencia en la vida. En el estudio, contó que no entendía la idea de la «heterosexualidad». Para él no tenía sentido que una persona se viera limitada a practicar sexo con un único género: en su opinión, la belleza era belleza y el amor era amor. A él le atraían hombres y mujeres por igual; ¿acaso no era eso lo que debería pasarle a todo el mundo? Solía expresar esta idea abiertamente a sus amigos y compañeros de estudios hasta que empezó a encontrar resistencias y, más tarde, prejuicios manifiestos; fue entonces cuando empezó a ocultar su sexualidad. Poco después de acabar la universidad, se casó con Maryanne, con quien compartía un profundo amor mutuo; tuvieron hijos y una vida plena juntos. Pero en 1978, después de treinta y un años de matrimonio, Maryanne murió a los cincuenta y siete años de cáncer de pecho.

Cuando el estudio le preguntó a James por qué pensaba que su matrimonio había durado tanto, él escribió:

> Sobrevivimos porque compartíamos muchas cosas. Ella me leía los trozos importantes de los buenos libros. Hablábamos de castillos y reyes, de coles y de muchas otras cosas.[4] Observábamos el mundo y luego comparábamos nuestras impresiones. [...] Disfrutábamos comer juntos, visitar lugares juntos, dormir juntos. [...] Nuestras fiestas, nuestras mejores fiestas, eran las espontáneas, que hacíamos solo para nosotros dos, a menudo en forma de sorpresa para el otro.

Tres años después de la muerte de Maryanne, un entrevistador del Estudio Harvard visitó a James en su casa. Durante la visita, James le pidió que lo acompañara a una habitación bien iluminada donde se oían trinos de pájaros. Al lado de las ventanas había unas cuantas jaulas y, en el centro, algunas redes y árboles artificiales. Los pájaros se posaron en él cuando abrió las jaulas para darles de comer. Eran de su esposa, le dijo al entrevistador, aún tan afectado por la pérdida que no pudo pronunciar su nombre. Cuando le preguntaron por su vida amorosa actual, respondió que había tenido algunas relaciones cortas, que muchos lo consideraban gay y que, aunque en aquellos momentos no estaba con nadie, no se había rendido. «Supongo que en algún momento aparecerá alguien que me llegará al corazón», dijo.

Como sabe cualquiera que haya amado a otra persona, perseguir la conexión íntima no está exento de peligros: cuando nos abrimos a los gozos de amar y ser amado, también nos arriesgamos a que nos hagan daño. Cuanto más cerca nos sentimos de otra persona, más vulnerables somos. Pero, aun así, nos seguimos arriesgando. Este capítulo se sumerge en las profundidades de la intimidad y sus efectos sobre el bienestar. Te animamos a observar todo lo que te contaremos en las próximas páginas mediante la lente de tus experiencias personales, para intentar descubrir algunos de los motivos que se esconden detrás de tus éxitos y de las dificultades que has tenido en las relaciones íntimas. Como muestran las vidas de los participantes en el Estudio Harvard, reconocer y entender tus emociones y cómo estas afectan a tu pareja, a la persona que está a tu lado, puede tener efectos sutiles y extensos en tu vida.

LA INTIMIDAD Y EL DEJARNOS CONOCER

A lo largo de muchas décadas, les planteamos una y otra vez una serie de preguntas sobre la intimidad a los participantes del estudio y a sus parejas. Esto nos permitió observar cada trayectoria única del sentimiento —afecto, tensión y amor— desde los inicios hasta el final de la relación. Las hay de todo tipo, desde breves y apasionadas a largas y tranquilas, así como cualquier otra combinación. Veamos una de estas últimas:

Joseph Cichy y su esposa, Olivia, se casaron en 1948 y estuvieron juntos hasta la muerte de ella en 2007, justo después de su cincuenta y nueve aniversario. Su matrimonio muestra una relación de pareja robusta y las formas en que pueden apoyarse dos personas durante toda una vida. Pero su relación también es representativa por otro motivo: dista mucho de ser perfecta.

Con el paso de los años, siempre que el estudio se ponía en contacto con Joseph, él decía que se sentía a gusto con su vida. Tenía un trabajo que le gustaba, tres hijos maravillosos y una relación «tranquila» con su esposa. En 2008, le pedimos a su hija, Lily, que pensara en su infancia y ella explicó que sus padres formaban una pareja muy tranquila. No recordaba haberlos visto discutir ni una sola vez.

Joseph le había contado algo parecido al estudio a lo largo de muchos años. «Soy la persona de trato más fácil del mundo», afirmó triunfal en 1967, cuando tenía cuarenta y seis años. Amaba a su esposa, Olivia, tal y como era, dijo: no cambiaría nada de ella. Respetaba a sus hijos igual que a todo el mundo; les ofrecía consejos cuando se los pedían, pero no intentaba controlarlos. En su trabajo como hombre de negocios, hacía todo lo posible por escuchar los puntos de vista de los demás antes de ofrecer el suyo. «La única manera efectiva de convencer a alguien es empatizar con él», dijo.

Es una filosofía que Joseph usó durante toda su vida. Disfrutaba escuchando a la gente y aprendiendo de sus experiencias. Ya hemos argumentado que entender cómo se siente el otro nos beneficia en las relaciones y Joseph es un ejemplo perfecto. Pero según todas las personas que tenían una relación cercana con él, su interés por la gente y su capacidad para escuchar coexistían con un problema: le daba miedo abrirse a los demás, incluso a las personas a las que amaba.

Esto incluía a su esposa, Olivia.

—El mayor estrés para nuestro matrimonio no es el conflicto —contó Joseph—. Es la frustración de Olivia ante mi negativa a abrirme a ella. Siente que la dejo fuera.

Ella había sido sincera con él sobre su preocupación por este tema, y Joseph era muy consciente de ello, ya que comentó en el estudio varias veces que Olivia le repetía a menudo lo difícil que era conocerlo de verdad.

—Yo me las arreglo solo —dijo—. Mi mayor debilidad es que no me apoyo en nadie. Soy así y punto.

Joseph estaba lo suficientemente sintonizado con los demás como para ver y explicar las dificultades que tenían con él, pero jamás pudo superar un miedo esencial y profundamente enraizado que es relativamente habitual: no quería ser una carga ni sentir que no era totalmente independiente. Aunque estudió en Harvard, Joseph era de origen humilde y contó al estudio que había aprendido el valor de la autosuficiencia de niño, en su granja familiar, donde pasaba los días solo manejando un arado jalado por caballos. Su madre y su padre estaban ocupados con sus trabajos respectivos en la granja, por lo que Joseph debía cuidar de sí mismo. Como adulto, creía que debía gestionar cualquier problema al que se enfrentara, ya fuera emocional o de otro tipo, por sí mismo. Él no veía nada malo en ello.

En 2008, su hija Lily, que ya había cumplido los cincuenta, le explicó a un entrevistador del estudio que a ella siempre le había dolido esa filosofía. Su padre siempre estaba ahí para darle apoyo práctico cuando lo necesitaba y sentía que podía contar siempre con él, día y noche (y, de hecho, así lo hizo; él la ayudó a superar un matrimonio difícil y algunos de los momentos más complicados de su vida). Pero nunca tuvo la sensación de conocerlo de verdad.

A los setenta y dos años, cuando le preguntaron por su relación con su esposa, Joseph explicó que el matrimonio era estable, pero que también había cierta desconexión entre ellos.

—No hay nada que nos esté separando —dijo—, pero no estamos unidos.

Joseph había decidido en su juventud que, en sus relaciones, había dos cosas más importantes que todo lo demás: conservar la paz y ser autosuficiente. Para él era importante que su vida y la de su familia fueran, por encima de todo, estables. Esto no era necesariamente malo; su vida, en muchos aspectos, fue buena. Amó a su familia y todos eran muy leales los unos con los otros. Joseph vivía de una forma que lo hacía sentirse seguro y, dado que este abordaje evitaba los conflictos, fue válido para él. No está mal que haya pocos desacuerdos en un matrimonio. Pero ¿cuál es el precio de mantener la paz a toda costa? Al proteger tanto su experiencia interna y seleccionar tanto qué compartía y qué no, porque no se atrevía a abrirse, ¿estaba Joseph negándose y negando a Olivia todos los beneficios de una conexión íntima?

Muchos conocemos a alguien así; y deberíamos recordar que esto no es necesariamente una prueba de que todo les dé igual. Pero al menos Olivia sentía que le faltaba algo, porque la piedra angular de la intimidad es la sensación de que conocemos a alguien y de que este alguien nos conoce. De hecho, la palabra intimidad procede del latín *intimare*: dar a conocer. El conocimiento íntimo de otra persona es un rasgo del amor romántico, pero es mucho más. Se trata de la experiencia humana por excelencia y empieza mucho antes del primer beso, mucho antes de plantearse el matrimonio, en los primeros días de vida.

APEGO ÍNTIMO: LA SITUACIÓN EXTRAÑA

Desde el momento en el que nacemos, empezamos a buscar conexiones íntimas, tanto físicas como emocionales, con los demás.

Empezamos nuestra vida como criaturas indefensas, dependientes de los demás para nuestra supervivencia. Casi todo aquello a lo que nos enfrentamos de pequeños es intensamente nuevo y potencialmente peligroso, así que es esencial establecer una conexión potente con al menos otra persona desde los primeros días de vida. La cercanía con nuestras madres o padres, abuelos o tíos es reconfortante y nos proporciona un refugio ante el peligro. A medida que crecemos, empezamos a explorar el mundo más allá de nuestra zona de confort, sabiendo que tenemos un lugar seguro al que regresar si las cosas se ponen difíciles. La sencillez y la claridad de la situación en la que se encuentran los niños pequeños nos proporciona una gran oportunidad de observar los fundamentos de la conexión emocional humana. Este periodo de vida muestra de forma clara algunas verdades fundamentales sobre los lazos emocionales íntimos, que son tan relevantes en la edad adulta como en la infancia.

En la década de 1970, la psicóloga Mary Ainsworth diseñó un procedimiento de laboratorio para demostrar cómo responden los bebés al mundo que los rodea y a las personas de quienes más dependen. Se conoce como la «situación extraña» y demostró ser tan útil durante décadas que aún se emplea en la investigación actual, más de cincuenta años después. Estos son sus elementos claves: un bebé, normalmente de entre nueve y dieciocho meses, acompañado de su cuidador principal, entra a una habitación con juguetes. Después de un periodo corto de tiempo interactuando con su cuidador y jugando, llega un extraño. Al principio, el extraño está en lo suyo, lo que le permite al niño acostumbrarse a su presencia, pero a continuación intenta conectar con el bebé. Poco después, el cuidador sale de la habitación.

Ahora el bebé se encuentra en un lugar extraño, con una persona extraña y con nadie con quien sienta cercanía. A menudo, el bebé empieza a mostrar inmediatamente signos de incomodidad y se pone a llorar.

Poco después, regresa el cuidador.

Lo que sucede a continuación es el motivo clave por el que se hace este experimento. La criatura se encontró en una situación extraña, experimentó algo de estrés y ahora su cuidador regresó. Los investigadores interrumpieron deliberadamente la sensación de seguridad y conexión del bebé, aunque sea durante poco tiempo, y ahora este necesita restablecerlas. ¿Cómo responderá? Se cree que la forma —el estilo de apego— en la que el bebé intenta mantenerse conectado con la persona de quien depende su supervivencia revela cómo ve la criatura a su cuidador y a sí misma.

UNA BASE SEGURA

Cada uno de nosotros tiene una manera concreta de mantenerse conectado con una persona a la que necesita. Los estilos de apego son relevantes, no solo para entender la infancia temprana, sino también cómo manejamos las relaciones a lo largo de nuestras vidas.

Es normal que una criatura se altere cuando su cuidador se va y, de hecho, así se comportan los niños sanos y socialmente integrados. Cuando el cuidador regresa, el bebé empieza inmediatamente a restablecer el contacto y, al hacerlo, se tranquiliza y regresa a un estado de equilibrio. La criatura busca dicho contacto durante esta «reunión» porque considera a su cuidador una fuente de seguridad y de amor y porque siente que es merecedora de él. Una criatura que muestra este tipo de comportamiento se considera que tiene un apego seguro.

En cambio, los bebés que sienten un apego menos seguro afrontan esta inseguridad de dos formas: expresando ansiedad o evitación. Los bebés más ansiosos buscan contacto inmediato cuando el cuidador regresa, pero son difíciles de calmar. En el caso de las criaturas evitativas, puede parecer que les da igual la presencia o no del cuidador. Pueden mostrar poca angustia externa cuando sale de la habitación y quizá no busquen consuelo cuando regrese. A veces pueden darle la espalda durante la reunión. Los padres pueden interpretar esto como que a la criatura le da igual la situación. Pero las apariencias engañan. Los investigadores sobre el apego han teorizado que a estas criaturas evitativas sí les preocupa que sus cuidadores se vayan, pero aprendieron a no esperar demasiado de ellos. Según esta teoría, no muestran sus sentimientos porque tienen la sensación de que si expresan sus necesidades no recibirán amor y, además, podrían hacer que su cuidador se alejara.

En la vida real, las criaturas se encuentran a menudo con variaciones de la situación extraña, por ejemplo, cuando los dejan y los recogen de la guardería. Cada uno de estos encuentros moldea sus expectativas sobre las relaciones futuras. Desarrollan una idea de lo probable que es que los demás los ayuden y también un juicio sobre cuánto merecen ese apoyo.

La vida adulta es, en algunos aspectos fundamentales, una versión muy compleja y real de la situación extraña. Como cualquier niño que es separado de su progenitor, cada uno de nosotros desea sentir seguridad o, como dicen los psicólogos, una base de apego seguro. Un niño puede sentirse amenazado porque su madre no está en la habitación con él y un adulto por un diagnóstico de salud; ambos se benefician de la sensación de que hay alguien a quien pueden recurrir.

Pero la seguridad en el apego adulto también se manifiesta en forma de espectro y muchos de nosotros no tenemos una seguridad total. Algunos nos aferramos a los demás cuando atravesamos épocas de estrés, pero aun así nos cuesta obtener el consuelo que buscamos, mientras que otros, como Joseph Cichy, evitan la intimidad porque, en el fondo, sienten miedo de convertirse en una carga para los demás y que los rechacen. O quizá no estamos del todo convencidos de ser dignos de amor. Pero, aun así, necesitamos esa conexión. La vida se hace más complicada a medida que envejecemos, pero los beneficios derivados de las conexiones seguras permanecen a lo largo de todas las etapas vitales.

Henry y Rosa Keane, del capítulo uno, son un magnífico ejemplo de dos personas con conexiones seguras. Cada vez que se enfrentaron juntos a una dificultad, desde que uno de sus hijos contrajera la polio hasta el despido de Henry, pasando por tener que enfrentarse a su propia mortalidad, fueron capaces de buscar apoyo, consuelo y valentía en el otro.

La secuencia es a menudo parecida en bebés y en adultos: un estrés o dificultad altera nuestra sensación de seguridad y buscamos maneras de restaurarla. Con suerte, obtendremos consuelo de nuestras personas cercanas y recuperaremos el equilibrio.

En nuestra última entrevista con ellos, sentados a la mesa de la cocina, Henry y Rosa estaban físicamente cerca el uno del otro, en especial al responder preguntas difíciles sobre el futuro, los problemas de salud y su propia mortalidad. Se dieron la mano durante la mayor parte de la entrevista.

Ese sencillo gesto, darse la mano con la pareja, es una puerta muy útil al mundo del apego íntimo adulto. En la situación extraña, cuando una criatura con apego seguro busca a su cuidador y recibe un abrazo de consuelo, esto tiene beneficios fisiológicos y psicológicos.[5] Su cuerpo y sus emociones se calman. ¿Sucede lo mismo con los adultos? ¿Qué pasa exactamente cuando alguien nos da la mano?

CONTACTO CARIÑOSO: EL EQUIVALENTE A UNA MEDICINA

James Coan llegó al mundo de la investigación sobre el apego por accidente. Quería saber qué pasaba en los cerebros de quienes padecían trastorno de estrés postraumático (un problema de salud mental caracterizado por *flashbacks*, pesadillas y preocupación por un suceso traumático) y estaba escaneando cerebros en busca de pistas. Su hipótesis era que, si lograba entender mejor la actividad mental, podría crear nuevos tratamientos para calmar el sufrimiento. Uno de los participantes de su estudio resultó ser un veterano de la guerra de Vietnam con mucha experiencia en combate que se negó a participar en la investigación si su mujer no lo acompañaba en la misma sala. Coan deseaba mucho que participara y no tuvo problema en hacer lo necesario para seguir adelante con su estudio, de modo que la esposa de este hombre se sentó a su lado cuando él se acostó en la máquina de resonancia magnética (para realizarse el escáner cerebral).

Las máquinas de resonancia magnética hacen mucho ruido; cuando empezó el examen, el hombre se puso nervioso y dijo que no quería seguir. Su esposa, que estaba al lado, notó su nerviosismo e, instintivamente, lo tomó de la mano. Este gesto lo calmó y pudo seguir adelante.

A Coan le intrigó este efecto y, al acabar el estudio, desarrolló una nueva investigación mediante imágenes del cerebro para ver si podía encontrar pruebas neuronales de lo sucedido.

Los participantes en el nuevo experimento entraban en la máquina de resonancia magnética y veían una de dos diapositivas. Si veían una roja, significaba que había un 20 % de probabilidades de que recibieran una descarga eléctrica. Si veían una azul quería decir que no recibirían ninguna descarga.

Se dividió a los participantes en tres grupos. Los del primero estaban solos durante el experimento. Los del segundo grupo le daban la mano a un desconocido. Los del tercer grupo se la daban a su cónyuge.

Los resultados fueron cristalinos: darle la mano a alguien con quien tenían una relación cercana calmaba la actividad de los centros del miedo de los cerebros de los participantes y reducía su ansiedad. Pero lo que resultó quizá más llamativo fue que darle la mano a una persona con quien tenían una relación íntima reducía el dolor que decían sentir los participantes al recibir la descarga.

Este beneficio también se producía si estaban dándole la mano a un desconocido, pero era más pronunciado con las parejas (en especial en quienes se sentían más satisfechos en la relación), lo que condujo a Coan a la conclusión de que darle la mano a un ser querido durante un procedimiento médico tiene los mismos efectos que un anestésico suave. Las relaciones de los participantes en el estudio estaban afectando a sus cuerpos en tiempo real.[6]

MÁS QUE UNA SENSACIÓN

Las relaciones habitan en nuestro interior. El simple hecho de pensar en alguien importante para nosotros genera hormonas y otros químicos que viajan por la sangre y afectan a nuestro corazón, cerebro y numerosos sistemas corporales.[7] Sus efectos se alargan toda una vida. Como indicamos en el capítulo uno, usando datos del Estudio Harvard, George Vaillant descubrió que la felicidad matrimonial a los cincuenta años era un mejor predictor de la salud física en edades avanzadas que los niveles de colesterol a esa misma edad.

Coan fue capaz de analizar el efecto de la conexión íntima en el cerebro de una persona en el laboratorio, pero, como es obvio, (aún) no podemos hacer una resonancia magnética durante una primera cita o cuando estamos discutiendo con nuestra pareja en un estacionamiento. Por suerte, en la raíz misma de ese apego íntimo, independientemente de nuestra edad, existe otro tipo de herramienta de diagnóstico a la que todos tenemos acceso si prestamos atención: las emociones.

En cualquier situación vital, las emociones son una señal de que hay cosas importantes en juego para nosotros y son especialmente reveladoras cuando hablamos de relaciones íntimas.[8] Si dedicamos un momento a examinar esa cosa aparentemente sencilla —cómo nos sentimos—, podemos desarrollar una herramienta de valor incalculable para la vida: la capacidad de ver más allá de la superficie de las relaciones. Nuestras emociones pueden dirigirnos hacia verdades ocultas sobre nuestros deseos y temores, sobre nuestras expectativas de cómo deberían comportarse los demás y sobre los motivos para ver a nuestras parejas tal como lo hacemos.

Imagínalo así: cuando los buceadores se sumergen en el agua, llevan un profundímetro en la muñeca, pero también notan en el cuerpo la profundidad a la que se hallan. Cuanto más descienden, más presión.

Las emociones son una especie de profundímetro para las relaciones. La mayor parte del tiempo nadamos cerca de la superficie de la vida, interactuando con nuestras parejas y viviendo nuestra cotidianeidad. Las corrientes emocionales subyacentes están enterradas a más profundidad, en aguas oscuras. Cuando experimentamos una emoción potente, ya sea positiva o negativa, una oleada de gratitud o un acceso de ira al sentirnos incomprendidos, esto es un indicador de algo más profundo. Si hacemos el esfuerzo de tomarnos un momento y observar e interpretar como nos sugiere el modelo MASIR de interacción (capítulo seis), podremos empezar a ver con más claridad qué cosas son importantes para nosotros y también para nuestras parejas.

ALIMENTAR UNOS CIMIENTOS DE EMPATÍA Y AFECTO

¿Qué tan importantes son las emociones que sentimos (y expresamos) mientras interactuamos con nuestras parejas? ¿Pueden indicarnos las emociones la fortaleza de la conexión y la probabilidad de que la relación sea duradera?

Investigamos la conexión entre emoción y estabilidad en las relaciones en uno de nuestros primeros estudios conjuntos.[9] Nos reunimos en el laboratorio con parejas casadas o que convivían y las grabamos durante unos ocho o diez minutos mientras discutían sobre un incidente reciente que los había molestado. Más tarde, se evaluaron las grabaciones en función de la medida en que cada miembro de la pareja expresaba emociones (por ejemplo, afecto, ira, humor) y comportamientos concretos (por ejemplo, «reconocer la perspectiva del otro»).

Nos aseguramos de que los ayudantes de investigación que iban a evaluar las emociones de los videos no tuvieran una formación extensa en psicología. ¿Sería la capacidad humana natural de estos observadores no formados capaz de reconocer en qué medida eran útiles los sentimientos de los demás para predecir la estabilidad en las relaciones?

Cinco años después nos pusimos en contacto con las parejas para ver qué tal les iba. Algunas seguían juntas y otras no. Cuando contrastamos su estado actual con la evaluación de sus emociones hecha por nuestros ayudantes durante su interacción anterior, descubrimos que estas predecían con casi un 85 % de precisión qué parejas seguían juntas. Esto es consistente con muchos otros estudios que muestran que las emociones entre parejas son un indicador crítico de si las relaciones íntimas prosperarán o fracasarán. Que evaluadores sin conocimientos concretos de psicología pudieran predecir la fortaleza de la relación fue significativo, dado que mostraba que la mayoría de los adultos son capaces de leer con precisión las emociones.[10] La mayoría de los evaluadores aún no habían vivido relaciones largas y profundas, pero, si se fijaban, sabían captar emociones y comportamientos importantes y, a veces, sutiles en las parejas. Las emociones dirigen las relaciones y fijarse en ellas importa.

Aunque no todas las emociones predicen del mismo modo la salud de una relación. Algunas son especialmente importantes y, en nuestro estudio, destacaron dos categorías: empatía y afecto.

Los hombres y mujeres que expresaban emociones más afectuosas durante una discusión sobre algo molesto con su pareja tenían más probabilidades de seguir juntos cinco años después.

Las respuestas empáticas de los hombres también eran importantes. Cuanto más sintonizados estuvieran los hombres con los sentimientos de sus parejas, más interés mostraran en entenderlas y más reconocieran sus perspectivas, más probable era que la pareja siguiera junta. Estos hallazgos, junto con los que llevamos a cabo sobre la importancia del esfuerzo empático (que explicamos en el capítulo cinco), apuntan a una idea importante de las relaciones íntimas: si una pareja puede cultivar unos cimientos de afecto y empatía (en el sentido de curiosidad y voluntad de escucha), su vínculo será más estable y duradero.

MIEDO A LAS DIFERENCIAS

Hay todo tipo de factores que pueden causar emociones difíciles y potentes en las relaciones íntimas.[11] Incluso las emociones positivas pueden ser complicadas. Un gran amor, por la importancia que tiene para nosotros, puede estar asolado por un gran miedo a la pérdida. Pero uno de los motivos más habituales de las emociones potentes en las relaciones son las diferencias entre los miembros de la pareja. Cuando hay una diferencia, puede haber desacuerdo y donde hay desacuerdo a menudo hay emoción.

Cuando las diferencias surgen por primera vez, resultan alarmantes. Después de que la emoción y la euforia del inicio de una nueva relación comienzan a disiparse, empezamos a notar cosas de nuestra pareja que nos preocupan. A veces pueden ser diferencias con D mayúscula (como el deseo o no de tener hijos) que merecen ser tenidas en cuenta para decidir si la relación conviene a ambos. Pero a menudo son las diferencias con d minúscula las que parecen más grandes, porque obligan a hacer ajustes. Quizá a uno de los dos le gusta bromear en momentos de estrés mientras que el otro no les ve la gracia a esas situaciones. O a uno de los dos le encanta explorar nuevos restaurantes mientras que el otro prefiere cocinar en casa.

Al empezar a descubrir esas diferencias es fácil sentirse amenazado. Si están casados o viviendo juntos, quizá sientas que la vida concreta que siempre imaginaste está en peligro, pero que ahora ya es tarde para dar marcha atrás. Quizá te sientas atrapado y empieces a pensar cosas como:

Mi pareja es

egoísta;
ignorante;
inmoral;
defectuosa.

... y las diferencias pueden llegar a parecer problemas vinculados al entorno o a la familia. Esto puede parecer una evidencia de la flagrante incompatibilidad entre ambos.

El psicólogo Dan Wile escribió en su libro *After the Honeymoon* («Después de la luna de miel»):

> Después de la luna de miel. La expresión misma contiene una carga de tristeza, como si, por un breve momento, hubiéramos vivido en un trance dorado de amor y ahora hayamos despertado de golpe. Ahora que la niebla de la infatuación inicial se disipó y vemos a nuestras parejas como son, pensamos inmediatamente: «¡Oh, no! ¿Esta es la persona con quien se supone que debo pasar el resto de mi vida?».

Al enfrentarnos a estas emociones, a menudo (y comprensiblemente) pensamos que el objetivo debería ser evitar o reducir las diferencias. Joseph Cichy era un maestro a la hora de minimizar dificultades. Vivió toda su vida esforzándose al máximo para evitar conflictos y suavizar cualquier grieta. Y, en cuanto a disminución de conflictos, la cosa le funcionó. Pero el resultado fue un matrimonio con menos cercanía emocional, menos intimidad.

De modo que la pregunta se convierte en: si una relación tranquila, sin conflictos, no es el camino hacia una intimidad rica y satisfactoria, pero el conflicto suele generar estrés, ¿qué hacemos?

EL BAILE

Al principio de su matrimonio, Bob y su esposa, Jennifer, usaban su noche juntos para ir a clase de bailes de salón. La mayoría de las demás parejas estaban comprometidas y acudían para hacerlo bien el día de su boda. Durante una de las clases, Jennifer, que es psicóloga, se preguntó: ¿podría la forma de bailar de cada una de las parejas ser una ventana a cómo es su relación? Como sucede con las dificultades nuevas en las relaciones, un nuevo paso de baile a veces resulta raro y las parejas tardan un poco en aprenderlo, ajustarse y acomodarse al otro. Hay parejas que agarran antes el ritmo o a quienes les sale más natural que a otras, pero todas cometen errores, todas están aprendiendo. ¿Podría ser que su forma de bailar indicara qué parejas eran capaces de tolerar y olvidar errores? ¿Podría su estilo a la hora de resolver problemas bailando predecir si seguirían juntos cinco años después?

Como sucede con el baile, decir que se aprende haciendo es esencialmente válido para las relaciones. Existe un toma y daca, una corriente y una contracorriente. Hay rutinas, pasos e improvisaciones. Y, lo más importante, hay errores y tropiezos. Ninguna pareja va a ser Fred Astaire y Ginger Rogers la primera vez que salten juntos a la pista de baile (¡hasta Fred y Ginger tenían que ensayar muchísimo!). Ambos miembros de la pareja tienen que aprender sobre la marcha. Los tropiezos no son errores ni señales de que bailar juntos vaya a ser imposible. Al contrario, son oportunidades de aprender: pisa aquí y no allá. Mi pareja quiere ir hacia allí y yo la acompaño. No, yo prefiero ir en esa dirección y él tendrá que aprender a acompañarme. Sí, notamos los errores y los momentos en los que no estamos en sintonía. Pero lo importante es cómo responden a ello las dos personas.

Y lo mismo sucede con la vida. Al final, lo que más importa no son las dificultades a las que nos enfrentamos en las relaciones, sino cómo las gestionamos.

OPORTUNIDADES INFRAVALORADAS

Una cosa que ambos, Marc y Bob, sabemos después de décadas de ejercer en terapia de pareja es que las personas con relaciones íntimas a menudo infravaloran las oportunidades que presentan los desacuerdos.

Es una constante. Una pareja llega a su primera sesión y uno de los miembros tiene una idea muy clara de por qué está allí, lo que normalmente implica señalar a la otra persona:

Se aferra demasiado a las cosas.
Tiene que trabajar los arranques de ira.
No hace nada en casa.
Nunca quiere salir, pero a mí no me gusta quedarme en casa.
Le obsesiona el sexo (o no le interesa en absoluto).

Sea cual sea el «problema», la insinuación es clara: hay que arreglar a mi pareja. Pero, en realidad, casi siempre existe una tensión más profunda y compleja en la relación que la pareja no ha reconocido. Y al final se descubre que esa tensión suele precisar autorreflexión y diálogo por parte de todos.

En terapia de pareja asumimos que habrá desacuerdos y diferencias y animamos a las parejas a reconocerlos e intentar entenderlos. Los desacuerdos, y las emociones que los acompañan, son oportunidades de revitalizar una relación al poner al descubierto las verdades importantes que se ocultan bajo su superficie.

Dos vidas, en toda su complejidad, están destinadas a incluir diferencias que no encajan del todo. Quizá tú sientas la necesidad de tenerlo todo limpio y una pila de platos sucios te genera un arranque de frustración, o tu pareja se molesta contigo porque le dedicas mucha atención a tu *smartphone*, o quizá hay uno de los dos que siempre llega tarde, lo que provoca discusiones.

«¡Nunca cierras la pasta de dientes!», se queja uno de los miembros de la pareja con un peso emocional que parece desproporcionado, dadas las circunstancias.

Esos sentimientos intensos que emergen en las discusiones recurrentes, por triviales que sean, suelen reducirse a unas pocas preocupaciones que son muy comunes. Veamos si hay alguna que te suene:

No te preocupas por mí.
Yo me esfuerzo más que tú en esto.
No tengo la seguridad de poder confiar en ti.
Me da miedo perderte.
Creo que no estoy a la altura.
No me aceptas como soy.

No siempre es fácil filtrar las emociones de un desacuerdo para encontrar esos miedos, preocupaciones y sentimientos de vulnerabilidad propios y de nuestra pareja. En primer lugar, tenemos que aceptar la posibilidad de estarnos perdiendo lo que sucede bajo la superficie. Porque tenemos un instinto de protección y una tendencia a sacar conclusiones que sucede sin que nos demos cuenta. Igual que nos encogemos o alzamos las manos cuando nos lanzan un objeto físico, tendemos a hacer lo mismo con las emociones potentes, censurando las que se aproximan en nuestra dirección.

—Jamás me preocupó el tapón de la pasta de dientes, ¿por qué tiene que molestarte a ti? ¡Eres demasiado sensible!

Y así, en lugar de investigar el desacuerdo y las emociones que lo acompañan, adoptamos una postura de dureza y censura y decidimos que el problema es que nuestra pareja es quisquillosa. Hacemos estos juicios de forma instantánea en todo tipo de situaciones, tanto en los desacuerdos «triviales» como en temas más importantes, como el amor y la conexión.

Joseph Cichy, por ejemplo, era incapaz de ver la experiencia de su esposa en su totalidad, porque estaba demasiado inmerso en su interpretación. Él entendía que su resistencia a abrirse le molestaba, pero ya había decidido que su forma de ver las cosas era la correcta. En su mente, le estaba ahorrando a su mujer el fastidio de tener que escuchar sus sentimientos. Pensaba que compartir sus emociones pondría en peligro su pacífica relación con su esposa y no quería perderla. Pero en su esfuerzo por protegerse contra esa vulnerabilidad, estaba alimentando la de su mujer. Al fin y al cabo, la persona del mundo a la que ella se sentía más cercana no parecía necesitarla tanto como ella lo necesitaba a él.

Él jamás preguntó: ¿qué implicaría para nuestra relación que yo compartiera más mis sentimientos?

Todos tenemos nuestras vulnerabilidades, esos miedos y preocupaciones que nos hacen reaccionar ante los desacuerdos alejándonos de ellos para protegernos. Esas emociones no son fáciles de afrontar, pero los desacuerdos que tenemos con nuestras parejas tienen el potencial de permitirnos mostrarnos ante ellas tal y como somos.

VULNERABILIDAD MUTUA: UNA FUENTE DE FORTALEZA

Cuando nuestra segunda generación de participantes habló de los peores momentos de sus vidas, un número importante tenía que ver con las relaciones íntimas. Las conexiones profundas e íntimas son, por su propia naturaleza, situaciones increíblemente vulnerables. Cuando dos personas que sienten intimidad están en armonía, el efecto puede ser estimulante, pero si la relación flaquea, el resultado puede causar un intenso dolor emocional, sensación de traición y autoexamen crítico. Como contó al estudio una de las participantes de la segunda generación, Aimee:

> Mi primer marido era de Texas y nos mudamos allí después de conocernos en Arizona. Vivíamos en una ciudad pequeña criando a nuestras hijas, pero mi marido trabajaba en Dallas, así que de vez en cuando tenía que quedarse allí a dormir. Una amiga me llamó una noche y me contó que había visto a mi marido intimando con otra amiga nuestra. Él admitió que estaba teniendo una aventura. Eso me destruyó, pero también estaba segura de que sería capaz de salir adelante yo sola. Mis hijas y yo nos regresamos a Phoenix y vivimos allí dos años con mi tía y su marido. Al examinar los posibles motivos de la ruptura, empecé a plantearme si yo me había vuelto menos divertida, menos excitante después de mudarnos a Texas. Eso fue un golpe a la confianza en mí misma como mujer joven. ¿Podría llegar a serlo todo para alguien? ¿O me faltaba alguna característica esencial de las «esposas»?

Tener una relación de pareja íntima con alguien es exponernos al riesgo. Cuando confiamos lo bastante en otra persona como para construir una vida en torno a nuestra relación con ella, esta se convierte de algún modo en una piedra angular. Si nuestra conexión con ella nos resulta precaria, toda la estructura de nuestra vida también nos lo parece. Puede ser una situación aterradora. A menudo, las parejas no solo comparten economía y recursos, sino también hijos, amigos y conexiones importantes en las familias del otro. La preocupación de que la ruptura de la relación provoque un efecto dominó en el resto de nuestra vida puede llegar a superarnos y a minar la percepción que tenemos de nosotros mismos. Podemos llegar a plantearnos, como hizo Aimee, nuestra idoneidad como pareja y si alguna vez seremos capaces de cubrir las necesidades de otra persona.

Si ya nos hicieron daño, y nos ha pasado a la mayoría, quizá nos mostremos reticentes a confiar del todo en una relación importante. Incluso si llevamos décadas con alguien, podemos seguir sintiendo la necesidad de protegernos.

La vulnerabilidad recíproca puede conducir a relaciones más fuertes y seguras. La capacidad de los miembros de una pareja para confiar y ser vulnerables mutuamente, para tomarse tiempo, detectar sus emociones y las del otro y compartir los temores con confianza, es una de las habilidades relacionales más potentes que puede cultivar una pareja. También puede aliviar mucho estrés, porque ambos miembros obtienen el apoyo que necesitan sin tener que sacar fuerzas de flaqueza para intentar mostrarse más seguros de lo que en realidad son.

Pero lograr cultivar un lazo potente y de confianza no lo es todo, porque incluso las mejores relaciones son susceptibles de marchitarse. Igual que una planta necesita que la rieguen, las relaciones íntimas son entes vivos y, a medida que pasan las estaciones, pueden ser dejadas a su suerte. Sin embargo, necesitan atención y alimento.

LA INFLUENCIA IMPERECEDERA DE LAS RELACIONES ÍNTIMAS

> Puede parecernos que el amor crece muy deprisa, pero en realidad es lo que más lento crece. Ningún hombre ni ninguna mujer sabe de verdad lo que es el amor perfecto hasta que lleva casado un cuarto de siglo.
>
> MARK TWAIN

Cuando se alimenta una relación durante décadas, pueden pasar cosas increíbles. Sin embargo, si no prestamos atención a nuestras relaciones más importantes, la vida puede convertirse en un lugar de aislamiento y soledad.

Para ilustrar estos dos caminos, vamos a volver a Leo DeMarco y John Marsden, dos de nuestros participantes de la primera generación del Estudio Harvard. Leo es uno de los hombres más felices del estudio y John uno de los más infelices.

La relación de Leo con su esposa, que duró prácticamente toda su vida adulta, contenía muchas de las cosas que denominamos claves para tener relaciones satisfactorias: afecto, curiosidad, empatía y la voluntad de mirar de frente las emociones y los problemas difíciles en lugar de evitarlos.

Por ejemplo, en 1987, la esposa de Leo, Grace, le contó al estudio que tenían desacuerdos en algunas cosas, entre ellas, cuánto tiempo debían pasar juntos o la frecuencia de sus relaciones sexuales o de sus viajes.

Cuando no se ponían de acuerdo en algo, ¿qué hacían? Lo hablaban, dijo ella. Averiguaban qué pensaba el otro y, o bien aceptaban esa diferencia, o bien probaban alguna solución. E, igual de importante, apuntalaban todo ese proceso con afecto.

La esposa de John Marsden, Anne, respondió de forma distinta al mismo cuestionario. A menudo tenía desacuerdos con John, dijo. Pero lo más corrosivo para su relación era la falta de afecto entre ellos. Ella creía que debería haber más y él también. Pero no eran capaces de encontrar una solución y no hablaban del tema. Él rara vez le hacía confidencias a ella. Ella rara vez le hacía confidencias a él. El estudio le preguntó a Anne si a veces, cuando no estaban juntos, deseaba que sí lo estuvieran. «Casi nunca», respondió.

Los distintos patrones emocionales de estos dos matrimonios se mantuvieron durante décadas, hasta la vejez de Leo y John.

En 2004, grabamos en video una entrevista con Leo en el salón de su casa. En un momento dado, el entrevistador le pidió:

—Dime cinco palabras que describan la relación con tu esposa.

Después de arrancar y frenar unas cuantas veces y de más de un intento de dar con las palabras justas, Leo hizo esta lista:

Reconfortante
Compleja
Enérgica
Ubicua
Bella

Más o menos en la misma época, en otro punto de Estados Unidos, John Marsden estaba siendo entrevistado en su casa. En el video se lo ve rodeado de estanterías de roble llenas de libros y, a la derecha, una ventana luminosa con vistas al jardín. Le hacen la misma petición:

—Dime cinco palabras que describan la relación con tu esposa.

Y él se vuelve sobre su silla.

—Supongo que es una pregunta obligatoria —dice.

—Bueno, yo no diría obligatoria —contesta el entrevistador.

—No estoy seguro de poder decir tantas.

—Inténtalo.

John echa una ojeada a la habitación y después recita metódicamente esta lista:

Tensa
Distante
Desdeñosa
Intolerante
Hiriente

La mayoría de nosotros tenemos relaciones que se encuentran en algún punto intermedio de estas dos o incluso que vacilan entre ambos extremos. Pero en estas vemos un contraste innegable en la calidad de la intimidad: un contraste entre afrontar los retos emocionales y evitarlos, entre el afecto y la distancia, entre la empatía y la indiferencia.

Recordemos un momento el estudio de Coan sobre darse la mano y el de Kiecolt-Glaser sobre cicatrización de heridas, que son solo dos de los muchos que contribuyeron a dos hallazgos cruciales: el primero, que la presencia de una pareja con quien tenemos intimidad y confianza reduce el estrés; y el segundo, que el estrés afecta a la capacidad de nuestros cuerpos para sanar. Claro está, no podemos saber con exactitud qué proporción del estado de salud de Leo y John en su vejez es atribuible a la cantidad de amor que sintieron en sus relaciones más cercanas, pero sí sabemos que Leo conservó la actividad física hasta una edad avanzada, mientras que John estuvo muy enfermo muchos años. Sus relaciones no son lo único que influye en esto, pero el amor que Leo compartía incrementó sin duda sus probabilidades de conservar la salud, mientras que el dolor y la distancia que John sentía en su relación más íntima podrían no haberlo ayudado. Y lo mismo sucede con sus esposas. A lo largo de la vida de estas parejas, sus relaciones afectaron de forma crítica su felicidad, su satisfacción vital y casi seguro su salud física. Es una historia que aparece una y otra vez en el Estudio Harvard.

INTIMIDAD A LO LARGO DE LA VIDA

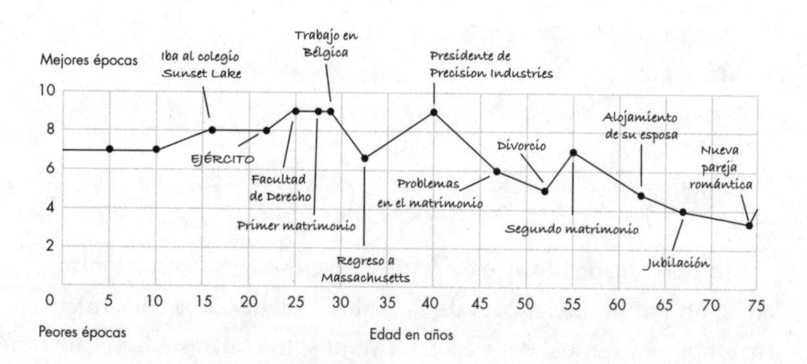

El gráfico anterior lo hizo un participante de la primera generación del estudio, Sander Meade, rememorando su vida cuando le faltaban pocos años para cumplir los ochenta. La escala de la izquierda del gráfico representa una gradación desde las mejores épocas a las peores y la parte inferior muestra la edad del participante en cada caso. Como les sucede a otros participantes, muchos de los grandes cambios en la satisfacción vital de Sander coinciden con cambios en sus relaciones: cuarenta y siete años, «problemas en el matrimonio»; cincuenta y dos años, «divorcio»; cincuenta y cinco años, «segundo matrimonio», etcétera.

El mapa de su vida que hizo Sander refleja una lección vital del Estudio Harvard y muchas otras investigaciones: las relaciones (y en especial las íntimas) tienen un papel crucial en nuestra satisfacción en todos los momentos de nuestra vida.[12]

Los cambios vitales de todo tipo pueden causar estrés en nuestras relaciones de pareja.[13] Incluso los positivos, como casarse, pueden ser estresantes. Los jóvenes, por ejemplo, suelen sorprenderse ante los problemas de pareja que surgen después de ser padres. Lo que se suponía que iba a ser el alegre comienzo de una vida familiar se convierte en un campo de minas de desacuerdos y dificultades mezclados con agotamiento y preocupación. Los padres recientes a menudo discuten por cosas por las que no lo habían hecho nunca. Están más estresados y a veces sienten que sus parejas no los apoyan.

Esto es totalmente normal. Muchos estudios, incluido el nuestro, muestran que a menudo aparece un descenso en la satisfacción de la relación tras el nacimiento de una criatura, lo que no significa que haya problemas en la relación.[14] Cuidar de un bebé es un reto mayúsculo y la mayor parte del tiempo y la atención que antes se dedicaba a la relación de pareja tiene que dirigirse al nuevo miembro. De modo que es natural que las parejas se tambaleen de algún modo después de tener hijos.

Nuestro minucioso monitoreo a lo largo de toda una vida en el Estudio Harvard señala el momento en el que esos hijos vuelan del nido como otro punto de giro clave en las relaciones íntimas.

Hay montones de anécdotas sobre una posible mejora de la satisfacción matrimonial gracias al «nido vacío», pero nuestro estudio es uno de los pocos con datos que permiten observar relaciones durante décadas, incluida esa transición. Al examinar los matrimonios de cientos de parejas, vemos que más o menos cuando el último hijo cumple dieciocho años, estas suelen empezar a notar un incremento importante en su satisfacción con la relación.

Esto le pasó incluso a Joseph Cichy, que no experimentaba una gran cercanía en su matrimonio. Usando datos del Estudio Harvard, trazamos trayectorias vitales de la satisfacción matrimonial que, a menudo, se parecen a las de Joseph (página siguiente). Cada línea vertical de puntos representa el nacimiento de un hijo; el sombreado representa la época en la que Joseph y Olivia estaban criando a hijos menores de dieciocho años; y la línea oscura vertical representa el año en el que su último descendiente, su hija Lily, se fue de casa para ir a la universidad.

Para los hombres del estudio, este efecto del nido vacío es significativo más allá de la satisfacción matrimonial. De hecho, descubrimos que la intensidad de este efecto (que varía en función de la pareja) predecía la duración de las vidas de los participantes. Cuanto mayor fuera la mejora de la satisfacción de la relación después de que los hijos abandonaran el hogar, mayor longevidad.

Las conexiones íntimas se convierten en especialmente importantes en la última etapa vital. A medida que envejecemos, nos enfrentamos a mayores dificultades físicas y necesitamos poder depender del otro de formas nuevas. Cuando los participantes en el estudio, hombres y mujeres, rondaban los ochenta años, quienes tenían un apego más seguro entre sí decían tener un mejor estado de ánimo y menos desacuerdos. Dos años y medio después, cuando volvimos a preguntar, los individuos con apego seguro decían sentirse más satisfechos con la vida y menos deprimidos, y las esposas mostraban un mejor funcionamiento de la memoria, otra prueba que sugiere que nuestras relaciones afectan a nuestros cuerpos y cerebros.

SATISFACCIÓN MATRIMONIAL DE JOSEPH CICHY A LO LARGO DEL TIEMPO

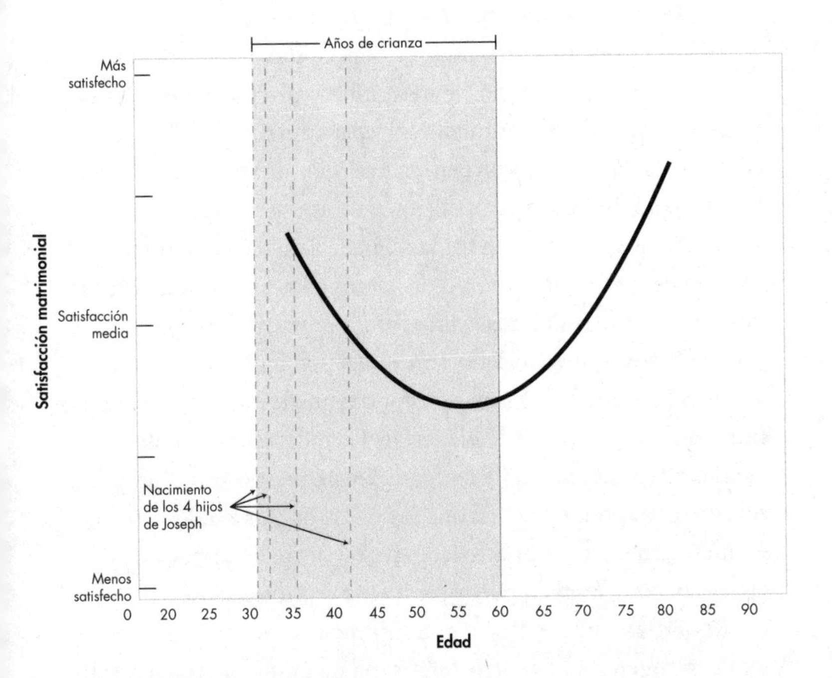

Cuando observamos el espectro de cómo los individuos que tienen relaciones íntimas se adaptan al cambio y se apoyan entre sí en la vejez, Leo DeMarco y John Marsden vuelven a estar en extremos opuestos. En las entrevistas llevadas a cabo cuando tenían ochentaitantos años, les hicimos a los dos las mismas preguntas:

—Cuando estás molesto, triste o preocupado por algo no relacionado con tu esposa, ¿qué haces?

La respuesta de Leo fue la característica de alguien que siente el cariño de un apego seguro con su pareja:

—Acudo a ella. Hablo con ella —respondió—. Es algo que me sale natural. No me lo callo. Ella es mi confidente.

Por otro lado, la respuesta de John es paradigmática de alguien que aprendió a afrontar la vulnerabilidad evitando la dependencia de una pareja:

—Me lo callo —respondió—. Y aguanto.

La vejez es, en muchos casos, una época con dificultades físicas y enfermedades. Para algunos, esto significa volver a convertirnos en cuidadores (o serlo por primera vez) y para otros, aprender a aceptar ese cuidado. Sentirse seguro en una relación íntima significa tanto estar disponible para ayudar a tu pareja como ser capaz de depender de ella en momentos de necesidad. Puede resultarnos sorprendente darnos cuenta de que ya no nos llegamos a los pies para atarnos los zapatos o que necesitamos ayuda para levantarnos de una silla. Tener a alguien a nuestro lado con quien ser capaces de compartir nuestras vulnerabilidades más profundas puede marcar la diferencia entre la desesperanza o el bienestar. Cuando estamos enfermos a menudo necesitamos a alguien que abogue por nosotros: un portavoz, un organizador, alguien que sea nuestros ojos y oídos... o incluso nuestra memoria. Por otro lado, ser ese abogado implica sin duda sacrificio, pero también puede ser fuente de satisfacción.

Resumiendo: las parejas que son capaces de afrontar el estrés juntas recogen los beneficios en forma de salud, bienestar y satisfacción en las relaciones.

UNA ÚLTIMA NOTA SOBRE NUESTRA OTRA MITAD

En la comedia romántica de 1996 *Jerry Maguire*, Tom Cruise se hacía eco de la idea platónica del amor cuando le decía a Renée Zellweger: «Tú... me completas».

Aunque la sensación de que nuestra pareja es nuestra «otra mitad» sigue sonándonos cierta, la realidad práctica es que muy pocas relaciones íntimas proporcionan a ambos miembros todo lo que necesitan. Esperar la completitud en nuestras parejas puede llevarnos a la frustración e incluso a la disolución de relaciones por otro lado positivas.

En su libro *All-or-Nothing Marriage* («El matrimonio de todo o nada»), el psicólogo Eli Finkel argumenta que nuestras expectativas sobre el matrimonio se convirtieron en poco realistas, especialmente en Estados Unidos y en otros países industrializados de Occidente, y que ese es en parte el motivo de que las tasas de divorcio se hayan disparado en el siglo XX. Antes de 1850, aproximadamente, el matrimonio era esencialmente una relación de supervivencia. Entre 1850 y 1965, el foco del matrimonio pasó a dirigirse a unas expectativas mejoradas de compañía y amor. En el siglo XXI convergen una serie de factores económicos y culturales que hicieron que las expectativas sobre las relaciones íntimas sean aún mayores. Las personas cada vez están menos conectadas con sus comunidades locales y se mudan más en busca de empleo. Esta mayor movilidad significa que cada vez menos personas viven cerca de su familia. Muchos no se quedan en el mismo sitio el tiempo suficiente para construir grupos estables de amistades. ¿Quién esperamos que llene todos esos huecos? La persona que está a nuestro lado.

Sin darnos cuenta, muchos esperamos que nuestra pareja nos proporcione dinero, amor, sexo y sea nuestra mejor amiga. Esperamos que nos aconseje, nos dé conversación y nos haga reír. Queremos que nos ayude a convertirnos en nuestra mejor versión. No solo le pedimos que haga todo eso por nosotros, sino que también esperamos que lo haga por sí misma. Hay unos pocos afortunados que tienen relaciones donde estas grandes expectativas se cumplen razonablemente bien. Pero en la mayoría de los casos es pedir demasiado.

¿Por qué tienen que cargar nuestras relaciones íntimas con todo ese peso? A veces los motivos tienen poco que ver con la relación en sí y mucho con nuestras cada vez más escasas conexiones en otras áreas vitales. Si ya no gozamos de la diversión asociada con tener un grupo de amigos o familiares que nos conocen, o dejamos de tener intereses personales, aficiones y pasiones, puede que recurramos a nuestra pareja para llenar esos huecos. La relación íntima se convierte en una esponja que absorbe todas las expectativas fallidas con las que se encuentra. De repente, tenemos problemas con la persona que está a nuestro lado cuando lo que precisa atención es el resto de nuestras acciones y relaciones. Estas expectativas pasan factura.

La investigación es clara: las relaciones íntimas pueden ser una fuente increíble de sustento para nuestros cuerpos y mentes. Pero tienen sus límites. Si queremos que una relación tenga más probabilidades de éxito, tenemos que apoyarla cuidando otras partes de nuestras vidas. Nuestras parejas pueden ser nuestra otra mitad, sí, pero no pueden, por sí mismas, completarnos.

EL CAMINO POR DELANTE

> Solo hay un remedio para el amor: amar más.
>
> HENRY DAVID THOREAU[15]

Al pensar en cómo encajan en tu vida los temas que abordamos en este capítulo, valora usar las siguientes prácticas para empujar una relación en la dirección que te gustaría que tomara.

«Descubre» a tu pareja siendo amable. ¿Cuál fue la última cosa que hizo tu pareja que te hizo sentir gratitud? ¿La cena? ¿Un masaje en la espalda? O quizá hubo un momento en el que te impacientaste con ella, no te lo reprochó y tú se lo agradeciste.

Toma nota de ese gesto. La investigación apunta a que es beneficioso llevar un diario de gratitud donde escribir y plasmar las cosas por las que nos sentimos agradecidos, pero incluso fijarnos en ellas y pensar en los pequeños detalles que tiene nuestra pareja puede tener un impacto positivo. Es una forma sencilla pero potente de «descubrir» a nuestras parejas siendo amables, en lugar de caer en la trampa habitual de prestar más atención a las decepciones. Expresarle gratitud a nuestra pareja incrementa aún más el impacto de esto. Hay motivos por los que conectamos con nuestras parejas al principio y motivos que mejoran nuestra vida actual: es bueno recordarlos (¡y mencionarlos!). Sentirse apreciado es una sensación agradable.

Sal de las viejas rutinas. A medida que avanzamos por la vida, podemos empezar a tener la sensación de que nuestras relaciones están atrapadas en ciclos repetitivos que no nos resultan emocionantes.

Todas las noches: cenar y ver la tele.

Todas las mañanas: café y pan tostado.

Todos los domingos: cortar el césped, ir a comprar, cocinar la misma cena.

¡Prueba algo distinto! Planea sorprender a tu pareja con un desayuno en la cama. Quizá hace años que no dan un paseo juntos por el barrio; después de cenar, en lugar de empezar con la rutina de siempre, den una vuelta a ver qué se encuentran. Planeen una noche semanal para ustedes y túrnense para decidir qué hacer (y quizá podrías sorprenderla con una nueva actividad, si le gustan las sorpresas).

Todos tenemos hábitos y rutinas. Es normal. Pero a menudo están tan integrados que, con el paso de las horas, dejamos de percatarnos de la presencia de nuestra pareja. Romper esas rutinas pone en guardia nuestra mente ante la novedad, lo que nos ayuda a reconocer y apreciar a nuestras parejas de formas nuevas. Y también les demuestra que nos importan.

Y siempre queda la clase de baile...

Prueba con el modelo MASIR (adaptado). Cuando surjan desacuerdos, plantéate usar el modelo MASIR (del capítulo seis) y compartir las técnicas con tu pareja. Los pasos de mirar y analizar son especialmente útiles en las relaciones íntimas. Tomarse un tiempo extra para observarnos a nosotros y a nuestras parejas en una situación emotiva puede ayudarnos a ver con mayor claridad los motivos detrás de las emociones que sentimos. Introducir algo de calma en un momento de confusión puede ayudarnos a despejar las aguas bajo la superficie de nuestra relación.

De modo que, cuando te topes con algo de tu pareja que te moleste, antes de reaccionar, tómate un momento para observar y tomar nota de tus reacciones y de lo que estás pensando.

Después, interpreta estos sentimientos e intenta entender qué está pasando. Pregúntate: ¿por qué me importa esto tanto? ¿Cuál es exactamente mi postura? ¿De dónde nace? ¿Es algo que aprendí de mi familia cuando era pequeño? ¿Algo que aprendí en otras relaciones? ¿Algo en lo que se hizo hincapié en mi educación religiosa?

Después viene lo más difícil: intentar ponerte en la piel de tu pareja. ¿Por qué está reaccionando con tanta contundencia? ¿Por qué se comporta así? ¿Por qué piensa eso? ¿Por qué es importante para mi pareja y dónde puede haberlo aprendido? ¿De dónde nace?

A veces es complicado empezar conversaciones sobre temas difíciles y también llevar las interacciones en una determinada dirección. Suele haber corrientes muy hondas de antiguos agravios. Decirle a tu pareja que ese tema te genera ansiedad es un buen inicio. Hay algunas técnicas adicionales que pueden ser útiles en este caso.

Una se conoce como «escucha reflexiva». Nos ayuda a asegurarnos de que estamos escuchando correctamente lo que nuestra pareja intenta decirnos y muestra que nos preocupa, que estamos intentando empatizar. Funciona así:

En primer lugar, escucha sin comentar.

Después, intenta comunicar lo que le escuchaste decir a tu pareja sin juzgarla (esto es lo más difícil). Puedes empezar de esta manera: «Lo que te escuché decir es ____. ¿Es así?».

Una segunda técnica que ayuda por sí sola y puede hacer que la escucha reflexiva sea aún más valiosa es ofrecer alguna explicación sobre los motivos que tiene tu pareja para sentirse o comportarse de una determinada manera. El objetivo no es señalar tu inteligencia y capacidad para ver cosas que tu pareja no, sino informarle de que eres consciente de ello. Quieres comunicarle que tiene sentido que se sienta o se comporte así y alimentar los cimientos de empatía y afecto que la investigación demostró que son tan valiosos. Por ejemplo, puedes decir: «Tiene sentido que tengas una reacción tan fuerte ante esto...» y después seguir con algo como «porque para ti es muy importante la amabilidad». O «porque así es como dices que eran las cosas en tu familia cuando eras pequeño».

Una tercera práctica que resulta útil es tomar perspectiva y apartarse un poco de la conversación, una técnica que los psicólogos llaman «autodistanciamiento», para observar tu experiencia como si fuera la de otra persona. Quizá reconozcas pensamientos que está teniendo esa persona (es decir, tú) y veas que son efímeros y que pueden cambiar. Es una técnica que tiene mucho en común con el abordaje de la atención plena y los psicólogos Ethan Kross y Ozlem Ayduk llevaron a cabo muchas investigaciones que muestran su utilidad.[16]

Juntas, estas prácticas pueden ayudarte a iniciar conversaciones difíciles y permanecer implicado en ellas emocionalmente cuando las cosas se compliquen, siendo capaz de frenar y demostrarle a tu pareja que estás intentando entenderla.

No temas buscar prácticas propias que te funcionen en tu relación. Cuando sientas que te estás enojando o te notes vencido o asustado, recuerda que esa es la señal. Acércate a tu pareja en esos momentos. Intenta ver más allá de la superficie y recuerda que, igual que tú, ella también libra sus propias batallas.

Cada uno aporta sus fortalezas y debilidades a la relación, sus temores y deseos, su entusiasmo y su ansiedad, y el baile resultante siempre será distinto de todos los demás.

—No albergamos resentimiento —le dijo Grace DeMarco al estudio en 2004, hablando de su relación con Leo—. Cuando llegamos a cierto punto, nos decimos de verdad lo que sentimos, lo ponemos sobre la mesa. Dos personas pueden ser muy distintas y respetar esa diferencia. Y, en realidad, todos la necesitamos. Él necesita mi forma de tomarme las cosas menos en serio y yo su seriedad.

8

LA FAMILIA IMPORTA

> Llámalo clan, llámalo red, llámalo tribu, llámalo familia. Lo llames como lo llames, seas quien seas, lo necesitas.
>
> JANE HOWARD, escritora[1]

Cuestionario del Estudio Harvard, 1990:

P: Cuando piensas en tus familiares y parientes, ¿de cuántos crees que podrías afirmar...?:

Compartimos la mayoría de nuestras alegrías y penas. _____
Disfrutamos haciendo cosas juntos, compartimos intereses. _____
No hacemos ningún esfuerzo por mantenernos al día. _____
Nos evitamos y seguramente ni siquiera nos gustamos mucho. _____

Leer los expedientes del Estudio Harvard se parece bastante a ver un álbum de fotos familiar o una proyección de películas de Super-8. Muchos de los informes están escritos a mano y las historias están impregnadas del habla y el ambiente de otras épocas. Además, parece que el tiempo avanza muy deprisa. Generaciones enteras de familias desaparecen al pasar unas pocas páginas. Un participante nace, avanza a toda velocidad por la adolescencia, se casa y, de repente, un joven que hace un momento tenía catorce años ahora tiene ochenta y cinco y sus hijos adultos están en nuestra oficina contándonos cómo fue como padre. Aunque hay muchas cosas que solo se observan cuando se analizan a fondo los datos del estudio, una simple ojeada a cualquier expediente pone dos cosas concretas en perspectiva: 1) la velocidad a la que se despliega una vida humana y 2) la importancia de la familia.

—Éramos una familia grande y doy gracias por esa experiencia —le contó al estudio en 2018 Linda, una de las participantes de segunda generación, en su visita a nuestras oficinas en el West End de Boston. Su padre era Neal «Mac» McCarthy, uno de los participantes más entregados de la primera generación, criado en Lowell Street (ahora Lomasney Way),[2] no lejos de donde estaba ella en ese momento—. En nuestra familia había mucha energía, mucho amor —nos explicó Linda—. Pero cuando pienso en mi padre, me emociono, porque él venía de un entorno completamente distinto. Él la pasó mal de niño y su familia se rompió. No acabó la preparatoria. Fue a la guerra. Salió de todo aquello, logró estabilizar su vida y, de alguna manera, seguir siendo un gran padre, siempre disponible, siempre cariñoso. Su vida podría haber sido totalmente distinta. Lo respeto muchísimo.

No hay relaciones como las familiares. Para bien o para mal, los miembros de nuestra familia son casi siempre los más implicados en nuestras vidas durante nuestra infancia y desarrollo y son también quienes nos conocen desde hace más tiempo. Nuestros padres son los primeros seres humanos que vemos al llegar a este mundo, las primeras personas que nos abrazan y nos alimentan, y mucho de lo que aprendemos a esperar de las relaciones íntimas procede de ellos. Nuestros hermanos, si los tenemos, son nuestros primeros contemporáneos y nos enseñan a comportarnos y también a buscarnos problemas. Nuestra familia en su conjunto a menudo define cómo entendemos el significado de comunidad. Pero, sea como sea, nuestra familia es más que un grupo de relaciones:

es, de una forma muy real, una parte de quienes somos. Así que nos jugamos mucho en estos vínculos. Su carácter puede tener un efecto importantísimo en nuestro bienestar.

Aunque su naturaleza y su alcance se debaten con frecuencia en el campo de la psicología, hay quien cree que la experiencia familiar temprana determina en quién nos convertimos.[3] Otros, que su efecto está muy sobrevalorado y que los genes son más importantes. Como todo el mundo tiene una larga historia de primera mano con su familia, cada cual acostumbra a tener opiniones muy fundamentadas sobre cómo funciona esta, cuánto afecta a nuestras vidas o cómo las determina. De esa experiencia personal surgen suposiciones importantes sobre qué es posible y qué no (tanto en nuestras familias de origen como en las que creamos) y las cosas que solemos dar por sentadas determinan cómo abordamos estas relaciones.

A veces pensamos, por ejemplo, que nuestra familia será siempre como es ahora y que sus relaciones no cambiarán nunca. También tendemos a valorar todas las experiencias familiares, ya sean tempranas o actuales, en términos absolutos y maniqueos: Mis padres eran horribles... Mi infancia fue idílica... Mi familia era inútil... Mi familia política es intrusiva... Mi hija es un angelito... ¿De verdad son tan invariables las conexiones familiares como las pintamos?

El Estudio Harvard captura un rango enorme de experiencias familiares a lo largo de muchas décadas y puede ayudarnos a arrojar algo de luz sobre cómo funcionan de verdad las familias en el tiempo. Vemos representados los lazos íntimos, las riñas familiares y toda la variedad de éxitos y problemas. Tenemos relatos de relaciones entre padres e hijos vistas desde ambos lados. Tenemos hogares con familias «nucleares» tradicionales, hogares monoparentales, hogares multigeneracionales, familias con hijos adoptados, familias reconstruidas a causa de un divorcio y un nuevo matrimonio y familias con hermanos que funcionan más bien como padres. Y, sumado a esto, más del 40 % de los participantes tienen al menos un progenitor que migró a Estados Unidos desde otro país y se enfrentó a las dificultades de mantener a una familia en un país extranjero.

La familia de Neal McCarthy fue una de ellas. Su madre y su padre llegaron a Estados Unidos como inmigrantes irlandeses de primera generación solo meses antes del nacimiento de Neal y tuvieron unos cuantos problemas para integrarse en una nueva sociedad. Como veremos, la infancia de Neal tuvo elementos positivos y traumáticos y su hija Linda tenía razón: su vida podría haberse desviado fácilmente en una mala dirección. Muchas de las del Estudio Harvard lo hicieron. Pero Neal logró mantenerse a flote y disfrutar de una vida plena y vibrante que incluyó formar su propia familia. Su trayectoria vital es emocionante e instructiva.

En 2012, cuando tenía ochenta y cuatro años, Neal nos mandó por correo su cuestionario bianual y añadió una nota manuscrita para Robin Western, una de las coordinadoras más veteranas del estudio. En la nota se ve cómo se sentía en ese momento y lo lejos que había llegado tras una infancia llena de estrecheces en el West End de Boston.

Querida Robin:

Espero que tú y tu familia estén bien.

¡No me puedo creer que lleve setenta años en este estudio!

Aunque ya tengo ochenta y cuatro años, sigo siendo una persona muy activa con mi familia y mis amigos. Hacer de niñero de su nieta de cinco años mantiene en forma al abuelito Mac y las reuniones familiares durante las fiestas siempre son divertidas. Leo libros, hago crucigramas y acudo a las actividades escolares y deportivas de mis siete nietos.

Te deseo lo mejor para ti y tu familia, como siempre.

Me gustaría saber de ti y que me cuentes qué ha pasado desde la última vez que nos vimos.

Con cariño,

Neal McCarthy (Mac)

Si le hubiéramos enseñado esta alegre nota a Neal cuando tenía dieciséis años y atravesaba la peor época de su familia, se habría sorprendido mucho. Su vida fue un viaje muy muy largo que le planteó dilemas muy difíciles. De hecho, un elemento que tienen en común todas las familias del Estudio Harvard, independientemente de su tamaño o cercanía, sus alegrías o sus penas, es el cambio constante.

En cualquier momento, una sola familia puede mostrar todo el ciclo vital humano: con bebés, adolescentes y adultos relacionados entre sí en todas las etapas vitales. A medida que el ciclo vital avanza, cada miembro de la familia se encuentra en momentos distintos y adquiere roles también diferentes. Este cambio de papeles siempre precisa adaptación. Los padres que hasta hace nada llevaban en coche a fiestas a sus hijos adolescentes y los ayudaban con las tareas pronto tendrán que aprender a respetar su creciente independencia a medida que entren a la edad adulta. Los hermanos tendrán que negociar cambios en sus dinámicas de relación conforme sus caminos vitales se separen. Los hijos adultos tendrán que acostumbrarse a proporcionarles apoyo a sus padres a medida que estos envejecen y, con el tiempo, en uno de los cambios de rol más difíciles, aceptar ellos mismos ese apoyo al llegar a la vejez. Estas transiciones requieren algo más que una adaptación a los nuevos roles y responsabilidades: requieren también adaptación emocional.

A medida que pasa el tiempo y cambian las etapas vitales de todos, las relaciones también deben hacerlo. La adaptación familiar al inevitable cambio es una de las claves que determinan la calidad de sus vínculos. No podemos pasarnos la vida siendo niños pequeños bajo la atenta mirada de nuestros padres, ni adultos jóvenes bajo el influjo del primer amor ni jubilados jóvenes con los nietos balbuceando en el regazo. Da igual lo mucho que nos aferremos a un determinado rol muy querido de nuestra vida; al final, tendremos que abandonarlo. Hay que seguir adelante para enfrentarse a nuevos papeles y dificultades y siempre es más fácil hacerlo en compañía. Pero ¿cómo?

El entramado emocional de todas las familias es tan único como la estructura de una flor, parecido al de las demás a simple vista, pero totalmente singular con poco que nos fijemos. A algunos, la familia nos evoca un sentimiento de cariño y pertenencia; a otros, de distancia o incluso de miedo. Para la mayoría... es complicado. Esta complejidad hace que la investigación también sea más difícil, pero, al seguir de cerca a cientos de familias a lo largo de muchas décadas, el Estudio Harvard está en una posición única para encontrar puntos de unión entre distintas familias y descubrir algunos de los factores comunes que definen el carácter de nuestras relaciones familiares. Este capítulo se trata de juntar piezas importantes a partir de esta investigación para crear una lente distinta mediante la cual observar la particularidad de tu propia vida familiar. Porque una de las verdades rotundas que hallamos en el Estudio Harvard una y otra vez es que la familia importa.

¿QUÉ ES UNA FAMILIA?

> Ningún hombre es una isla entera por sí mismo.
> Cada hombre es una pieza del continente, una parte del todo.
>
> JOHN DONNE[4]

Puede ser tentador creer que cada individuo tiene un mayor control sobre su destino del que posee en realidad. Lo cierto es que todos estamos incrustados en ecosistemas que nos superan en tamaño y nos modelan de formas muy profundas. Economías, culturas y subculturas, todas tienen un papel importante en nuestras creencias, nuestros comportamientos y la progresión de nuestras vidas. Ninguno de estos ecosistemas es más importante que el de nuestra familia.

Pero ¿qué es exactamente una familia? La mayoría de nosotros, cuando pensamos en ello, pensamos en la nuestra. Pero lo que para una persona consiste en sus padres, sus hermanos y sus hijos biológicos, para otra puede significar relaciones con la familia de su cónyuge o una amplia gama de parientes de todo tipo: familia política, primos, primos segundos y sobrinos. Para otros la cosa puede ser aún más amplia e incluir conexiones importantes más allá de los lazos de sangre.

Todas las definiciones de «familia» empiezan con la cultura que las rodea. En la antigua China, la idea de familia estaba moldeada por el confucianismo y una ideología colectivista que enfatizaba la salud y el éxito de todo el grupo. Cada hogar incluía a padres, abuelos e hijos y era el centro de la vida. Este modelo sigue teniendo mucha fuerza en la China actual, incluso en la época del hijo único.[5] En la antigua Roma las familias estaban conformadas por todos los miembros del hogar, incluidos trabajadores y esclavos, que vivían a las órdenes del hombre de más edad, el *pater familias*. En la cultura occidental moderna, la «familia nuclear» que consiste en dos progenitores y sus hijos es la definición habitual de familia, a pesar de las numerosas alternativas a este prototipo.

—Yo tengo cinco mamás, pero solo un papá —explicó un participante del estudio cuando tenía catorce años. Sus padres adoptivos ya tenían nietos cuando él se unió a la familia y él consideraba figuras maternas a su madre adoptiva y a las dos hermanas y las dos hijas biológicas de esta.

Una familia puede contener todo tipo de acuerdos y niveles de cercanía y distancia. Quienes no sintieron el calor ni la presencia de los miembros de su familia o quienes sufrieron abusos o incomprensión por parte de la suya pueden desear y encontrar otras conexiones que sean como una y les proporcionen muchas de las cosas que necesitan. Una persona puede no tener relación con su padre, pero tener una gran cercanía con su tío o con un abuelo o con otro adulto de su infancia, como un entrenador de futbol o la madre de un amigo íntimo. O puede encontrar a su familia en una comunidad totalmente distinta.

En Nueva York, Detroit y muchas otras áreas urbanas de Estados Unidos, encontramos un gran ejemplo de familias no tradicionales en la cultura de los *ballroom*,[6] donde miembros de la comunidad LGBTIQ+, la mayoría negros y latinos, se unen a grupos conocidos como «casas» y organizan sus vidas en torno al apoyo mutuo y la participación como equipo en competiciones de drag. Las casas proporcionan unas conexiones familiares muy necesarias en torno a experiencias, objetivos y valores compartidos. Cada una de ellas funciona de forma similar a una familia de sangre, con una «madre» o «padre» de la casa que asume muchos de los roles tradicionales de los progenitores, y proporciona una parte de la estructura y de las conexiones positivas de las que muchos de los «hijos» pueden no haber gozado en etapas anteriores de sus vidas.

Como dice Marlon M. Bailey en su libro de 2013 sobre la cultura *ballroom*, *Butch Queens Up in Pumps* (cuyo título, «Reinas *butch* en tacones», se refiere a la categoría de *ballroom* en la que competía el propio Bailey): «En general una "casa" no se refiere a un edificio, sino que representa la forma en la que sus miembros, que acostumbran a vivir en distintas localizaciones, se ven a sí mismos e interactúan con los demás como unidad familiar. [...] De hecho, esta comunidad ofrece un santuario social permanente para quienes fueron rechazados y marginados por sus familias de origen, instituciones religiosas y por la sociedad en su conjunto, en especial para las personas racializadas LGBTIQ+ alrededor de los veinte años».[7] Lo esencial aquí es que las unidades de personas cercanas que nos apoyan y tienen un efecto formativo en nuestras vidas pueden proceder de multitud de sitios, incluir a una gran variedad de personas y ser denominadas de muchas maneras. Lo que importa no es solo a quién consideramos familia, sino lo que significan para nosotros nuestras relaciones más cercanas en el transcurso de nuestras vidas.

Sin embargo, esto no minimiza la importancia de las familias de origen. Incluso cuando se forman nuevas familias o nos convertimos en parte de nuevas comunidades que nos proporcionan una estructura familiar, seguimos acarreando la historia de nuestras familias de origen y las experiencias que nos afectaron, tanto las positivas como las negativas. Incluso las familias elegidas, con toda su belleza y todo su amor, existen como alivio frente a esas experiencias tempranas. Independientemente de nuestra vida actual, seguimos llevando con nosotros los fantasmas de nuestra infancia y nuestros recuerdos de las personas que nos criaron.[8]

LOS FANTASMAS DE LA INFANCIA

Al fondo del cajón de la cocina de Bob hay una vieja cuchara de helado de aluminio que había sido de su madre. De niño, cuando volvía a casa después de pasar la tarde por su barrio de Des Moines los días de verano, ella lo usaba para servirle un poco de helado a él y para ponerse también una cucharada a sí misma. Más de sesenta años después, cuando saca ese objeto del cajón es parecido a desenterrar un recuerdo. El aroma de la cocina de su madre, la sensación de ese instante, están, de alguna manera, contenidos en esa cuchara de helado.

Marc tiene una reliquia familiar parecida. En su escritorio guarda una plaquita con el nombre de su abuelo, que fue constructor y la tenía en la mesa de su despacho. Cuando Marc la mira, lo recuerda enseñándole a poner clavos con el martillo. Casi puede oír su voz amable y ronca. Muchos tendemos a guardar objetos concretos de nuestra familia que significan cosas, buenas y malas, para nosotros. Algunos nos evocan cómo era antes nuestra vida, lo lejos que llegamos y las lecciones que aprendimos.

Estas reliquias son símbolos de una herencia mayor. No solo material, sino en forma de perspectivas, hábitos, filosofías y experiencias. Podemos aferrarnos a reliquias psicológicas igual que lo hacemos a una cuchara de helado. La madre de Bob se esforzaba en ser amable como forma de conectar con los demás —meseros, desconocidos, cualquiera, en realidad— y ahora él se da cuenta de que intenta hacer lo mismo. El abuelo de Marc solía hablar a menudo del placer de hacer las cosas bien, de que el martillo hace un sonido concreto cuando golpea el clavo en el punto justo, y aunque Marc no construye casas, piensa a menudo en esa sencilla lección. Estas herencias también tienen un lado oscuro: las experiencias difíciles o incluso traumáticas de la infancia nos dejan huella a nivel psicológico. La experiencia del padre de Marc durante la noche de los cristales rotos y su huida del Holocausto lo acompañaron toda su vida. Muchos participantes en el Estudio Harvard se enfrentaron a padres abusivos o maltratadores.

Las herencias psicológicas pueden tener raíces muy profundas, a veces demasiado para reconocerlas a simple vista. Más allá de las características físicas que heredamos de nuestros padres biológicos, también adquirimos hábitos, perspectivas y modelos de comportamiento de miembros de nuestra familia. Nuestras experiencias más importantes, buenas y malas, no son solo recuerdos. Son sucesos emocionales que dejan una marca tangible en nosotros, que pueden moldear nuestras vidas durante mucho tiempo.

Esto es así para cualquier experiencia, en cualquier etapa vital, pero es especialmente relevante para las de los niños con sus familias de origen. Se ha investigado y se ha escrito mucho sobre la importancia de las experiencias infantiles, lo que condujo a una amplia variedad de suposiciones habituales sobre el papel que tiene la infancia en la edad adulta. En la cultura popular, las películas y los medios de comunicación, la infancia difícil de una persona se cita a menudo como el motivo para un determinado comportamiento; al parecer, todos aceptamos como cierto que la infancia es lo que determina nuestro destino en la vida. En las series de televisión, cuando nos cuentan el trasfondo de un asesino perverso, la sensación es que siempre sufrió abusos de niño. Es un lugar común tan habitual que preocupa a quienes tuvieron una infancia complicada: si mi infancia fue mala, ¿quiere decir que no tengo remedio? ¿Estoy condenado a la infelicidad?

PROBLEMAS EN EL PARAÍSO

En 1955, una psicóloga del desarrollo llamada Emmy Werner quería entender mejor qué peso tenían las experiencias difíciles en la infancia, así que empezó un estudio longitudinal en la isla hawaiana de Kauai, diseñado para seguir a niños desde el día mismo de su nacimiento hasta la edad adulta.[9] Muchas de las familias que observó se enfrentaban a los mismos problemas que las familias inmigrantes que vivían en Boston cuando empezó el Estudio Harvard. Como escribió Werner:

> [Los participantes] eran hijos y nietos de inmigrantes del sudeste asiático y de Europa que habían venido a Hawái a trabajar en las plantaciones de azúcar. Más o menos la mitad procedían de familias en las que los padres eran trabajadores no calificados y las madres habían estado escolarizadas menos de ocho años. [Eran] japoneses, filipinos, hawaianos y mestizos hawaianos, portugueses, puertorriqueños, chinos, coreanos y un pequeño grupo de caucásicos anglosajones.[10]

Lo que convierte este estudio en tan extraordinario es que Werner no solo seleccionó a unos cuantos participantes de la isla, sino que consiguió incluir a todos los niños nacidos en Kauai en 1955, 690 en total, y el estudio duró más de treinta años.[11]

Usando datos de sus infancias, adolescencias y vidas adultas, Werner consiguió demostrar una conexión clara entre sucesos adversos en la infancia y la trayectoria de bienestar en las vidas de los individuos. Los niños que tuvieron enfermedades complicadas al nacer, que vivieron malas experiencias con sus cuidadores y que sufrieron abusos fueron más propensos a desarrollar problemas de salud mental y de aprendizaje. Sus experiencias en la infancia resultaron ser importantes.

Pero Werner también encontró motivos para la esperanza.

Un tercio de todos los niños que tuvieron infancias adversas fueron capaces de convertirse en adultos socialmente integrados a nivel emocional y de ser atentos y amables.[12] Esos niños superaron sus infancias difíciles y Werner pudo señalar algunos de los motivos.

En algunos casos, hubo factores protectores que actuaron y contrarrestaron los efectos de determinadas infancias difíciles. Una de las mayores fuentes de protección fue la presencia constante de al menos un adulto cariñoso. Aunque solo haya disponible una persona que se preocupe por el bienestar de la criatura y se implique emocionalmente con ella, esto afecta positivamente al desarrollo del niño y sus relaciones futuras. Algunos de los que prosperaron a pesar de las adversidades parecían especialmente capaces de obtener este apoyo cariñoso.

Como adultos, los participantes en el Estudio Harvard que eran capaces de reconocer las dificultades y hablar de ellas de forma más abierta parecían tener una capacidad similar de obtener el apoyo de los demás.[13] Mostrarse abierto y claro sobre las experiencias propias ofrece a los demás la oportunidad de ayudar. La capacidad de reconocer y gestionar las dificultades en lugar de intentar ignorarlas puede tener un papel importante a la hora de obtener apoyo tanto en la infancia como más adelante. La vida de Neal McCarthy es un ejemplo magnífico de cómo funciona esto y de cómo podemos reconstruir sobre nuestras experiencias familiares, buenas o malas, para ayudarnos a prosperar.

LOS ORÍGENES (Y EL DESARROLLO) DE NUESTRAS HABILIDADES DE AFRONTAMIENTO

Una fría tarde de sábado de noviembre de 1942, un entrevistador del Estudio Harvard visitó a la familia de Neal McCarthy por primera vez en su casa del West End de Boston. Si pasamos las páginas hasta llegar a la primera del expediente de Neal, veremos las notas que tomó el investigador ese día. El departamento de tres habitaciones estaba lleno de vida y actividad, anotó, con seis niños haciendo tareas y bromeando, saludando al extraño con camisa y corbata sentado a la mesa de la cocina. Uno de los hermanos de Neal estaba lavando una alta pila de platos sucios. Neal estaba ocupado enseñando a su hermana pequeña a atarse los zapatos. Tenía catorce años.

A finales de la década de 1930 y principios de la de 1940, los investigadores visitaron las casas de nuestros participantes de la primera generación para ver cómo era su vida familiar. ¿Cómo de estrictos y amables eran sus padres? ¿Estaban en casa? ¿Estaban implicados en la crianza? ¿Tenían una conexión emocional positiva consistente con sus hijos o más bien se mostraban ausentes? ¿O quizá solo eran atentos de forma esporádica? ¿Había muchas discusiones en casa? Resumiendo: ¿cómo de comprensivos y cariñosos eran los entornos familiares de esos niños?

Los padres de Neal habían nacido ambos en Irlanda y habían llegado como inmigrantes a Estados Unidos solo meses antes de su nacimiento. Durante la primera visita del estudio, Mary, la madre de Neal, le preparó un té al entrevistador y se sentó a la mesa de la cocina a responder preguntas sobre la historia familiar. De vez en cuando, uno de sus hijos se acercaba a anunciar que había terminado una tarea o a pedir permiso para ir a ver a un amigo. «Todos los niños respetan a la madre de Neal —anotó el entrevistador—. Es amable y tiene buen carácter; sus hijos la tienen en el centro y existe un afecto cariñoso en ambos sentidos.

Está especialmente orgullosa de Neal porque es muy bueno y no tiene que preocuparse por él».

Como muchos otros participantes de la muestra de los barrios marginales, Neal trabajó desde muy pequeño. Empezó a entregar compras y periódicos a domicilio a los diez años y los sábados se iba al barrio acomodado «de cortinas de encaje irlandés», al otro lado de la ciudad, a limpiar zapatos en la puerta de la iglesia. Al recordar, ya de adulto, aquellos primeros años, Neal le dijo al estudio que entregaba a su madre la mayor parte del dinero que ganaba, para gastos familiares.

—Llevaba la paga a casa y solía darle unos cuatro dólares. Y a ella eso le parecía muy bien. ¡Lo que no sabía era que yo me guardaba un dólar en la gorra!

Muchas tardes, iba al boliche a colocar los bolos para que lo dejaran jugar gratis.

Su madre prestaba una especial atención a quiénes elegía Neal como amigos y cuando el entrevistador le preguntó a él por qué creía que no se había metido en líos en un vecindario donde tantos otros sí, Neal respondió:

—Yo no voy por ahí con los tontos.

El padre de Neal, que trabajaba en los muelles, también era respetado por sus hijos. Era amable y riguroso, aunque estaba claro que quien mandaba en el hogar era la madre.

Neal era uno de los muchos participantes en el Estudio Harvard que usamos para investigar el efecto de las experiencias en la infancia sobre las vidas adultas. Lo que queríamos saber era: ¿se oía el eco de las experiencias familiares tempranas a lo largo de toda la vida de una persona? Con anotaciones cuidadosas y evaluaciones desde las visitas iniciales, como la que se hizo a casa de la familia de Neal, pudimos hacernos una idea de los entornos familiares durante la infancia de los participantes. En el caso de Neal, el entorno familiar se consideró muy positivo. Sus padres los criaban bien, estaban implicados, eran consistentes y promovían la autonomía de sus hijos. El entorno familiar en su conjunto se calificó como cariñoso y cohesionado. Ahora pasemos unas cuantas páginas del expediente hasta más de sesenta años después, para llegar al momento en el que entrevistamos a los participantes en sus hogares cuando tenían entre setenta y noventa años. Durante estas visitas nos fijábamos especialmente en la seguridad de sus conexiones con sus parejas. ¿Hacían gestos de cariño? ¿Se mostraban cómodos a la hora de dar o pedir apoyo? ¿Valoraban a su pareja? ¿O más bien lo contrario? No nos fiamos únicamente de sus respuestas, sino que también examinamos la credibilidad y consistencia de sus comentarios.

Cuando entrevistamos a Neal y a su esposa, Gail, saltó a la vista enseguida que su apego era seguro. Al pedirles por separado que describieran su relación, las palabras que eligieron fueron llamativamente parecidas. «Cariñosa, comunicativa, tierna, afectuosa, cómoda», dijo Neal. «Tierna, abierta, generosa, comprensiva, afectuosa», dijo Gail. Y ambos proporcionaron ejemplos detallados en sus entrevistas que apoyaban estos adjetivos de forma convincente. En ese momento, Gail estaba convirtiéndose en una persona cada vez más dependiente a causa de la enfermedad de Parkinson, que padecía desde hacía ya algunos años. Vivían en Seattle, Washington, donde Neal dirigía una empresa de contabilidad de la que era cofundador, y Gail contaba lo mucho que había modificado Neal su vida profesional para cuidarla, ya que solo se encargaba de un número limitado de clientes para poder dedicarle a ella la atención necesaria. Aprendió a cocinar sus platos favoritos y asumió todas las tareas del hogar. Pero ella insistía en que no abandonara su afición de observar pájaros. «¡Encuentra uno bueno por mí!», le decía cuando él salía por la puerta.

—Aprendí mucho sobre trinos —le explicó al estudio.

Esta investigación enmarca de alguna manera las vidas de nuestros participantes. Fuimos a propósito a los dos extremos de los datos —el inicio y muy cerca del final— en busca de relaciones entre la infancia y la vejez. Como habían pasado más de seis décadas, ni siquiera nosotros estábamos seguros de poder hallarlas. Pero nuestra hipótesis demostró ser cierta: los hombres que, como Neal, habían experimentado cariño y cercanía en su vida familiar temprana eran más propensos a conectar con, depender de y apoyar a su pareja más de sesenta años después. La fuerza de esta relación a lo largo de tanto tiempo no era inmensa, pero estaba claro que las infancias de nuestros participantes eran como finas hebras que jalaban de sus vidas adultas a lo largo de las décadas.

Tras descubrir este vínculo, llegó la pregunta crucial: ¿cómo funciona? ¿Cómo afecta exactamente la calidad de las infancias de la gente a sus vidas adultas?

Aquí es donde la investigación de Emmy Werner, nuestro Estudio Harvard y muchas otras investigaciones en distintas culturas y poblaciones convergen para mostrar que el vínculo clave entre la infancia y las conexiones sociales positivas como adultos se corresponde con nuestra capacidad para procesar emociones.

Es en nuestras relaciones como niños, sobre todo con nuestra familia, donde aprendemos por primera vez qué esperar de los demás. Ahí es donde empezamos a desarrollar los hábitos emocionales, por llamarlos de alguna manera, que nos acompañarán el resto de nuestras vidas. Estos definen a menudo la forma en la que conectamos con los demás y nuestra capacidad para relacionarnos con otros en forma de apoyo mutuo.

Algo crucial en este punto es que nuestra capacidad para procesar las emociones es moldeable. De hecho, gestionar emociones es una de las cosas que sí hacemos mejor a medida que envejecemos. Y existen pruebas sólidas de que no hay que esperar a más adelante en la vida para que suceda. Con la guía adecuada y algo de práctica, podemos aprender a gestionar mejor nuestros sentimientos a cualquier edad.

La relación entre nuestra experiencia en la infancia y nuestra vida adulta no es tan sólida que no se pueda alterar. Cualquier experiencia que tengamos, incluso como adultos, tiene el poder de cambiarnos. Hay participantes en el estudio, por ejemplo, que tuvieron infancias llenas de amor y cariño, pero vivieron experiencias difíciles más adelante que cambiaron su forma de abordar las relaciones. También hay participantes que tuvieron infancias difíciles, pero sus experiencias posteriores los ayudaron a aprender a confiar y conectar con los demás.

Por eso Neal es un caso especialmente interesante y alentador, porque, aunque su primera infancia fue una de las experiencias más positivas que se pueden encontrar en el Estudio Harvard, ese cariño no duró eternamente. Poco después de la primera visita del estudio, todo cambió en la familia McCarthy y los años siguientes pusieron a prueba los hábitos positivos que Neal había aprendido.

PROBLEMAS EN LA FAMILIA MCCARTHY

Cuando el Estudio Harvard visitó por primera vez a la familia de Neal, su madre fue extremadamente sincera sobre muchos detalles de su vida y dibujó un retrato amplio y realista de los altibajos familiares. Pero hubo algo crucial que no mencionó en esa primera entrevista: había empezado a tener serios problemas con su adicción al alcohol.

Durante muchos años, Mary se las había arreglado para beber de forma que esto no interfiriera con la crianza de sus hijos y la prosperidad de su familia. Bebía en privado y conseguía controlar la cantidad y el horario de sus copas. Pero, poco después de la primera visita del estudio a casa de los McCarthy, Mary empezó a descontrolarse. No tardó en emborracharse a diario. Su hogar se convirtió en un entorno tumultuoso e incluso traumático para sus hijos, porque ella y el padre de Neal empezaron a tener escandalosas peleas a gritos sobre su afición a la bebida y cómo estaba afectando a la familia. Tanto el padre como la madre gritaban y se comportaban de forma violenta. Neal quería a sus padres y, en un esfuerzo para apoyar a su familia cada vez más rota, dejó los estudios a los quince años para ponerse a trabajar. Vivió en su hogar hasta los diecinueve ayudando a mantener a la familia y proporcionándoles una base segura a sus hermanos pequeños. Como ya vimos en casos anteriores, su experiencia temprana del mundo laboral y sus responsabilidades no eran algo raro entre los participantes de los barrios marginales.

Neal conservó un recuerdo nítido de este confuso periodo durante el resto de su vida: los gritos, la violencia, las heridas, el estrés, el alcoholismo de su madre y la tristeza constante de su familia. Vivió en esa casa hasta que sintió que ya no podía hacer nada más para ayudar.

—Tenía que irme —le contó entre lágrimas a un entrevistador del estudio cuando ya tenía más de sesenta años—. Tuve que hacerlo. Mi madre era una alcohólica. Ella y papá solían pelearse.

Como muchos de los niños del estudio longitudinal de Werner en Kauai, la vida familiar de Neal era una red compleja de experiencias y emociones que se desplegaban. Había amor y frustración, cercanía y alejamiento, cosas buenas y malas. La familia de Neal, como la mayoría, era complicada.

Pero el caso de Neal nos muestra el poder que todos tenemos de definir nuestra historia. Primero experimentó un entorno cariñoso y cercano en la infancia y después, cuando su madre cayó en el alcoholismo, una adolescencia tumultuosa y difícil. Ambas situaciones lo afectaron profundamente. Pero fue capaz de ayudarse de sus experiencias positivas para poner las negativas en perspectiva, en lugar de hacer lo contrario. También tuvo un adulto presente y atento en su vida, su padre. Juntos, estos recursos le proporcionaron la fuerza y la confianza para gestionar cualquier dificultad emocional a la que se enfrentara.

—Yo sabía que no quería vivir así —le dijo al estudio, refiriéndose a su adolescencia y a sus padres—. Peleas, alcohol, gritos. Cuando me hice mayor, no quería que mis hijos vivieran eso y no quería volver a vivirlo yo mismo nunca más.

Con diecinueve años, Neal huyó de su hogar familiar alistándose en el ejército. Luchó en la guerra de Corea y, cuando lo licenciaron, obtuvo su título de bachillerato. Empleó sus privilegios como veterano para ir a la universidad, donde conoció a Gail y se enamoró de ella. Solo once días tras acabar la carrera, Neal se casó con Gail. Muy poco tiempo después, su madre murió de complicaciones relacionadas con el alcoholismo. Tenía cincuenta y cinco años.

A lo largo de toda una vida de experiencias, Neal desarrolló la capacidad de reflexionar sobre todo lo que le sucedía y tener en cuenta sus emociones antes de actuar. Fue capaz de dar un paso atrás, reconocer sus dificultades y darse espacio para encontrar un camino por el que avanzar. Y eran habilidades que iba a necesitar. Quizá Neal había tenido una adolescencia tumultuosa y traumática y había luchado en una guerra, pero, según él, no se enfrentó al reto más complicado de su vida hasta que formó su propia familia y tuvo hijos.

NEAL SE ENFRENTA A PROBLEMAS INESPERADOS EN SU VIDA FAMILIAR

A los cincuenta y seis años, Neal «Mac» McCarthy y su esposa Gail eran los orgullosos padres de cuatro hijos, todos adultos. Todos, explicó él al estudio, eran más listos que él y mejores personas, y hacía hincapié en esto último. Su hijo e hija mayores, mellizos, habían ido a la universidad. Su hijo era ahora contador y su hija Linda (la participante de la segunda generación a quien escuchamos al principio de este capítulo) obtuvo un doctorado en Química. Este logro fascinó a Neal: Linda fue la primera doctora de su familia. Su hijo mediano se casó joven y vivía en Costa Rica. Su hija pequeña, Lucy, era una niña brillante —decía él—, con mucho potencial. De adolescente, Lucy estaba fascinada por la astrofísica y el espacio y soñaba con convertirse en ingeniera de la NASA.

—Es tan lista que da miedo —afirmó entonces Neal.

Pero, a medida que pasaron los años, Lucy se enfrentó a dificultades que ni Neal ni Gail supieron cómo llevar. Fue una niña tímida, le costaba hacer amigos y sufrió acoso en primaria. Su hogar fue su santuario y sus hermanos y hermana la cuidaron, pero su experiencia fuera de casa siguió siendo difícil. En la preparatoria, hizo pocos amigos nuevos; se limitó a empezar a saltarse clases y, sin que sus padres lo supieran durante unos cuantos años, a beber de más. Después de la preparatoria, Lucy siguió viviendo con Neal y Gail. La despidieron de varios trabajos por ausentismo y se pasaba días encerrada en su cuarto sin querer salir. Una vez la detuvieron por robar un reloj en unos grandes almacenes.

El hábito de beber de Lucy era especialmente alarmante para Neal debido a su experiencia con su madre. ¿Le había pasado a Lucy los genes de la adicción? ¿Seguiría los pasos de su madre?

La familia apoyó a Lucy lo mejor que pudo. Sus hermanos estaban disponibles para ella y su hermano mayor, Tim, llamaba a menudo para preguntar. Lucy se sentía más cómoda con él para hablar de algunas cosas y con sus padres para hablar de otras. Neal y Gail le dieron espacio, como ella prefería, pero no querían alejarse mucho. Gail se esforzó por encontrarle un terapeuta adecuado y Lucy probó unos cuantos antes de dar con uno con quien se sentía cómoda. A menudo, parecía que mejoraba, pero siempre recaía. Fue diagnosticada con depresión y empezó a medicarse. Eso ayudó, pero no solucionó del todo el problema. Sus dos hermanos mayores habían ido a la universidad y Lucy también quería hacerlo, pero, cuando llegó el momento de llenar la inscripción, no fue capaz. En lugar de eso, empezó a trabajar en restaurantes de Seattle; seguía viviendo con sus padres, aunque a veces se aventuraba a vivir sola. Una vez, cuando Lucy tenía veinticinco años, Neal pasó por la casa a mitad del día y se la encontró en la mesa de la cocina, sollozando descontroladamente, diciendo que ya no quería seguir viviendo. Él no supo qué decir, porque le dio miedo decir algo inadecuado. Canceló sus reuniones, hizo café y sándwiches y se sentó con ella. Lucy se fue llorando antes de que su madre llegara a casa.

—No sabemos qué hacer —le contó Neal al estudio—. Intentamos estar cerca de ella, pero sentimos que nos quedamos sin opciones. Me aseguro de decirle que la quiero. Ahora vive sola y yo le presto recursos cuando los necesita. Nunca quiere aceptar dinero, pero a veces tengo que insistir, porque no quiero verla viviendo en la calle. Seguramente le haya dedicado el 80 % de mi atención desde que era pequeña, debido a sus problemas, mientras que al resto de mis hijos, el otro 20 %. Nunca se quejaron, aunque sé que fue difícil para ellos. Pero así son las cosas, supongo.

Los problemas de Lucy se complicaron en su paso a la edad adulta, pero su situación contenía los mismos dilemas de desarrollo a los que se enfrentan todas las familias con adultos jóvenes: cuándo debe intervenir un progenitor y cuándo debe quedarse al margen, y qué tipo de apoyo es el mejor. Desde la perspectiva del adulto joven se ve el mismo dilema, pero reflejado en un espejo: ¿cómo obtengo lo que necesito de mis padres cuando las cosas no van bien, pero aun así sigo trabajando para ser la persona adulta que debería ser?

Todas las familias se enfrentan a retos y a veces estos problemas no tienen una solución real. Existe la idea occidental, en especial en Estados Unidos, de que deberíamos ser capaces de superar nuestros problemas. Si un problema no parece solucionable, a menudo la respuesta es dar media vuelta y olvidarlo por completo. Las posibilidades se reducen a dos: tengo que intentarlo todo o no puedo hacer nada.

Pero existe un punto medio. Hemos estado abogando por la estrategia de afrontar los problemas en lugar de evitarlos, pero afrontar un problema no siempre es lo mismo que solucionarlo. A veces, enfrentarse a la familia significa aprender cuándo no hacer nada ante situaciones o emociones incómodas y dejarnos sentir y expresar las emociones que muchos intentamos evitar. A veces, lo mejor que podemos hacer es responder de una forma menos absoluta y más flexible, como Neal y Gail lograron hacer.

Ellos estaban en una encrucijada: ¿debían hacer todo lo posible para estar cerca de Lucy y de sus problemas? ¿O debían apartarse un poco y darle espacio para hundirse o prosperar por sus propios medios? Mientras se debatían con estas preguntas, su respuesta, la mayoría de las veces, era afrontar la dificultad de Lucy en lugar de minimizarla o fingir que no era un problema. Cuando los apartaba, ellos no tiraban la toalla ni la dejaban por imposible. En lugar de eso, le daban espacio y esperaban otra oportunidad. Los hermanos de Lucy también les proporcionaron a sus padres y a ella el apoyo que necesitaban. En toda esta experiencia, incluso en momentos de gritos y peleas, el amor de la familia acababa emergiendo. Se mantuvieron flexibles, aunque ninguno era perfecto. A veces tenían que dar un paso atrás; a veces, uno adelante. Pero nunca se dieron la espalda.

Aun así, como muchos en su situación, Neal no pudo evitar preguntarse si algo de lo que hacía era la estrategia correcta. Era difícil saber si estaban haciendo bien las cosas y le preocupaba estar contribuyendo a los problemas de Lucy.

—¿Puedo preguntarte tu opinión profesional? —le preguntó una vez Neal al entrevistador del estudio, treinta años más joven, al hablar sobre su hija—. ¿Hay algo más que pueda hacer por ella? ¿Crees que hice algo mal?

Es natural sentirse responsable de los fracasos de nuestros hijos, así como de sus éxitos, aunque estén en gran parte fuera de nuestro control. Los padres a menudo se enfrentan a sentimientos de culpa cuando sus hijos tienen problemas. A veces, esa culpa se convierte en una razón más para alejarse de las complicaciones: no somos capaces de gestionar esas emociones. Fue un acto de valentía por parte de Neal pronunciar en voz alta la pregunta que muchos padres se hacen cuando sus hijos tienen problemas en la vida: ¿es culpa mía?

Neal nunca logró responderla del todo; siguió planteándosela incluso cuando Lucy tenía ya más de treinta y de cuarenta años y experimentaba altibajos, vivía temporadas en la calle y se debatía con su adicción.

Es verdad que la infancia importa y que la crianza también, pero no hay un único elemento en la vida de una persona que moldee por completo su futuro. Los padres no pueden ni ponerse todas las medallas ni asumir toda la culpa que creen que merecen por la forma en que acaban siendo sus hijos. Naturaleza y educación, herencia y entorno, crianza y padres: todo está estrechamente ligado y todo sirvió para convertirnos en los adultos que somos hoy en día. Encontrar un motivo definitivo que explique por qué alguien en concreto tiene los problemas que tiene no siempre es posible. Lo único que podemos hacer es asumir nuestras emociones, como hizo Neal, con toda la valentía posible, y responder a ellas de la mejor manera que sepamos.

EXPERIENCIAS CORRECTORAS (Y EMPEZAR AHORA)

Entonces, ¿qué hacemos si nuestras experiencias en la infancia fueron increíblemente duras o incluso traumáticas? ¿Hay esperanza para quienes, a diferencia de Neal, solo tuvieron problemas cuando eran jóvenes?

La respuesta es un sí lleno de empatía. Hay esperanza. Y esto aplica para cualquiera, da igual que tus experiencias difíciles fueran en el pasado o en la actualidad. La infancia no es el único momento vital en el que las experiencias nos moldean. Todo lo que experimentamos, en todo momento, puede cambiar lo que esperamos de los demás. Sucede a menudo que una experiencia positiva potente tiene un efecto corrector sobre una experiencia negativa anterior. Si crecimos con un padre dominante, puede que más adelante nos hagamos muy amigos de alguien cuyo padre se comporta de modo completamente distinto. Como el padre de nuestro amigo no cumple con nuestras peores expectativas, nuestro punto de vista puede variar sutilmente. Y puede que ahora nos mostremos más abiertos a otras posibilidades.

Vivimos este tipo de experiencias constantemente, seamos o no conscientes de ello. La vida, de algún modo, es una oportunidad prolongada de tener experiencias correctoras. Encontrar la pareja adecuada, por ejemplo, puede hacer mucho por corregir las ideas preconcebidas y las expectativas que desarrollamos en la infancia. La terapia también puede ayudar, en parte por la conexión con un adulto consistente y cariñoso.

Las experiencias correctoras tampoco son solo cuestión de suerte. Las oportunidades para cambiar nuestro punto de vista sobre el mundo surgen todo el tiempo, pero la mayoría de las veces no nos percatamos de ellas. A menudo estamos demasiado centrados en nuestras expectativas y opiniones para permitir que penetren las sutiles realidades de dichas oportunidades. Pero hay un par de cosas sencillas (¡aunque difíciles!) que podemos hacer para incrementar nuestra capacidad de ver lo que está sucediendo en realidad y, por tanto, aumentar nuestras posibilidades de beneficiarnos de la experiencia correctora.

En primer lugar, podemos sintonizarnos con los sentimientos difíciles en lugar de intentar ignorarlos. Enfrentarse a los retos implica, en parte, considerar información útil nuestras reacciones emocionales y no algo que hay que apartar.

En segundo lugar, podemos detectar cuándo estamos teniendo experiencias que son más positivas de lo esperado. Quizá durante una reunión familiar que estuvimos temiendo durante meses podemos pararnos un momento y reconocer que, contra todo pronóstico, nos la estamos pasando bien.

En tercer lugar, podemos intentar «descubrir» a los demás comportándose bien, tal y como propusimos hacer anteriormente en las parejas. A la mayoría se nos da muy bien detectar cuando la gente se comporta mal, pero no tanto cuando lo hace bien. En la carretera, los buenos conductores se confunden con el paisaje, pero los malos saltan a la vista. Aprendemos a esperar que la gente conduzca mal para estar preparados cuando suceda. Y lo mismo pasa con la vida. De vez en cuando, intenta fijarte en los buenos conductores, en la buena gente.

El abordaje final y más poderoso es sencillamente estar abierto a la posibilidad de que la gente se comporte de un modo distinto al que esperamos. Cuanto más preparados estemos para que la gente nos sorprenda, más probable será que detectemos cuándo algo no se ajusta a nuestras expectativas. Hacer esto es especialmente importante en el seno de nuestras familias.

CONFRONTAR NUESTRAS PERSPECTIVAS FAMILIARES ACTUALES

En todas las familias se desarrollan imágenes de los demás que, después, nos dedicamos a confirmar una y otra vez: mi hermana mayor es una mandona... Mi padre siempre me la hace pasar mal... Mi marido nunca se fija en nada...

Esto es lo que denominamos la trampa del «Tú siempre/Tú nunca». Nuestra experiencia familiar empieza tan temprano que nuestras expectativas sobre las relaciones se nos quedan profundamente impresas y cualquier cosa que pase, por sutil que sea, a menudo queda atrapada en esa huella antigua. Hay que recordar que a medida que crecemos y cambiamos, nuestros familiares también lo hacen; cuando no les concedemos el beneficio de la duda, puede que nos estemos perdiendo esos cambios.

«Mi padre me llamó hoy. Siempre espera que sea yo quien lo haga, así que es un gran paso para él».

«Mi hija ayudó esta tarde a su hermano con las tareas. No esperaba que lo hiciera, así que me aseguraré de darle las gracias».

«Mi suegra no siempre está ahí cuando la necesito, pero hace poco, cuando mi hijo enfermó, vino a cuidarlo. Parece que se esfuerza y eso me parece importante».

En el capítulo cinco mencionamos una instrucción de meditación que es útil para mejorar nuestra capacidad cotidiana de fijarnos y prestar atención al mundo y esa meditación es igual de útil cuando interactuamos con nuestras familias. Se trata de plantearnos la pregunta: ¿qué hay aquí que no había visto antes? Se puede plantear sobre una relación con la misma facilidad que sobre un entorno. ¿Qué está pasando en mi relación con esta persona que no había visto hasta ahora? ¿Qué me estuve perdiendo?

Cuando vayas a la comida de Navidad y te tengas que sentar al lado de tu cuñado, que no deja de insistir en que todo el mundo debería aprender lenguaje de programación, o te encuentres acorralado por tu tía, que quiere contártelo todo sobre sus perritos, intenta convertir esta pregunta en un mantra, al menos durante los primeros minutos (uno llega a lo que llega): «¿Qué hay en esta persona que no había visto antes?». Quizá te sorprenda lo que descubras.

De algo podemos estar seguros: nunca conoceremos del todo a nadie con quien nos crucemos en la vida. Siempre queda algo por descubrir. Conquistar estos hallazgos y tomárnoslos en serio puede corregir a veces sesgos que estuvieron asfixiando nuestras relaciones con las personas que hace más tiempo que conocemos: nuestros familiares.

RELACIONES FAMILIARES: POR QUÉ VALE LA PENA EL ESFUERZO

A veces parece que nuestras familias son más permanentes de lo que lo son en realidad; creemos que estarán siempre con nosotros y serán igual que ahora. Pero, a medida que cada miembro pasa a una nueva etapa vital, nuestros roles cambian y, a menudo, cuando esto sucede es cuando empezamos a detectar el desarrollo de problemas familiares. Los adolescentes no necesitan que estemos tan encima de ellos como cuando tenían dos años. Los padres o abuelos necesitan más ayuda a partir de los ochenta que a partir de los sesenta. Las madres recientes necesitan recibir apoyo, pero no consejos, de algún miembro de la familia. A veces, tenemos que preguntarnos: ¿cuál es el rol apropiado para mí en relación con esta persona en esta etapa concreta de nuestra vida familiar?

Cada uno tiene conocimientos, habilidades y experiencias distintos y se puede recurrir a estas formas de «riqueza» familiar cuando acontecen cambios. Tu hermano, que sufrió acoso de niño, puede ayudar a tu hijo pequeño, que está viviendo la misma experiencia. Pero para aprovechar esta riqueza hay que estar en contacto. Y quizá tendremos que solicitar esa ayuda, pedir que haya un cambio de roles.

Además de las nuevas dificultades que comporta el cambio de roles, las familias pueden separarse con el paso del tiempo, por motivos grandes y pequeños. Hasta un desacuerdo minúsculo puede conducir a una distancia que acabe cercenando una importante relación familiar. Cuando un miembro se muda lejos, la complicación de hacer visitas puede provocar que las reuniones de todos los demás escaseen. Recuerda la ecuación del capítulo cuatro sobre cuánto tiempo le queda a la relación; en el caso de un familiar que apenas nos visita, el tiempo con él puede sumar solo unos pocos días en el resto de nuestras vidas. Mantenerse en contacto requiere esfuerzo. Si el motivo de la desconexión no es geográfico, sino emocional, mantenerlo puede implicar desarrollar el deseo de afrontar sentimientos de culpa, tristeza y resentimiento.

El complejo entramado emocional de cada familia es único en aspectos muy importantes y nuestra familia nos afecta de formas que otros vínculos no. Las familias comparten historia, experiencias y sangre como ninguna otra relación. No podemos sustituir a alguien a quien hemos conocido toda la vida. Y, lo que es más importante, no podemos sustituir a alguien que nos ha conocido toda la vida. Vale la pena, a pesar de las dificultades, alimentar y enriquecer estas relaciones, perseverar y apreciar las cosas positivas que obtenemos de ellas. Bob recuerda una época en la que la pasó mal de joven porque estaba realmente enojado con sus padres. Entonces, un tío suyo habló con él a solas. «Sé que estás molesto —le dijo—. Pero recuerda que nunca nadie se va a preocupar tanto por ti como ellos».

EL CAMINO POR DELANTE

En páginas anteriores de este capítulo ofrecimos algunas pistas para abrirnos a las experiencias correctoras inesperadas que pueden sucedernos con nuestros familiares cuando menos nos lo esperamos. Pero también podemos ser proactivos a la hora de reforzar estos lazos. Por supuesto, lo que funciona con una familia puede no hacerlo con otra. Pero hay algunos principios generales que pueden ayudar a cultivar lazos fuertes tanto con la familia cercana como con la más lejana. Estas son algunas cosas que vale la pena probar:

En primer lugar, empieza por ti. ¿Qué reacciones automáticas tienes con los miembros de tu familia? ¿Los juzgas basándote en experiencias anteriores y niegas así la oportunidad de que suceda algo distinto?

Una cosa sencilla que todos podemos hacer es detectar cuándo queremos que alguien sea distinto de como es. Podemos preguntarnos: ¿qué pasaría si dejo que esta persona sea ella misma sin juzgarla? ¿En qué cambiaria este momento? Reconocer a la otra persona como es y aceptarla puede hacer mucho por profundizar una conexión.

En segundo lugar, las rutinas son importantes. Mencionamos en el capítulo siete que una forma de dar vida a las relaciones íntimas es salirse de la rutina. Aunque romperla puede ser maravilloso para las familias que están atascadas en el abatimiento, la realidad es que las relaciones familiares a menudo se definen por sus contactos regulares. Esto se aplica a las familias que comparten techo, pero sobre todo a las que no. Los encuentros constantes, las cenas, las llamadas y los mensajes: todo junto sirve para mantener unida a la familia. A medida que la vida cambia y se complica, encontrar nuevos rituales puede ayudar a mantener activas las conexiones familiares cuando de otro modo sería imposible. El contacto regular solía ser más habitual mediante las celebraciones religiosas como bautismos, ramadán y bar/bat mitzvás. Esto sigue siendo así, pero a medida que el mundo se seculariza, a algunas familias les cuesta buscar sustitutos para estos eventos.

Aquí es donde pueden ser de ayuda las redes sociales. Algunas familias que, de otro modo, se separarían, harán bien en crear un contacto regular en línea. Los programas informáticos de videoconferencia son especialmente buenos, porque nos permiten comunicarnos también mediante las expresiones faciales y el lenguaje no verbal. En especial durante los confinamientos por la pandemia de covid-19, las videoconferencias fueron un salvavidas para muchas familias.

Sin embargo, debemos recordar que siempre existe el peligro de que confiar solo en las redes sociales y las videollamadas nos cree la ilusión de que mantenemos un contacto significativo cuando este, en realidad, es más bien superficial. Cuando dos personas están físicamente presentes la una con la otra, se establecen corrientes de sentimientos misteriosos y sutiles. Las conversaciones íntimas a altas horas de la noche que Rachel DeMarco explicó que tenía con su padre, Leo, en el capítulo cinco puede que no habrían tenido lugar si ella no hubiera estado con él en la misma habitación, con la luz tenue y el gato familiar sobre el regazo.

Puede que también haya oportunidades de conectar con nuestra familia directa durante la rutina diaria que estemos pasando por alto. Una de las más potentes es también una de las más sencillas y antiguas: las cenas familiares.

Cualquier excusa es buena para juntarse y hablar con la familia, pero hay pruebas de que esta en concreto es especialmente beneficiosa para los niños.[14] Los investigadores hallaron que cenar regularmente en familia se asocia con mejores calificaciones promedio en los niños y con una mayor autoestima, además de con una tasa inferior de abuso de sustancias, embarazos adolescentes y depresión. También hay pruebas de que comer en casa a menudo conlleva unos hábitos de dieta más sanos. Algunas culturas ponen las comidas en el centro de la vida familiar, pero en el mundo occidental las personas comen solas más que nunca. Los adultos estadounidenses, por ejemplo, hacen la mitad de sus comidas solos.[15] Son un montón de oportunidades de conexión perdidas. Las cenas familiares son una oportunidad regular de ver cómo está todo el mundo y mantenerse al día de las vidas del resto de los miembros de la familia. Incluso aunque a algunos les moleste la rutina, puede tener el importante efecto de que todo el mundo sienta que no está solo. Los adultos pueden ser un modelo para los niños pequeños a la hora de turnarse en una conversación, compartir experiencias y escuchar las de los demás con curiosidad y los adultos pueden aprender de los niños las nuevas modas culturales. Y no subestimemos la importancia de estar juntos, aunque la conversación no siempre sea maravillosa. A veces la información importante no se transmite mediante lo que dice un familiar, sino por la sensación de estar en la misma estancia. Los mensajes de texto y los gritos de habitación a habitación no pueden competir con lo que comunicamos en solo quince minutos de sentarnos a la misma mesa. Si el horario de tu familia no permite hacer este tipo de cenas, los desayunos pueden tener la misma función. Todos los humanos necesitan comer. Deberíamos hacerlo juntos tan a menudo como nos sea posible.

Por último, recordemos que todos los miembros de la familia tienen tesoros escondidos, cosas únicas que solo ellos pueden aportar a los demás, pero que pueden estar ocultas a plena vista. Piensa, por ejemplo, en los abuelos, que acumulan vidas enteras de experiencia. Su conocimiento de la identidad generacional —de cómo los miembros de la familia superaron grandes problemas en el pasado— y de la historia familiar pueden proporcionarnos perspectivas sobre el momento presente que no tendríamos de cualquier otro modo. Las historias familiares son importantes para establecer y mantener conexiones.[16] ¿Qué preguntas quieres hacerles a los miembros más mayores de tu familia antes de que sea demasiado tarde? ¿Qué quieres compartir con tus hijos? Pedirles a los parientes más mayores que cuenten historias familiares es una forma de mantener la conexión. Los videos cortos, las películas y las fotografías también pueden ser muy importantes, sobre todo cuando alguien ya falleció. Constantemente surgen nuevas formas de preservar la historia y las conexiones familiares, y beneficiarnos de ellas es una buena idea.

Pero no solo las generaciones más mayores guardan recuerdos valiosos. Si tienes hermanos, sus recuerdos de cuando eran pequeños pueden enriquecer los tuyos. Si tus hijos son mayores, preguntarles qué recuerdan de su infancia puede proporcionarte una nueva perspectiva de ellos y de tus propias experiencias como padre. Los recuerdos compartidos profundizan las conexiones.

En cierto modo, el Estudio Harvard es un experimento masivo de estos diálogos familiares. Cuando abrimos un expediente individual y sentimos esa nostalgia —como la de observar un álbum de fotos familiar—, lo hacemos con ánimo investigador. Pero no se obtiene financiación ni apoyo por parte de instituciones académicas por desenterrar tesoros familiares. Hace falta curiosidad y tiempo. Quizá encuentres sorpresas, buenas y malas, que enriquezcan tu comprensión de tu familia.

Los hijos de Neal McCarthy se aprovecharon de sus recuerdos y tuvieron distintas conversaciones con su padre sobre su vida temprana. No les contó todo —al menos, no todo lo que contó al

Estudio Harvard—, pero sí les contó lo suficiente para que supieran que había vivido tanto momentos maravillosos como otros tremendamente durísimos.

Al final, lo más importante es algo que ellos vieron de primera mano: cuando formó su propia familia, no huyó de las dificultades, no perpetuó las cosas que complicaron su infancia y les hizo a sus seres queridos el regalo de su presencia constante. Aunque cometiera errores, nunca se lavó las manos. Estuvo ahí. Cuando le preguntamos qué consejo le daría a la siguiente generación, su hija Linda dio una respuesta inspirada por su padre: «Yo les diría que nunca olviden de qué se trata en realidad la vida. No se trata de cuánto dinero ganas. Eso lo aprendí de mi padre. Se trata de la persona que fue él para mí, para mi hijo, para mis hermanas y mi hermano, para sus siete nietos. Si yo puedo llegar a ser la mitad de eso, ya estará bien».

9

LA BUENA VIDA EN EL TRABAJO

Invertir en conexiones

> Juzga tus días no por la cosecha que recoges, sino por las semillas que plantas.
>
> WILLIAM ARTHUR WARD[1]

Cuestionario del Estudio Harvard, 1979:

```
P: Si pudieras dejar de trabajar sin perder tus ingresos, ¿lo
harías? ¿Qué harías en lugar de trabajar?
```

Durante las últimas veinticuatro horas, miles de millones de personas de todo el mundo se levantaron de la cama para ir a trabajar. Algunas se dirigen a trabajos que desearon desempeñar durante toda su vida, pero la mayoría no habrá podido elegir, o muy poco, qué trabajo hacen o la cantidad de dinero que ganan. El propósito de trabajar, para la mayoría de las personas, es sobre todo mantenerse a sí mismos y a sus familias. Henry Keane, uno de los participantes en el Estudio Harvard de los barrios marginales de Boston, trabajó en una fábrica de automóviles de Michigan la mayor parte de su vida, no porque le encantara construir coches, sino porque esto le permitía llevar una vida digna. Creció siendo pobre y empezó a trabajar muy pronto. No tuvo los mismos privilegios que los hombres que estudiaron en Harvard, como John Marsden (capítulo dos) o Sterling Ainsley (capítulo cuatro), y no ganó tanto dinero como ellos. Sin embargo, Henry fue más feliz que John o Sterling según todas las mediciones. Al igual que Henry, la mayoría de los participantes en el estudio de los barrios marginales no pudieron elegir mucho a qué iban a dedicarse e hicieron trabajos pesados, ganaron menos dinero y se jubilaron a una edad más avanzada que los hombres de Harvard. Estos elementos de su vida laboral tuvieron sin duda consecuencias sobre su salud y su capacidad de prosperar. Aun así, los salarios más altos y el mejor estatus de los participantes formados en Harvard no les garantizó una vida próspera. Hay muchos participantes del estudio que desempeñaron «trabajos de ensueño», desde investigadores médicos a escritores de éxito o corredores de bolsa ricos de Wall Street, que, sin embargo, fueron infelices en sus entornos laborales. Y hay participantes de los barrios marginales que tenían trabajos «poco importantes» o difíciles que les dieron grandes satisfacciones y aportaron sentido a sus vidas. ¿Por qué? ¿Cuál es la pieza que falta en este análisis?

En este capítulo nos vamos a centrar en un aspecto importante del trabajo para muchos de nosotros, independientemente de a qué nos dediquemos, y que se pasa por alto a menudo: el impacto que las relaciones laborales tienen en nuestra vida. No solo porque sean importantes para nuestro bienestar, como ya comentamos, sino también porque son un aspecto de nuestro ámbito laboral sobre el que tenemos algo de control y que tiene el potencial de mejorar nuestra experiencia diaria inmediatamente. Quizá no siempre podamos elegir qué hacemos para ganarnos la vida, pero conseguir que el empleo nos favorezca puede ser más posible de lo que creemos.

DOS DÍAS EN LA VIDA

Vamos a imaginar dos días en la vida de una trabajadora, llamémosla Loren, que está experimentando una serie de dificultades que los dos autores vemos a menudo, tanto en las vidas de los participantes en la investigación como en nuestra práctica clínica.

Durante los últimos seis meses, Loren estuvo trabajando en un departamento de facturación que gestiona varias consultas médicas. Sus compañeros, que ocupan cubículos alrededor del suyo, son buena gente, pero no los conoce mucho. Su mayor deseo todos los días es salir del trabajo e irse a casa, donde la espera una serie de problemas completamente distinta. Por desgracia, salir del trabajo a su hora fue difícil últimamente, porque su empresa se hizo cargo de nuevos clientes y hace meses que el supervisor de Loren le pasa a ella su trabajo, le pone plazos poco realistas y la culpa de trabajar demasiado despacio. Hoy su supervisor salió una hora antes de su horario. Ella, dos horas después.

Al llegar a casa, su marido y sus dos hijas, de nueve y trece años, están cenando. Pizza. Por tercera vez esta semana. A ella le gusta hacer la cena, le gusta el trajín y ponerse al día con sus hijas mientras cocina, pero esta semana no pudo ser y la estrategia de su marido es esforzarse lo mínimo. Ella siempre le dice que, al menos, haga una ensalada. Pero no lo hizo. Loren no dice nada.

Agotada y con la mente a mil por hora, sin cambiarse siquiera de ropa, se sienta con ellos para pasar unos pocos minutos en familia.

Sus hijas le hablan un rato de la escuela, pero apenas las escucha. Su marido está mirando el teléfono. Ya le mencionó antes la posibilidad de buscar otro empleo; él está de acuerdo, pero nada cambió desde entonces y ella no tiene energía para volver a sacar el tema esta noche. Está pensando en todo lo que tiene pendiente en el trabajo y en que es probable que mañana también tenga que quedarse hasta tarde. Su hija mayor le pregunta si puede llevarla este fin de semana en coche a Minneapolis para comprar... Loren la detiene. «Ya hablaremos de eso el viernes —le dice—, cuando vuelva a funcionarme el cerebro». Al acabarse la pizza, todos se levantan de la mesa. No le dejaron ni un poco. Se come un trozo de borde abandonado en un plato y se hace un tazón de sopa. Fue un día como otro cualquiera. Mañana todo volverá a empezar.

Tiene sentido que pensemos en nuestra vida laboral y personal como entes separados. Como Loren, muchos sentimos que ambas existen en esferas completamente separadas de la experiencia. Trabajamos para vivir. Incluso quienes tenemos la suerte de trabajar en algo que nos apasiona, a menudo pensamos que ambas esferas están separadas y nos cuesta encontrar el equilibrio correcto entre vida y trabajo.

¿Nos estamos perdiendo algo? ¿Nos ayuda esta separación que percibimos entre trabajo y ocio en nuestra búsqueda de una buena vida? ¿O es un obstáculo? ¿Y si el valor del trabajo, incluso del que no nos gusta, no reside únicamente en que nos paguen, sino también en las sensaciones momento a momento de estar vivos en el lugar de trabajo y la sensación de vitalidad que obtenemos del estar conectados con otros? ¿Y si el día laboral más corriente nos presentara oportunidades reales de mejorar nuestras vidas y nuestra sensación de estar vinculados con un mundo más amplio?

Al día siguiente, Javier, un compañero de trabajo de Loren, parece estresado. Más que ella, incluso. Está sentado a su mesa con los audífonos puestos, pero ella lo oye suspirar y ve que no deja de mirar el celular. Loren y Javier no tienen mucha confianza, pero ella le pregunta si está todo bien.

Ayer tuvo un accidente de coche. Fue culpa suya. Nadie se hizo daño, pero el coche quedó mal y su seguro solo aplica a terceros.

No puede permitirse un coche nuevo ni reparar el que tiene y lo necesita, porque vive demasiado lejos de la oficina. Hoy lo trajo su compañero de departamento, aunque solo es una solución temporal.

—¿Pero el coche arranca?

—A duras penas: no puedo ir con él por la autopista.

—Mi marido es mecánico y trabaja en competencias. Si puedes traerlo a mi casa, él te lo puede arreglar barato, al menos para que puedas conducirlo.

—No creo que me lo pueda permitir.

—Te saldrá barato, o gratis, si te da igual el aspecto que tenga. Quizá te tocará comprar un par de piezas y una caja de cerveza. Confía en mí, mi marido podría construir un coche con lo que sacara de un contenedor de basura. Tú tráelo. Él lo hará por mí.

Tienen una conversación de verdad por primera vez. Llevan meses trabajando uno al lado del otro, pero habían asumido que no tenían nada en común. Ella es quince años mayor, a él le gustan los videojuegos y, en general, cada uno se dedicó a lo suyo. Loren menciona lo mucho que le cuesta sacar el trabajo. Javier participa regularmente en los foros en línea donde se habla de lo obsoletos que están los programas informáticos que usan. Él le pregunta qué le está dando problemas y detecta enseguida que una parte clave de su trabajo puede automatizarse usando el programa.

—Déjame un momento —le dice, y se sienta en su sitio. Diez minutos después, el programa informático está haciendo un trabajo que a ella le habría llevado horas completar. Loren casi se echa a llorar de alivio.

Resulta que ambos tienen problemas con el sistema de archivo físico, que ocupa toda una pared de la oficina y que a veces les dificulta el trabajo. Javier le explica que hace poco trabajó en una oficina parecida donde archivaban de otra forma.

Juntos hablan con el jefe y lo convencen de que un cambio en el sistema de archivo mejoraría mucho la productividad. El jefe está de acuerdo con ellos y los pone a desarrollar un plan para llevarlo a cabo sin que esto afecte al resto del trabajo. Habrá que hacerlo por fases, después del horario laboral, y será mucho trabajo. Pero, si les aprueban el plan, les pagarán las horas extras.

Al día siguiente, cuando Loren llega a la oficina, se encuentra con una bolsa de papel. Contiene una hogaza de pan de masa madre. La familia de Javier lleva generaciones usando esa misma masa. A ella le sorprende que un chico tan joven se haga su propio pan.

—Y si te gusta, te traeré más —le dice él.

Esa noche, Loren acaba saliendo un poco tarde otra vez, pero no tanto como venía haciendo, así que llama a su marido y le dice que la espere para cenar. Hará unos bocadillos con el pan.

En esta historia pasaron unas cuantas cosas importantes. En primer lugar, Loren convirtió a un compañero de trabajo en un amigo inesperado. El trabajo en equipo que fluyó a partir de esa conexión amistosa, la experiencia compartida, redujo inmediatamente su nivel de estrés. Ahora estaban juntos en las trincheras. Ella no solo sintió alivio al recibir ayuda: también lo hizo al ofrecerla.

En segundo lugar, surgió un proyecto con sentido. Esto animó la rutina diaria y los resultados del proyecto mejorarían y facilitarían su entorno laboral. Ahora era una participante activa en el entorno de su oficina y trabajaba para conseguir un objetivo que ella misma había diseñado. Los sucesos que vinieron a continuación también conectaron un logro con una relación. Esto es crucial. Los logros tienen más sentido cuando son relacionales. Cuando lo que hacemos le importa a otra persona, nos importa más a nosotros. Quizá logremos algo como equipo que nos proporcione una sensación de pertenencia, como Loren y Javier, o quizá llevemos algo a cabo que beneficie directamente a los demás; ambas cosas son una forma de beneficio social. También está la satisfacción que obtenemos de compartir nuestro éxito personal con amigos y familia: otro beneficio.

Por último, la amistad creciente de Loren con Javier creó la posibilidad de que su trabajo se convirtiera en una pieza significativa de su vida. La oferta de pedir ayuda a su marido y el regalo del pan pueden parecer gestos aislados, pero, de hecho, abren una importante puerta entre dos mundos, una puerta que permite que elementos positivos fluyan de la vida al trabajo y viceversa.

Casi nunca podemos elegir a nuestros compañeros de trabajo. Pero, aunque eso pueda parecer un inconveniente, también crea nuevas oportunidades para personas que, tal vez, fuera del trabajo jamás habrían forjado esas relaciones únicas, así como para crear una forma de entendimiento que no sería posible de otra manera. A pesar de las diferencias, los compañeros de trabajo como Javier y Loren pueden experimentar una unión mental.

¿EL TRABAJO O LA VIDA? ¿O SOLO… LA VIDA?

En todo el mundo, los adultos pasan una gran parte de sus vidas trabajando. Existen diferencias entre países debido a factores económicos, culturales y demás, pero, independientemente del territorio, el trabajo sigue ocupando una parte importante de las horas de vigilia de la mayoría de las personas.

En promedio, los trabajadores de Reino Unido no son los que más horas hacen al año (entre los sesenta y seis países encuestados en 2017, ese título corresponde a Camboya), pero tampoco los que menos (ese sería Alemania), de modo que los individuos de Reino Unido son buenos ejemplos de trabajador promedio.[2] Cuando el trabajador promedio de esta nación alcanza los ochenta años, habrá pasado 8 800 horas socializando con sus amigos, unas 9 500 horas en actividades con una pareja íntima y más de 112 000 horas (¡trece años!) en el trabajo.[3] La población de Estados Unidos distribuye su tiempo de forma similar. El 63 % de los estadounidenses de más de dieciséis años forma parte de la fuerza laboral y hay muchos más que llevan a cabo importantes tareas no remuneradas, como criar hijos y cuidar de seres queridos.[4] Esto suma cientos de millones de horas de trabajo todos los días.

Cuando tienen entre setenta y noventa años, algunos participantes en el Estudio Harvard expresan arrepentimiento por todo el tiempo dedicado al trabajo. Existe un cliché que dice que, en su lecho de muerte, nadie desea haber pasado más tiempo en la oficina. Y es un cliché por algo: porque a menudo es cierto.

> Ojalá hubiera pasado más tiempo con mi familia. Trabajé mucho, como mi padre, que era un adicto al trabajo. Ahora me preocupa el hecho de que mi hijo también lo es.
>
> James, ochenta y un años.

> Ojalá hubiera pasado más tiempo con mis hijos y menos en el trabajo.
>
> Lydia, setenta y ocho años.

> Seguramente trabajé más de lo que debía. Lo hice bien, pero me entregué mucho. No tomaba vacaciones. Me entregué demasiado.
>
> Gary, ochenta años.

Esto es un problema para muchos de nosotros. Tenemos que trabajar para mantener a nuestras familias, pero el trabajo nos aleja de ellas. Uno esperaría que un libro como este abogara por alejarnos del trabajo para centrarnos más en la familia y las relaciones y, en muchos casos, trabajar menos puede ser exactamente lo que uno necesita. Pero la complicada interacción entre trabajo, ocio, relaciones, vida familiar y bienestar sugiere más matices para la solución. El tiempo que pasamos en el trabajo afecta al que pasamos en el hogar, el tiempo que pasamos en el hogar afecta al que pasamos en el trabajo y, en ambos sitios, son nuestras relaciones las que forjan las bases de la interacción. Cuando hay un desequilibrio, la fuente a veces se encuentra en nuestra forma de prestar atención a las relaciones a un lado y al otro.

Michael Dawkins, ingeniero de la construcción y participante en el estudio, experimentó eso tan habitual de arrepentirse de la cantidad de tiempo dedicado al trabajo, a pesar de que se enorgullecía mucho de él y lo consideraba el propósito central de su vida.

—Amo crear y aprender cosas nuevas y ver cambios en mí mismo —dijo—. Encuentro sentido en acabar proyectos y en el reconocimiento que obtengo por lo que hago. Me hace sentir bien.

Y, aun así, lamentaba su forma de pasar el tiempo familiar y los efectos que el compromiso con su trabajo tenía en su matrimonio.

—No siempre te percatas de lo que te perdiste —dijo—. Incluso cuando estás en casa, estás preocupado. Un día abres los ojos y te das cuenta de que ya es tarde.

Pero otros participantes igual de entregados a su trabajo fueron capaces de prosperar entre las brumas de tanta complejidad. Veamos a Henry Keane. Aunque nunca habló mucho en el estudio de los coches que fabricaba, sí lo hizo a menudo de lo mucho que le gustaba el compañerismo que vivía en el trabajo; para él, sus compañeros eran su otra familia. Su esposa, Rosa, que trabajó treinta años como funcionaria del Ayuntamiento, sentía lo mismo por los suyos y ambos hacían enormes barbacoas para todos sus conocidos de ambos trabajos. Es difícil imaginar que de esas barbacoas no surgiera, al menos, una nueva pareja feliz.

O veamos a Leo DeMarco, nuestro profesor de preparatoria, que rechazó varios ascensos a puestos administrativos para poder seguir dando clases porque sus conexiones con los alumnos y con otros profesores le proporcionaban mucha alegría. Su familia deseaba a menudo que hubiera pasado más tiempo en casa, pero, cuando estaban juntos, era tiempo de calidad y la fortaleza de su conexión era innegable.

Rebecca Taylor, una de las participantes del Student Council Study, tuvo otra experiencia igualmente habitual de esta compleja interacción entre trabajo, hogar y relaciones. A los cuarenta y seis años, las circunstancias la acorralaron y se vio inmersa en problemas. Recién divorciada, después de que su marido abandonara súbitamente a la familia, estaba criando a dos hijos y trabajando de tiempo completo como enfermera en un hospital de Illinois. Su hijo, de diez años, y su hija, de quince, estaban devastados por el abandono de su padre y Rebecca se esforzaba por proporcionar algo de estabilidad en su ausencia. Pero, entre sus esfuerzos en casa y sus responsabilidades en el trabajo, se veía constantemente sobrepasada. Parecía que no tenía tiempo para nada.

—Haga lo que haga, intento hacerlo lo mejor posible —le contó a un entrevistador dos años después de que su esposo se fuera de casa—, pero ahora mismo lo único que hago es mantenerme a flote. Estuve yendo a clase tres veces por semana para obtener certificaciones adicionales, así que cuando llego a casa solo tengo tiempo de hacer la cena, estudiar y hacer alguna tarea del hogar antes de meterme a la cama. No dedico tiempo a los niños. Sé que ellos notan lo estresada que estoy y eso no ayuda. Pero ahora mismo es mi trabajo lo que define mi vida. Tiene que ser así, lo necesito económicamente. No es tan nefasto; tampoco quiero montar un drama. Pero es un no parar y voy muy justa de dinero. A veces me entran ganas de mandarlo todo a volar.

Pero los hijos de Rebecca estaban a su lado y le proporcionaban un poco de aliento en lo que ella sentía que era una situación imposible.

—A veces llego a casa y pusieron la lavadora, sacaron la basura y empezaron a hacer la cena. En eso son los dos muy proactivos. Saben que estamos juntos en esto. Es un alivio que sea así, porque eso nos une más. Mi hijo solo tiene diez años y a pesar de todo lo que está pasando continúa muy apegado a mí. Me sigue a todas partes cuando llego a casa y nos ponemos al día. No para de hablar. Yo hago todo lo posible por escucharlo. Pero a veces me cuesta, sobre todo si tuve un día difícil.

Los efectos colaterales del trabajo en nuestro hogar son una preocupación muy habitual. Todos tenemos malos días en el trabajo. Un desacuerdo con un compañero, una falta de reconocimiento, sentirse menospreciado por motivos de género o de otro elemento de nuestra identidad, que nos pidan cosas imposibles: todo esto puede generar emociones negativas que nos llevamos puestas cuando salimos del trabajo para regresar a casa. O, si nuestra tarea principal es estar en casa con los niños, las emociones negativas pueden perdurar después de acostarlos, cuando ponemos fin por hoy a nuestra inacabable lista de tareas.

¿Qué efecto tienen en otras esferas de nuestra vida estas corrientes emocionales diarias que emergen del entorno laboral? Puede que nuestras parejas y nuestros familiares solo sepan por encima cómo nos sentimos cuando salimos del trabajo, pero a menudo son quienes se llevan la peor parte.

VOLVER A CASA DE MAL HUMOR

En la década de 1990, cuando su relación con la que acabaría siendo su esposa se estaba poniendo seria, Marc empezó a preocuparse por el equilibrio entre su trabajo y su vida. Estaba trabajando más que nunca y le preocupaba no solo estar perdiéndose momentos con la gente a quien más quería, sino también que los que compartía con ellos se vieran afectados por emociones derivadas de su trabajo.

Inspirado por estas preocupaciones personales, como suele suceder en la investigación psicológica, Marc empezó a usar su tiempo laboral para investigar... el tiempo que pasamos en el trabajo y su conexión con el resto de nuestra vida. Llevó a cabo un estudio para intentar cuantificar los efectos de un mal día de trabajo en las relaciones íntimas.[5]

Durante varios días, parejas estables con hijos pequeños llenaron cuestionarios al final de su jornada laboral y antes de irse a dormir. El estudio estaba diseñado para arrojar algo de luz sobre una pregunta: cuando volvemos a casa de mal humor, ¿cómo afecta esto a nuestras interacciones con nuestras parejas íntimas?

Los hallazgos no sorprenderán a muchos: los malos días en el trabajo estaban relacionados con cambios en sus interacciones nocturnas. En el caso de las mujeres, un mal día de trabajo se relacionaba sobre todo con un comportamiento más enojado; en el de los hombres, sobre todo, con alejarse emocionalmente de su pareja.

Unos cuantos participantes, especialmente hombres, mencionaron que a menudo dejaban el estrés del trabajo en la oficina. Pero el estudio mostraba que incluso si crees que dejas los temas de trabajo en el trabajo, tus emociones permanecen de formas que no siempre reconoces. Una respuesta seca a una pregunta inocente, desconectarse frente a la televisión o la computadora, una conversación sobre un problema ajeno que dura menos de lo que debería... Nos sorprendería lo mucho que las emociones del trabajo pueden colorear nuestra vida hogareña. Sin embargo, cuando nuestra pareja llega a casa de mal humor, tendemos a culparla a ella con la típica frase de «¡Pero no te desquites conmigo!».

Cuando los sentimientos del trabajo afectan a una relación cercana, no hay nada que hacer excepto afrontarlos. Pueden sernos de ayuda algunas de las técnicas que comentamos en el capítulo seis (relacionadas con la adaptación a las emociones) y en el siete (sobre la intimidad). El ciclo que da comienzo cuando vuelves del trabajo arrastrando emociones difíciles funciona así: una persona llega a casa de mal humor y tiene menos ganas de interactuar o se muestra menos paciente con los miembros de la familia; la pareja o los hijos de esa persona responden de forma negativa a este comportamiento alterado; a esto le sigue una respuesta negativa por parte de quien está de mal humor; la noche se tuerce.

Frenar este ciclo es difícil, pero no imposible, sobre todo si se abordan las emociones implicadas. Sentimos lo que sentimos, pero no tenemos por qué permitir que las emociones nos controlen. Si somos nosotros quienes llegamos a casa de mal humor, lo primero que tenemos que hacer es reconocerlo y aceptar que esos sentimientos proceden de algo que sucedió durante la jornada laboral. Una vez hecho esto, debemos tomarnos un momento para sentarnos con el propósito de experimentar esas emociones: en el estacionamiento del trabajo, en el trayecto a casa en transporte público, en la regadera al llegar. Sentirlas sin juzgarlas puede, aunque nos parezca lo contrario, aliviar sus partes más molestas. No tenemos que volver sobre los motivos para sentirnos así, sobre todos los errores cometidos, ni caer en una espiral de pensamientos negativos. La táctica contraria —intentar ignorar nuestras emociones o esconderlas de nuestra pareja— a menudo incrementa su intensidad y nuestra agitación física.[6] En lugar de eso, el primer paso más útil es sencillamente reconocer los sentimientos y aceptarlos.

Valora aplicar también alguna de las lecciones de las que hablamos en el capítulo cinco (sobre prestar atención). A menudo, cuando llegamos a casa de mal humor, lo único en lo que estamos pensando es en el trabajo. Pero, llegados a este punto, es probable que ya no podamos hacer gran cosa sobre lo que nos molestó. Para salir de la espiral de pensamientos que te ponen de peor humor, prueba fijarte en tu entorno, en sus sonidos y texturas. Pregúntale a tu cónyuge: «¿Qué tal el día?» y haz todo lo posible por escuchar su respuesta. Escucharla de verdad. Todo esto es más fácil de decir que de hacer, claro está. Hay que practicar.

Si es tu pareja quien llega a casa de mal humor y eres tú quien acaba recibiendo su irritabilidad y falta de atención, te pueden ayudar estrategias similares. Si eres capaz de no devolver inmediatamente esa negatividad, da un paso atrás y muestra curiosidad por lo que le pueda estar sucediendo a tu pareja. Respira hondo y, una vez más, limítate a preguntar :«¿Qué tal el día?». O cambia tu pregunta habitual para dejar claro que no es algo automático: «Parece que tuviste un mal día. Cuéntame qué pasó».

Tener un mal día (o unos cuantos seguidos) en el trabajo es inevitable.[7] Pero ¿podemos hacer algo para cambiar los motivos por los que los estamos teniendo? A veces, estas emociones difíciles proceden de la propia naturaleza del trabajo, pero es igual de frecuente que su origen sean las relaciones laborales, ya sea por un compañero difícil, un jefe exigente o clientes que nunca parecen satisfechos. A menudo, pensamos que estas relaciones son inalterables. Pero no tienen por qué. Muchas de las técnicas de las que hablamos hasta ahora aplicadas a la familia y las relaciones íntimas pueden aplicarse también a los vínculos laborales. El modelo MASIR para interacciones difíciles del capítulo seis puede ser también muy útil con compañeros de trabajo.

En el caso de Victor Mourad, uno de los participantes en el estudio de los barrios marginales de Boston, el estrés que experimentaba no procedía de sus interacciones en el trabajo ni de un jefe exigente, sino de un problema endémico en los entornos laborales modernos: la ausencia de interacciones significativas. En otras palabras: días laborables cargados de soledad.

UNA FORMA DISTINTA DE POBREZA

Victor se crio en el extremo norte de Boston y era hijo de inmigrantes sirios. Se trataba de una de las familias del estudio cuya lengua materna era el árabe. El norte era un vecindario mayoritariamente italiano,[8] algo que lo hacía sentirse fuera de lugar de pequeño. En todas las entrevistas a lo largo de su vida sorprendió a los investigadores del Estudio Harvard por ser una persona al mismo tiempo muy inteligente y muy crítica consigo misma. De hecho, él pensaba que era menos inteligente que la mayoría de la gente que conocía. De niño, si un compañero de escuela se saltaba una clase o se escapaba de casa, él pensaba que era porque ese chico era demasiado listo para ir a la escuela o más valiente que él.

«Victor es un chico sincero, abierto y adorable que presta atención a todo lo que le rodea —le dijo al estudio uno de sus maestros de la escuela—. Pero es un manojo de nervios». Después de desempeñar una serie de trabajos poco calificados entre los veinte y los treinta años, su primo montó una pequeña empresa de transporte en camión que daba servicio en Nueva Inglaterra y le ofreció un trabajo. Victor lo rechazó, pero después de casarse y de que a la empresa de su primo empezara a irle bien y se expandiera a nuevas zonas, volvió a pensárselo.

—Pensé que, al fin y al cabo, me gustaba estar solo. Conducir un camión no sonaba tan mal.

Unos años después, Victor se convirtió en socio de la empresa y obtenía una parte de los beneficios mientras seguía trabajando de conductor. Estaba orgulloso de ganarse bien la vida y proporcionar una buena calidad de vida a su esposa y sus hijos, pero ese orgullo no mitigaba su sensación de aislamiento. A veces pasaba varios días fuera de casa y no tenía amigos de verdad con quienes interactuar con regularidad. La única persona del trabajo a quien conocía, su primo, tenía mal genio y a menudo estaban en desacuerdo sobre cómo llevar la empresa. Veinte años después de empezar en ese empleo, le contó al estudio que el dinero que ganaba hacía que no probara con otra cosa, pero que el trabajo se había convertido en una carga en su vida.

—Si tuviera agallas, lo dejaría —le confesó a un entrevistador del estudio—. Pero un tipo como yo no puede dejar el trabajo, porque carga con una mochila económica. Me siento como un hámster en una rueda de soledad.

Como Victor, muchos no podemos elegir demasiado qué empleo desempeñar. Las circunstancias vitales y económicas pueden reducir nuestras opciones, y es habitual acabar atascados en trabajos que no nos gustan del todo. No es casualidad que muchos de los trabajos menos satisfactorios sean también los más solitarios. Hasta hace poco, algunos de los trabajos que generaban más aislamiento eran conducir un camión, ser vigilante de seguridad nocturno y determinados tipos de trabajos por turnos. Ahora los trabajos que generan aislamiento son también habituales en las industrias tecnológicas y emergentes. A menudo, las personas que trabajan entregando paquetes y comida a domicilio y en otros negocios de la economía bajo demanda, por ejemplo, no tienen compañeros de trabajo. La venta de productos en línea se convirtió en una industria gigantesca con millones de trabajadores, pero empaquetar y ordenar productos en un almacén, rodeado de compañeros, también puede ser muy solitario. El ritmo de trabajo es tan frenético y los almacenes tan grandes que muchos trabajadores del mismo turno ni siquiera saben cómo se llaman los demás y apenas hay oportunidades de llevar a cabo interacciones significativas.

Y, por supuesto, está también ese trabajo fundacional y tan antiguo como el mundo que es criar hijos; uno que puede ser tan difícil y generar tanto aislamiento como cualquier otro. Pasar horas y horas todos los días sin hablar con otro adulto puede agotar nuestra mente.

Si nos sentimos desconectados de los demás en el trabajo, esto significa que nos sentimos solos la mayor parte de las horas que pasamos despiertos. Esto es un problema de salud. Como ya mencionamos, la soledad incrementa nuestro riesgo de muerte tanto como el tabaquismo o la obesidad.[9] Si nos sentimos solos en el trabajo, puede que dependa de nosotros crear conexión social en la medida de lo posible. En el caso de los progenitores que están criando a sus hijos en casa, ponerse de acuerdo para jugar o ir al parque (que a menudo sirve tanto a padres como a hijos) puede ser muy reconfortante. Para quienes trabajan en almacenes, puede haber oportunidades de conectar con los demás justo antes o justo después del turno. Para los trabajadores bajo demanda, las pequeñas interacciones con los demás pueden ser formas de despertar sentimientos positivos y momentos de alivio de la soledad (en el capítulo diez hablaremos más a fondo de la importancia de estas interacciones «banales»). Si queremos maximizar nuestro bienestar en el trabajo tenemos que decidir hacerlo a conciencia. Sin embargo, la soledad laboral no afecta únicamente a quienes desempeñan empleos solitarios. Incluso las personas con trabajos muy sociales pueden sentirse increíblemente solas si no tienen conexiones significativas con sus compañeros y colegas.

La empresa de encuestas Gallup lleva treinta años preguntando sobre la implicación en el lugar de empleo y una de las cuestiones que más controversia desata es: «¿Tienes un mejor amigo en el trabajo?».[10]

Algunos jefes y empleados consideran que esta pregunta es irrelevante y absurda y en algunos entornos laborales se miran con malos ojos las buenas amistades. Si hay empleados que charlan y parece que se la pasan bien juntos habrá quien considere que es porque no están trabajando y que, por ende, su productividad probablemente se esté viendo afectada.

Pero, en realidad, es todo lo contrario. Las investigaciones demuestran que las personas que tienen un mejor amigo en el trabajo se implican más que quienes no lo tienen.[11] El efecto es especialmente pronunciado en las mujeres, ya que es hasta dos veces más probable que se impliquen si están «muy de acuerdo» en que tienen un mejor amigo allí.

Cuando buscamos empleo y nos fijamos en el salario y otros beneficios, no acostumbra a surgir el tema de las relaciones. Pero esas conexiones son en sí mismas un tipo de «beneficio» laboral. Las relaciones laborales positivas conducen a niveles menores de estrés, trabajadores más sanos y menos días de volver a casa de mal humor.[12] Además, sencillamente, nos hacen más felices.

TERRENOS DE JUEGO DESNIVELADOS: DESIGUALDADES EN EL TRABAJO Y EN CASA

Sin embargo, buscar relaciones positivas en el trabajo tiene sus propios inconvenientes y los lugares de empleo han supuesto históricamente una carga y una dificultad adicional para aquellos grupos que ya son de por sí marginados por la sociedad. En los primeros años del siglo XX en Boston, estos marginados incluían a los inmigrantes de las zonas pobres de Europa y Oriente Medio, que conformaban una gran proporción de la muestra de los barrios marginales. Esto incluía a las mujeres que formaban parte del Student Council Study y hoy en día a las mujeres y personas racializadas que siguen enfrentándose a obstáculos en el trabajo. Es difícil implicarse en relaciones auténticas cuando existen desequilibrios de poder y prejuicios por todas partes.

—Ahora mismo estoy preocupada —le dijo Rebecca Taylor, la participante en el Student Council Study que mencionamos anteriormente, a un entrevistador en 1973—, porque el hospital está a punto de despedir a unas cuantas enfermeras y yo podría ser una. El otro día oí por casualidad una conversación entre unos cuantos médicos hombres y todos estaban de acuerdo en que no pasa nada por prescindir de unas enfermeras, porque cuentan con los ingresos de sus maridos, que son quienes mantienen a las familias. ¡Yo los interrumpí! ¡Tuve que hacerlo! Les dije: «¿Pero qué les pasa? No tienen ni idea de lo que están hablando. Actúan como si nosotras no tuviéramos responsabilidades de ningún tipo, como si todas las situaciones fueran iguales». Me puse furiosa. Esta forma de pensar es a la que me enfrento todo el tiempo y, por lo que sé, los administradores piensan igual. Podría perder mi trabajo fácilmente. Y entonces no sabría qué hacer.

Como psicóloga en un campo dominado por hombres, Mary Ainsworth (la creadora del procedimiento de la situación extraña, empleado para ver el estilo de apego de los niños, del que hablamos en el capítulo siete) tuvo sus propios encontronazos con el sexismo en el lugar de trabajo.[13] A principios de la década de 1960, ella y sus colegas femeninas de la Universidad Johns Hopkins se vieron obligadas a comer en un comedor distinto al de los hombres, porque no recibían el mismo trato económico que ellos. Al principio de su carrera le dijeron que no le concederían un puesto como investigadora en la Universidad Queen's University por ser una mujer. El campo de la psicología, e incluso este libro, sería muy distinto si ella no hubiera perseverado. Se hicieron muchos progresos en este frente en muchas culturas laborales de todo el mundo, pero las desigualdades siguen ahí. En Estados Unidos, los roles de las mujeres en la fuerza de trabajo cambiaron significativamente desde la década de 1960 y ahora son más variados que nunca y sus jornadas son más largas. Pero este cambio de papeles no tuvo una correspondencia en los hogares.[14] En su libro de 1989 *La doble jornada*, Arlie Hochschild demostró que, aunque había habido una revolución en los roles laborales, las responsabilidades de las mujeres en el hogar seguían siendo prácticamente las mismas, en especial en las parejas con hijos.

Más de treinta años después, estos desequilibrios en las responsabilidades familiares y de crianza siguen ahí y aparecen con frecuencia en las terapias de pareja. Los hombres creen a menudo que su contribución en el hogar es igualitaria (y lo cierto es que hacen más de lo que hicieron sus padres), pero en muchos casos el tiempo que dedican a actividades de cuidado del hogar es inferior al que imaginan. Una mujer hace la cena y el hombre pone el lavavajillas; ella dedicó una hora y él unos minutos. Una mujer ayuda a su hijo con la tarea; un hombre le lee un cuento antes de dormir. Ella le dedicó media hora, él quince minutos. Cada relación es distinta, pero, estadísticamente, las cargas de tiempo en casa siguen siendo superiores en el caso de las mujeres.[15]

Las dificultades para ellas no acaban al salir de casa. El movimiento *Me Too* puso el foco sobre los abusos sexuales y el acoso relacionado con las jerarquías de poder y los desequilibrios en el lugar de trabajo, algo que era muy necesario hacer. Pero incluso a un nivel más inofensivo, cuando el sexo no forma parte de la ecuación, cultivar relaciones auténticas con personas que están en niveles de autoridad distintos constituye un riesgo y esto es cierto tanto para mujeres como para hombres. Las discrepancias de poder generan sesgos y a veces corrompen todas las relaciones.

Ellen Freund, la esposa de un participante de la primera generación, trabajó en el Departamento de Admisiones de una universidad y descubrió el peligro de los desequilibrios de poder cuando una discrepancia concreta envenenó algunas de sus amistades laborales. Cuando le preguntaron en 2006 si se arrepentía de algo, esto fue lo que le explicó al estudio:

> Sí, me arrepiento de cosas. Ya pasaron unas cuantas décadas, pero te lo voy a contar. Años después de empezar a trabajar en la universidad, acabé en una oficina con cuatro o cinco mujeres que eran más o menos de mi edad. Técnicamente eran mis subordinadas, pero nos hicimos buenas amigas. Socializábamos constantemente. El nuevo decano de Admisiones me pidió una evaluación confidencial de todas las personas del equipo, con sus fortalezas y debilidades. Yo lo hice y fui totalmente sincera. La encargada de la oficina pensó que yo era una traidora. Copió el memorándum y lo dejó sobre la mesa de aquellas mujeres. A partir de ese momento nunca más volví a desarrollar una relación cercana con nadie con quien trabajara en la universidad. Y es algo que sigo arrastrando. Acabé mi amistad con ellas. Ellas se lo tomaron bastante

bien. Nunca hablamos del tema. Entendieron que lo que yo había escrito era cierto. Yo me esforcé en ser justa. Seguramente, que yo dijera lo que dije no dañó su posición. Pero sí destruyó mi amistad con ellas.

Cuando le preguntaron si había evitado activamente establecer relaciones con otras personas tras el incidente, Ellen dijo:

—Por supuesto que sí. Quería sentirme libre para tratar con las personas de la forma más puramente profesional posible. No quería verme influida ni que se me percibiera como influida por relaciones personales.

Ellen decidió no implicarse con sus compañeros para separar sus «relaciones personales» de las que ella consideraba «relaciones laborales». Esta es una estrategia habitual y comprensible. Si minimizamos nuestras conexiones sociales y el grado en el que nos abrimos a nuestros compañeros de trabajo, esto también minimizará determinados problemas laborales. Pero también puede abrir nuevas problemáticas, como la sensación de desconexión y soledad. En el caso de Ellen, su decisión definió su vida laboral durante toda su carrera y acabó arrepintiéndose de ella. ¿Qué podría haber hecho? Enfrentarse a la dificultad: hablar con todas sus colegas para ver si podía reparar el daño emocional que les había causado podría haberle permitido, al menos, mantener en parte esas relaciones que ella tanto valoraba.

Estas decisiones tienen consecuencias en el ámbito laboral más amplias de lo que pensamos. La desvinculación no solo puede reducir la calidad del tiempo que pasas allí, sino que también puede limitar la transferencia de conocimientos y obstaculizar el crecimiento de los trabajadores, en especial de los más jóvenes. Una de las relaciones laborales más valiosas es también una que nace de un desequilibrio de poder: la del mentor y el discípulo.

LA MENTORÍA Y EL ARTE DE LA GENERATIVIDAD

Cuando nuestro profesor de preparatoria Leo DeMarco era joven, soñaba con convertirse en autor de ficción. Pero, al final, ese sueño dio paso a su entusiasmo por la enseñanza y halló sentido en ayudar a sus alumnos a perseguir sus sueños de ser escritores.

—Animar a los demás —afirmó— era más importante que lograrlo yo.

Leo, como todos los profesores, estaba en una posición única porque su trabajo consistía, en concreto, en ser un mentor para sus alumnos. Pero en cualquier profesión hay personas que están empezando y personas que llevan desempeñándola ya un tiempo. Una relación de mentoría puede beneficiar tanto al mentor como al discípulo. Como mentores, somos generativos. Expandir nuestra influencia y nuestra sabiduría más allá de nosotros, hacia la siguiente generación, proporciona una alegría muy concreta. Así traspasamos beneficios que nos dieron a nosotros en nuestra carrera o que nos habría gustado que nos dieran. También disfrutamos de la energía y el optimismo de personas que están en un punto anterior de sus vidas laborales y nos exponemos a las nuevas ideas que los jóvenes acostumbran a aportar. Por otro lado, como discípulos tenemos la oportunidad de incrementar nuestras habilidades y avanzar en una carrera más deprisa de lo que podríamos haberlo hecho de forma autodidacta. Algunos trabajos, de hecho, requieren este tipo de relación. Hay muchos empleos en los que ni siquiera es posible aprender sin algún tipo de formación y un periodo de aprendiz con alguien con más experiencia. Aceptar estas relaciones y cultivarlas puede enriquecer mucho la vivencia de todos los implicados.

Nosotros, Bob y Marc, nos beneficiamos de unos cuantos mentores que les dieron forma a nuestras carreras personales y, al mismo tiempo, a nuestras vidas. De hecho, en distintos momentos nos hemos mentorizado mutuamente.

Cuando nos conocimos, Bob era oficialmente el jefe de Marc, ya que Bob era el director del programa donde Marc estaba de becario de psicología. Marc era más de diez años más joven que Bob, pero iba adelantado en su formación investigadora. Poco después de conocerse, Bob decidió pedir una beca para iniciar su propia investigación. Tenía una carrera sólida como psiquiatra clínico y formador y dedicarse a la investigación significaría para él abandonar su posición administrativa y empezar desde cero. Algunos de sus colegas le aconsejaron que no lo hiciera; le dijeron que ya era demasiado tarde y que esa transición sería demasiado complicada. Bob siguió adelante. Pero tenía un problema: una parte significativa de la solicitud de la beca incluía complicados análisis estadísticos que a él le resultaban tan extraños como el griego antiguo. De modo que le ofreció a Marc su amistad y un suministro vitalicio de galletas con chispas de chocolate a cambio de su ayuda.

Era una relación compleja: Bob era el jefe de Marc y tenía que asumir cierta vulnerabilidad para pedir ayuda. Marc también estaba en una posición vulnerable, ya que Bob era mucho mayor que él y tenía más seguridad. Pero cada uno aprendió del otro. En un sentido, fluía conocimiento estadístico y, en el otro, una gran cantidad de experiencia. Al final, Bob consiguió la beca e hizo la transición a la investigación (aunque hace años que Marc no recibe ni una sola galleta de Bob).

A medida que envejecemos y pasamos de ser discípulos a mentores, de alumnos a maestros, surgen nuevas posibilidades de conexión, que pueden emerger de lugares sorprendentes. Mentorizar a generaciones más jóvenes y compartir sabiduría y experiencia con otros forma parte del flujo natural de la vida laboral y puede convertir en gratificante casi cualquier trabajo. La satisfacción que deriva de ser generativo hace posible la buena vida laboral.

TRANSICIONES LABORALES

A medida que progresamos por las distintas etapas vitales también suceden transiciones en nuestro trabajo, ya sea que nos den un aumento o que nos dejen de lado en los ascensos, que cambiemos de trabajo o que tengamos hijos. Con cada una de las grandes transiciones no está de más tomar perspectiva y reevaluar nuestras nuevas vidas a vista de pájaro: ¿cómo va a afectar este cambio a mis relaciones en el mundo laboral? ¿Y a las demás? ¿Hay decisiones que pueda tomar para mantener las conexiones con personas que son importantes para mí? ¿Hay nuevas oportunidades de conexión que me esté perdiendo?

Una de las transiciones más impactantes relacionadas con el trabajo es también una de las últimas: la jubilación. Se trata de una transición compleja y llena de dificultades relacionales. La jubilación «ideal», en la que un trabajador completa los años necesarios en un mismo trabajo, se jubila con la pensión completa y vive una vida de ocio, nunca fue demasiado habitual (y en la edad moderna prácticamente se extinguió).

El Estudio Harvard les preguntó a menudo a sus participantes por la jubilación. Un buen número de hombres insistían en que su vida estaba demasiado ligada a su trabajo como para pensar en ello. «¡Yo no me jubilaré nunca!», decían. Algunos no querían jubilarse, otros no se sentían económicamente capaces de hacerlo y a otros solo les costaba imaginar una vida sin tener que trabajar. El estatus laboral de algunos participantes era muy difícil de averiguar. Muchos se negaban a pensar en ello; al llenar los cuestionarios del estudio dejaban en blanco las preguntas sobre la jubilación o indicaban que ya lo estaban a pesar de que seguían trabajando prácticamente de tiempo completo. Para ellos, al parecer, la jubilación solo era un estado mental.

Cuando nos jubilamos, puede resultarnos difícil encontrar nuevas fuentes de significado y propósito, pero es crucial conseguirlo.

Las personas a las que les va mejor en la jubilación encuentran formas de sustituir las conexiones sociales que los sostuvieron durante mucho tiempo en el trabajo con nuevos «colegas». Incluso aunque no nos gustara nuestro trabajo y lo hiciéramos únicamente para mantenernos a nosotros y a nuestra familia, eliminar este gran elemento organizador de nuestros horarios puede dejarnos con un gran agujero en nuestras vidas sociales.

Cuando le preguntamos a un participante qué extrañaba del trabajo que hacía en su práctica médica, a la que dedicó casi cincuenta años, respondió: «Absolutamente nada [del trabajo en sí]. Echo de menos a la gente y las amistades».

A Leo DeMarco le pasaba algo parecido. Justo después de jubilarse, un entrevistador del estudio lo visitó en su casa y escribió esto en el campo de notas:

> Le pregunté a Leo qué era lo más difícil de jubilarse y él me dijo que extrañaba a sus colegas y que intentaba mantenerse en contacto con ellos. «Hablar del trabajo me proporciona sustento espiritual». Me contó que aún disfrutaba hablando de lo que implicaba la tarea de enseñar a los jóvenes: «Es maravilloso ayudar a alguien a adquirir habilidades». Después me dijo que «enseñar es casi un compromiso humano total». Y que enseñar a los jóvenes «inicia todo el proceso de exploración». Afirmó que los niños pequeños saben jugar y que «el adulto que educa tiene que recordar cómo hacerlo». Dijo que a los adolescentes y a los adultos les cuesta recordar cómo se juega por culpa de otros «compromisos» en sus vidas.

Cuando Leo explicó todo esto, hacía poco que se había jubilado y aún estaba intentando entender qué implicaba para él no seguir enseñando. Recordaba su carrera y pensaba en cómo le afectaba y en qué extrañaba exactamente. Su comentario sobre los adultos recordando cómo jugar era algo que él estaba tanteando:

ahora que el trabajo ya no era el centro de su vida, el juego podría volver a ser importante.

Para muchos de nosotros, en un nivel emocional más profundo, el trabajo es donde sentimos que somos importantes para nuestros compañeros, nuestros clientes e incluso nuestras familias, porque somos sus proveedores. Cuando esa sensación de ser importantes desaparece, tenemos que buscar nuevas maneras de conseguirla. Nuevas maneras de formar parte de algo más grande que nosotros.

Henry Keane es un caso paradigmático. Se vio abocado a la jubilación de forma brusca debido a cambios en su fábrica. De repente, tenía una gran cantidad de tiempo y energía, de modo que buscó oportunidades de voluntariado para sentirse útil. Primero empezó a trabajar en una residencia operada por el Departamento de Asuntos de los Veteranos y, después, empezó a participar en la Legión Estadounidense de Veteranos de Guerras en el Extranjero. También pudo dedicar más tiempo a sus aficiones: la restauración de muebles y el esquí de fondo. Pero todo esto no le bastaba. Había algo que extrañaba.

—¡Necesito trabajar! —le dijo al estudio a los sesenta y cinco años—. No en algo muy sustancial, pero espero encontrar algunos trabajitos que me mantengan ocupado y me permitan sacar un sueldo extra. Me estoy dando cuenta de que me encanta trabajar y estar con gente.

No era tanto que Henry necesitara el dinero —cobraba una pensión decente que a él le bastaba—, sino que ganar dinero le hacía sentir que lo que estaba haciendo importaba, que alguien le pagaba por ello. Cada persona debe encontrar su propia manera de ser importante para los demás.

Que Henry entendiera que quería estar con gente nos enseña también algo importante no sobre la jubilación, sino sobre el trabajo en sí: que las personas con quienes trabajamos importan. Es vital observar nuestros lugares de trabajo y apreciar a los compañeros que aportan valor a nuestras vidas. Teniendo en cuenta que el trabajo a menudo está rodeado de preocupaciones económicas, estrés y angustia, las relaciones que allí desarrollamos a veces no son tenidas en cuenta como merecen. A menudo no vemos lo importantes que son hasta que las perdemos.

LA NATURALEZA SIEMPRE EN EVOLUCIÓN DEL TRABAJO

En las afueras del noreste de Filadelfia, no lejos de donde vive Marc, hay una gran zona de terreno que antiguamente era una granja familiar. Las personas que vivían cerca de allí y pasaban por delante en coche veían verdes pastos con ganado. Cuando empezó la Segunda Guerra Mundial, la granja fue vendida al Gobierno de Estados Unidos y convertida en un enorme complejo industrial de producción de munición y prototipos aéreos. Las vistas cambiaron y se convirtieron en edificios y zonas de paso con camiones y aviones deslizándose por el suelo. Después de la guerra, el enclave se usó para distintos tipos de producción hasta que, a finales de la década de 1990, fue vendido y transformado en un campo de golf. Se construyeron hogares a su alrededor y la gente, al mirar por la ventana, veía árboles y pistas con coches de golf eléctricos en lugar de una instalación industrial. Hoy en día, treinta años después y tras nuevos cambios económicos, se vendió el campo de golf y, al redactar estas líneas, una parte importante del terreno se está transformando en un centro logístico de la empresa de mensajería UPS.[16] Muy pronto, cuando las personas que viven cerca miren por la ventana, las pistas y los carritos de golf habrán sido sustituidos por grandes almacenes y vehículos de reparto. Esta zona no es única; en todo el país, en todos los sectores de la economía, asistimos a este tipo de evoluciones.

Los años más formativos de nuestros participantes de los barrios marginales de Boston, desde que eran bebés hasta su preadolescencia, transcurrieron durante la Gran Depresión. Crecer en una época en la que la seguridad económica no podía darse por descontada dio forma a cómo se desenvolvieron en sus vidas laborales. Para ellos, el trabajo no se trataba tanto de crear una buena vida como de evitar una catástrofe.

Los problemas económicos que experimentaron esos participantes son relevantes hoy en día cuando nos enfrentamos a dificultades económicas, medioambientales y tecnológicas que generan incertidumbre sobre el futuro inmediato. La incertidumbre que Henry Keane o Wes Travers sintieron al hacer la fila del pan en la Depresión está directamente relacionada con la incertidumbre que un niño de la generación Z sintió al ver a su familia siendo desahuciada de la casa de su infancia durante la crisis de 2008 o con la que experimentan los jóvenes ahora, mientras salimos de la pandemia de covid-19.

A pesar de los avances tecnológicos, aún hay muchas personas que trabajan en empleos penosos y que tienen problemas para cubrir sus necesidades básicas. La idealizada prosperidad que muchos esperaban que llegara con la era de la información y las computadoras quedó circunscrita a determinadas personas y sectores y dejó a otros mucho peor que antes. Las nuevas tecnologías están cambiando la frecuencia de nuestra interacción con los demás en el trabajo. La inteligencia artificial está sustituyendo a algunas personas y sus puestos de trabajo con sistemas automatizados, lo que crea más interacción con máquinas y menos con seres humanos. Los avances en tecnologías de la comunicación están convirtiendo en habitual el teletrabajo en el mundo de los negocios, los medios de comunicación, la educación y otras industrias y la mentalidad de estar siempre disponibles amenaza con convertir la vida en el hogar en una extensión de la esfera laboral. Pensar en cómo afectan a nuestra buena forma social estos cambios no fue una prioridad, por decirlo de una manera suave. Y, aun así, el estado de nuestras relaciones es uno de los factores más importantes para nuestra salud y bienestar.

En el capítulo cinco te animamos a recordar que el tiempo que nos queda a cada uno es un recurso finito cuya cantidad es desconocida. Si queremos beneficiarnos por completo de las horas que nos quedan, muchas de las cuales las pasaremos en el trabajo, debemos recordar que este es una fuente principal de socialización y conexión.[17] Cambia la naturaleza del trabajo y cambiarás la naturaleza de la vida.

La pandemia de covid no podría habérnoslo dicho más claramente. Millones de personas que estaban confinadas en sus casas y fueron despedidas, suspendidas u obligadas a trabajar desde su hogar empezaron a extrañar enseguida las conexiones diarias a las que estaban acostumbradas. Se sintieron aisladas de sus compañeros, clientes y colegas.[18] Nosotros, Bob y Marc, por ejemplo, empezamos a usar herramientas de trabajo remoto para dar clase, trabajar con colegas e incluso para pasar consulta en terapia. Necesitamos tiempo para acostumbrarnos. Era mejor que nada, pero no era igual que antes.

Que la tecnología avance es inevitable.[19] Debido a las ventajas económicas (menores costos de mantenimiento, al no haber oficinas) y a las relacionadas con la flexibilidad de horarios y la ausencia de desplazamientos por parte de los trabajadores, no hay duda de que cada vez más empleos incluirán la opción de trabajar total o parcialmente de forma remota. Esto puede tener sentido en el plano económico y logístico, pero ¿cómo afectará al bienestar de los trabajadores?

La oportunidad de trabajar a distancia puede tener efectos positivos. Permite que algunos trabajadores tengan una mayor flexibilidad y más contacto con sus familias. Es especialmente favorable para los padres que quieran pasar más tiempo en casa o que no tengan acceso o no puedan permitirse que otra persona cuide de sus hijos y para todos aquellos a quienes les resulta caro desplazarse a su trabajo.

Pero existe una contraprestación. Trabajar desde casa nos aísla del importante contacto social del entorno laboral. Al principio puede parecerte una liberación y que te encante lo cómodo que es, pero, como dijimos dicho en el capítulo cinco, las pérdidas que experimentamos a causa de los avances tecnológicos quedan a menudo ocultas por las ventajas. Sin embargo, son potencialmente importantes. Es necesario llevar a cabo más investigación, pero la pérdida del contacto en persona a medida que desplazamos la mayor cantidad de trabajo posible a casa puede tener un impacto significativo en la salud mental y el bienestar de los trabajadores. Aunque los padres que trabajan a distancia puedan obtener algunos beneficios por el hecho de estar más disponibles para sus familias, hacerlo también puede convertirse en una carga para ellos, al verse obligados a trabajar y cuidar de sus hijos al mismo tiempo. Y es probable que esta carga recaiga más sobre las madres trabajadoras y las personas con menos recursos para disponer de una ayuda en el cuidado de los niños.

A medida que nos enfrentamos a estos cambios podemos preguntarnos: ¿de qué forma están afectando los cambios tecnológicos en el trabajo a mi buena forma social? Si la automatización significa que interactuamos más con máquinas y menos con personas, ¿hay algún modo de cultivar nuevos entornos sociales en el trabajo? Si más personas trabajan de forma remota, ¿cómo podemos sustituir el contacto en persona que antes teníamos en el trabajo?

Nuestros cerebros, que sintonizan con las novedades y el peligro, se incendian cuando los estimulan las maravillas de las nuevas tecnologías y el estrés del lugar de trabajo. Comparadas con esas dos cosas, es probable que las corrientes sutiles de nuestras relaciones positivas, tan importantes para nuestro bienestar, pasen a un segundo plano. Si queremos que nuestras relaciones, tanto en el trabajo como en casa, florezcan en este nuevo entorno laboral, tenemos que valorarlas y cuidar de ellas. Somos los únicos que podemos hacerlo. Si no, y si el Estudio Harvard sigue existiendo dentro de un tiempo, cuando los participantes de la generación actual alcancen los ochenta años y los entrevistadores les pregunten si hay algo de lo que se arrepientan en sus vidas, quizá echen la vista atrás —como algunos de los sujetos de la primera generación en los comentarios que citamos antes en este capítulo— y se den cuenta de que hay algo crucial que perdieron.

APROVECHAR AL MÁXIMO NUESTRAS HORAS DE TRABAJO

A menudo pensamos que tenemos mucho tiempo para cambiar, mucho tiempo para ver cómo mejorar nuestra vida laboral o para equilibrar nuestra vida laboral y personal —si superamos esta dificultad, este tema, tendremos tiempo para pensarlo; siempre nos queda mañana—, pero cinco o diez años pueden pasar en un suspiro. Les hicimos entrevistas personales a los participantes del Estudio Harvard cada diez, veinte años. Puede parecer mucho tiempo, pero siempre que solicitábamos una nueva entrevista, los participantes solían responder algo como «¿Ya pasó tanto tiempo?». La década había transcurrido en un abrir y cerrar de ojos.

En el capítulo cinco hablamos de la fantasía habitual de que siempre habrá tiempo para hacer lo necesario y de cómo, en realidad, solo tenemos el presente. Si siempre imaginamos que habrá tiempo más adelante, habrá un día que miraremos a nuestro alrededor y ya no habrá un «luego». La mayoría de nuestros «ahoras» ya habrán pasado.

Así que mañana, cuando te levantes para ir a trabajar, plantéate unas cuantas preguntas:

- ¿Qué personas valoro más en el trabajo y con quiénes disfruto más del tiempo? ¿Por qué? ¿Las aprecio en lo que valen?
- ¿Quién es distinto de mí por algún motivo (piensa de forma diferente, procede de otro tipo de entornos, es experto en cosas que yo no) y qué puedo aprender de él?

- Si estoy teniendo un conflicto con otro trabajador, ¿qué puedo hacer para aliviarlo? ¿Podría resultarme útil el modelo MASIR?
- ¿Qué tipo de conexiones me estoy perdiendo en el trabajo y cuáles me gustaría incrementar? ¿Se me ocurre una forma de hacer estas conexiones más probables o más ricas?
- ¿Conozco de verdad a mis compañeros de trabajo? ¿Hay alguien a quien me gustaría conocer mejor? ¿Cómo puedo establecer contacto con él? Quizá te guste escoger a esa persona con quien crees que tienes menos en común y esforzarte por mostrar curiosidad y preguntarle por cosas, como las fotografías de su familia o de mascotas que tenga en su mesa o una camiseta que lleve puesta.

Después, de camino a casa, piensa en cómo te sientes y en cómo las experiencias de ese día pueden influir en tu tiempo de ocio. Quizá en conjunto, su influencia sea buena. Pero, si no, ¿hay alguna cosa pequeña y razonable que puedas hacer para cambiarlo? ¿Ayudaría que le dedicaras al tema diez minutos o media hora? ¿O que te dieras un paseo o nadaras un rato antes de volver a casa? ¿Podría ayudarte apagar el celular durante un rato para evitar que el trabajo salpique tu vida familiar?

A veces nos gustaría estar haciendo otra cosa en lugar de trabajar. Pero esas horas son una gran oportunidad para socializar. Muchos de los hombres y mujeres más felices del Estudio Harvard tenían relaciones positivas con su trabajo y con sus compañeros, ya fueran vendedores de neumáticos, maestras de guardería o cirujanos, y fueron capaces de equilibrar (a menudo después de duras negociaciones) su vida personal y laboral. Entendieron que todo era la misma cosa.

—Cuando rememoro mi vida laboral —le contó al estudio en 2006 Ellen Freund, la administrativa de la universidad—, a veces desearía haber prestado más atención a las personas que trabajaron para mí o a mi alrededor y menos a los problemas en sí. Yo amaba mi trabajo. De verdad que sí. Pero creo que fui una jefa difícil, impaciente y exigente. Creo que desearía, ahora que lo dices, haber conocido un poco mejor a todo el mundo.

Nuestras vidas no se quedan afuera cuando entramos a trabajar. No se quedan en la banqueta cuando nos sentamos en nuestro camión. No nos miran por las ventanas del aula cuando conocemos a nuestros alumnos el primer día de clase. Cada día de trabajo es una importante experiencia personal y podemos beneficiarnos de cualquier enriquecimiento de las relaciones que allí establecemos. El trabajo, también, es la vida.

10

TODOS LOS AMIGOS COMPORTAN BENEFICIOS

Mis amigos son mi patrimonio. Perdónenme, pues, la avaricia de acumularlos.

EMILY DICKINSON[1]

Ananda, uno de los discípulos de Buda, le dijo a este un día:

—Me di cuenta de que la mitad del camino hacia una vida sagrada está hecha de buenas amistades.

—No, Ananda —le respondió Buda—. Los amigos no son la mitad del camino: son toda la vida sagrada.

UPADDHA SUTA[2]

Sin amigos, nadie elegiría vivir.

ARISTÓTELES, *Ética nicomáquea*[3]

Cuestionario del Estudio Harvard, 1989:

P: Piensa en tus diez mejores amigos (sin contar familia ni parientes cercanos). ¿A cuántos de ellos situarías en cada una de las siguientes categorías?

(1) Íntimos: compartimos la mayoría de nuestras alegrías y penas.

(2) Compañeros: tenemos interacciones frecuentes que surgen de intereses comunes.

(3) Informales: no nos buscamos.

Cuando Louie Daly tenía cincuentaitantos años, un entrevistador del estudio le preguntó quién era su amigo más antiguo.

—Me temo que no tengo amigos —respondió—. El amigo más cercano que tuve era un tipo llamado Morris Newman. Era mi compañero de habitación en mi primer año en la universidad. Fue Mo quien me introdujo en la música jazz, de la que sigo siendo un apasionado. Fuimos muy amigos durante un año, hasta que lo expulsaron por bajo rendimiento. Después de aquello, nos estuvimos escribiendo durante diez años. Y un buen día él dejó de escribirme. Hace cinco años, pensé que lo extrañaba, así que le pagué quinientos dólares a una agencia para que lo buscara. Lo encontraron y empezamos a escribirnos de nuevo. Entonces, unos tres meses después, me llegó una carta al buzón que no era de Mo. Era de su abogado y me comunicaba que Mo había muerto de forma repentina.

Cuando le preguntaron a quién llamaría si tuviera un problema, Louie respondió:

—Soy una persona muy autosuficiente. No necesito mucho a la gente.

Leo DeMarco reflejó una experiencia muy distinta. Cuando el entrevistador le preguntó si tenía un mejor amigo, Leo respondió sin dudar: «Ethan Cecil». Se habían conocido de pequeños en la escuela y seguían siendo buenos amigos. Ethan vivía a unas dos horas de distancia y se aparecía por su casa de vez en cuando para charlar. Mientras Leo estaba hablando de esta amistad, sonó el teléfono. Se puso a charlar animadamente. Al colgar dijo:

—Era Ethan.

¿Qué significa tener amigos en nuestra vida adulta? ¿Qué significa ser amigo de alguien? ¿Qué importancia real tienen las amistades en nuestras vidas?

De pequeños, las amistades son a menudo piezas centrales, en parte porque son muy intensas. La fortaleza de la conexión entre dos amigos de la infancia (o incluso entre dos adultos jóvenes) solo puede rivalizar con la intensidad del dolor que provoca que esta amistad se estropee. Si nos sentimos queridos, nuestros corazones vuelan alto gracias a la sensación de pertenencia, y si sentimos que no encajamos o que nos acosan, la herida es honda.

Con los años vamos cambiando y nuestras conexiones con nuestros amigos también. Amistades que fueron muy importantes durante la primera etapa adulta pueden diluirse durante los primeros años de un matrimonio o cuando nacen los hijos, pero resurgir durante una crisis de pareja o tras la muerte de un ser querido.

Todo esto es natural. Pero, junto con estos altibajos de la vida, cada uno de nosotros tiene una forma propia de abordar las amistades. Un abordaje que, a menudo, es menos consciente y más automático. Damos a nuestras amistades lo que nos resulta natural, en lugar de pensar en lo que necesitan. A medida que envejecemos y que la vida se complica, debemos tomar decisiones sobre la cantidad limitada de tiempo de que disponemos y, a menudo, nuestros amigos acaban en último lugar. Las responsabilidades familiares y laborales se priorizan ante una llamada a un viejo amigo, una cita para tomar café con uno nuevo, una partida semanal de cartas o un club de lectura mensual (te recomendamos *La buena vida*). «Por supuesto que pasar un buen rato con los amigos es divertido —pensamos a la hora de distribuir nuestro tiempo—, pero tengo cosas más importantes que hacer». O quizá: «Mis amistades estarán siempre ahí, ya las retomaré cuando los niños crezcan... Cuando tenga menos trabajo... Cuando me sobre algo de tiempo».

Lo cierto es que nuestros amigos son mucho más importantes para nuestra salud y bienestar adulto de lo que pensamos. En realidad, es increíble lo potente que puede ser el efecto de la amistad en nuestras vidas adultas, teniendo en cuenta la cantidad de atención que reciben. Los amigos nos animan cuando nos faltan fuerzas, nos proporcionan una conexión importante con nuestra propia historia y, lo que es quizá más importante, nos hacen reír. A veces, no hay nada más beneficioso para nuestra salud que pasar un buen rato.

Durante siglos, los filósofos observaron los profundos efectos de la amistad. El filósofo romano Séneca escribió que el valor de los amigos va más allá de lo que puedan hacer por nosotros. No cuidamos nuestras amistades solo para tener alguien que se siente a la cabecera de nuestra cama cuando estamos enfermos o que nos rescate cuando tenemos problemas. «Cualquiera que piense en su propio interés y busque amigos con esta perspectiva comete un gran error —escribió Séneca—. ¿Cuál es mi objetivo al hacer un amigo? Tener a alguien por quien ser capaz de morir, alguien a quien seguir al exilio».[4]

Séneca hablaba del hecho de que los beneficios de la amistad a veces son oscuros y difíciles de ver. Quizá este sea el motivo de que a veces abandonemos estas relaciones. Las buenas amistades no siempre nos llaman o están pegadas a nosotros esperando atención. En ocasiones, guardan silencio y se sitúan al fondo de nuestras vidas, hasta desvanecerse.

Pero esto no tiene por qué ser así. Si observamos con atención, a lo mejor descubrimos que no fuimos capaces de detectar oportunidades directas y potencialmente divertidas de prestar atención a nuestros amigos y despertar nuestro universo social: oportunidades que están ocultas a simple vista y que pueden mejorar profundamente la calidad de nuestras vidas. Quizá nuestras amistades no nos pidan como tal que cuidemos de ellas, pero no pueden hacerlo por sí mismas.

BUENA COMPAÑÍA EN UN TRAYECTO DIFÍCIL

Hace treinta años, cuando nosotros, Bob y Marc, nos conocimos, nuestra conexión era sobre todo profesional. Una vez por semana, comíamos juntos y hablábamos de cosas como modelos estadísticos, métodos de investigación y diseño de estudios. Aunque las conversaciones versaban principalmente sobre temas profesionales (con algún desvío para hablar sobre política de oficina y chismes), los dos teníamos la sensación de que queríamos conocer mejor al otro. Así, incluso cuando no teníamos ningún tema urgente que tratar, nos seguíamos reuniendo para comer todas las semanas a la misma hora. Y, claro está, cada vez teníamos más temas de conversación: nuestras familias, aficiones, recuerdos de infancia.

En un momento dado, nos propusimos quedar de acuerdo para cenar con nuestras esposas. Afortunadamente, la esposa de Bob, Jennifer, y la de Marc, Joan, se cayeron bien. Joan y Jennifer tenían que asistir de vez en cuando a conversaciones sobre análisis estadístico, pero ambas aceptaron esa carga y, en relativamente poco tiempo, los cuatro nos convertimos en buenos amigos, aunque aún no íntimos. En un momento dado, después de un par de meses sin citarnos para cenar, Bob y Jennifer invitaron a Marc y Joan. Joan estaba embarazada de su primer hijo —le faltaba un mes para dar a luz— y Marc y ella estaban impacientes por el parto. Bob y Jennifer ya tenían dos hijos pequeños, así que Marc y Joan estaban deseando que los tranquilizaran y los aconsejaran un poco sobre lo que estaba por venir.

Pero hacia el final de su jornada laboral, el jueves antes del día previsto para la cena, Marc recibió una llamada frenética de Joan. Durante un chequeo rutinario, el médico le había dicho que tenía que ir inmediatamente al hospital para una cesárea de urgencia. Marc salió corriendo del trabajo y casi atropelló a Bob en el camino.

—Son Joan y el bebé —dijo Marc—. La están llevando al hospital en ambulancia.

Cuando Marc llegó, estaban conectando a Joan, que se retorcía de dolor, a unos monitores. Los médicos le explicaron que estaba sufriendo una forma de preeclampsia que estaba poniendo en peligro su vida. Había muestras de daño hepático; su presión sanguínea —que se leía en el monitor que tenía detrás— estaba disparada y ella no paraba de pedirles a Marc y a las enfermeras que le dijeran que estaba empezando a estabilizarse. Tanto Marc como Joan recuerdan que los médicos dijeron que ella y el bebé morirían si no le practicaban inmediatamente una cesárea.

Mientras preparaban a Joan para la cirugía, Marc llamó a Bob para explicarle rápidamente lo que estaba pasando. Bob le dijo que podía ir al hospital en cualquier momento para hacerle compañía. Los acontecimientos se sucedieron demasiado deprisa esa tarde para que a Bob le diera tiempo de llegar al hospital, pero a la mitad de la preocupación más visceral que Marc había vivido jamás, la oferta de Bob fue increíblemente potente y tranquilizadora. Las familias de Marc y Joan vivían demasiado lejos para llegar a tiempo y él necesitaba muchísimo el consuelo de un amigo.

La cesárea transcurrió sin problemas y Marc estuvo con Joan para asistir al nacimiento de su hijo y compartir con ella el alivio cuando su presión sanguínea volvió a la normalidad. Ambos se regocijaron cuando su bebé lloró por primera vez, aunque fuera más bien un quejido. Era un mes prematuro y parecía un pajarito (pesó dos kilos), pero estaba sano. Joan y Marc estaban tan cansados que no pudieron ni decidir qué nombre ponerle. Marc puso al día a Bob y le dijo que se iban a dormir.

Al día siguiente, Bob canceló todos sus compromisos y fue a visitar a Joan, Marc y su hijo recién llamado Jacob al hospital.

La recuperación de Joan fue lenta, pero después de cinco largos días regresaron a casa. La pareja tiene un video de ella arrastrando los pies a la salida del hospital y Jacob removiéndose en el asiento del coche que lo llevaría a casa. No es el mejor video del mundo, se mueve bastante, pero es que Bob no es tampoco el mejor camarógrafo.

Marc pasó aquellos días tan abrumado que hasta mucho después, al rememorarlo, no cayó en la cuenta de lo mucho que había significado para él tener a Bob cerca, aunque no pudiera hacer nada para ayudar a Joan. Esto también le demostró a Marc que su amistad no se basaba únicamente en estadísticas e investigación y algunos buenos momentos cenando. Joan y él podían recurrir a Bob cuando hiciera falta. Y supo que, cuando llegara el momento, Bob también podría recurrir a él.

Esta es solo una de las muchas historias del transcurso de nuestra amistad, que cuenta ya veintiséis años y que ahora trajo este libro a tus manos. Si piensas en los momentos más difíciles de tu vida, seguramente recuerdes historias parecidas. Cuando surge la adversidad, y siempre lo hace, a menudo son nuestros amigos quienes nos ayudan, quienes nos amortiguan los golpes de la vida.

El poder de la amistad no solo aparece en las anécdotas de observación filosófica: la ciencia también demostró sus efectos. Los amigos reducen nuestra percepción de las adversidades, hacen que las veamos menos estresantes y, cuando experimentamos un estrés extremo, pueden reducir su impacto y duración. Lo sentimos, pero con la ayuda de los amigos somos más capaces de atravesarlo. Sentir menos estrés y gestionarlo mejor conduce a menos desgaste en nuestro cuerpo.

Resumiendo: los amigos nos mantienen más sanos.

En el capítulo dos hablamos de una revisión de 2010 dirigida por Julianne Holt-Lunstad y otros científicos que reunió 148 estudios y una gran cantidad de datos para analizar el efecto de las conexiones sociales en la salud y la longevidad.[5] Entre esos estudios había una determinada cantidad que se centraba en concreto en la amistad. Vamos a ver qué decían algunos de ellos:

- Un gran estudio longitudinal en Australia[6] halló que las personas de más de setenta con una red estable de amigos tenían un 22 % menos de probabilidades de morir durante el periodo de desarrollo del estudio (diez años) que quienes tenían redes de amistades más frágiles.
- Un estudio longitudinal de 2 835 enfermeras con cáncer de pecho halló que las mujeres que tenían diez amigos o más tenían cuatro veces más probabilidades de sobrevivir que quienes no tenían amigos cercanos.[7]
- Un estudio longitudinal de más de 17 000 hombres y mujeres entre los veintinueve y los setenta y cuatro años en Suecia halló que las conexiones sociales más potentes disminuían casi en una cuarta parte el riesgo de morir por todas las causas durante un periodo de seis años.[8]

La lista continúa. Cuando incrementamos nuestra conexión con los amigos, esto tiene un efecto medible sobre nuestros cuerpos, porque estos necesitan lo que les proporciona la amistad. La necesidad humana de amistad y de la cooperación que conlleva es un factor evolutivo importante de lo que convirtió a la humana en una especie exitosa. Tener amigos, un grupo al que pertenecer, siempre hizo más probable la supervivencia en entornos peligrosos y los amigos también protegen nuestra salud en los ambientes estresantes modernos. Da igual lo fuerte, independiente y autosuficiente que seas, tu tendencia biológica hacia la amistad sigue ahí. Cuando las cosas se ponen difíciles, hasta los más duros se benefician de tener amigos.

UN BOTÍN DE MALAS ÉPOCAS

En algunos aspectos, el Estudio Harvard está en una posición única para investigar la conexión entre amistad y adversidad, porque es un botín de malas épocas. Todos los participantes de la primera generación vivieron durante la Gran Depresión. Casi toda la cohorte de los barrios marginales de Boston tenía orígenes humildes (en el mejor de los casos) y a veces trágicos; unos cuantos miembros de la cohorte de la Universidad de Harvard se criaron en circunstancias económicas o sociales complicadas. En el grupo universitario, el 89 % luchó en la Segunda Guerra Mundial, como ya dijimos, y casi la mitad entró en combate. Muchos de los participantes de los barrios marginales, que eran unos años más jóvenes, lucharon en la guerra de Corea. Algunos de los participantes en el estudio se enfrentaron a situaciones en las que tuvieron que elegir entre matar o morir y algunos fueron testigos de la muerte de sus amigos. Algunos regresaron a casa con lo que se ha reconocido después como trastorno de estrés postraumático (TEPT).

¿Qué papel tuvo la amistad en mitad de estas dificultades? ¿Podemos aprender algo de sus experiencias?

Sí. Usando los relatos de primera mano de los participantes sobre sus experiencias en combate y sus conexiones con otros compañeros, descubrimos que los hombres que tenían más amistades positivas con sus compañeros de filas y que servían en unidades de combate más cohesionadas y conectadas eran menos propensos a experimentar síntomas de TEPT después de la guerra. En otras palabras, sus amistades eran una especie de armadura protectora. Tener buenos amigos de confianza amortiguó el daño en esos hombres durante los sucesos más difíciles de sus vidas.

Algunas de aquellas relaciones se prolongaron en el tiempo. Una de las preguntas que hacíamos a los participantes era sobre su contacto, años después, con los amigos que habían hecho durante la guerra. Algunos siguieron mandándose postales de Navidad con sus compañeros de filas, siguieron hablando por teléfono de vez en cuando e incluso siguieron viajando para verse hasta el final de sus vidas. Algunos incluso dijeron mantenerse en contacto con las esposas de sus compañeros de armas.

La mayoría, sin embargo, perdieron el contacto, igual que lo hicieron con otros amigos. A medida que sus vidas avanzaban, las dificultades también lo hicieron, pero tuvieron que sortearlas sin el apoyo de amigos cercanos. Como Neal McCarthy (capítulo ocho), hay participantes en el estudio que sirvieron en la guerra y asistieron a los combates, pero que nos contaron que sus experiencias más difíciles tuvieron lugar en sus vidas civiles. Divorcios, accidentes, fallecimientos de cónyuges e hijos y otras experiencias intensas y estresantes los afectaron. Pero, a medida que cumplían años, fueron dejando de prestar atención a sus amigos y se vieron enfrentándose a experiencias estresantes sin el apoyo de amistades. A diferencia de cuando combatían, no tenían a nadie a quien recurrir o con quien compartir sus adversidades. Nadie los ayudó a atravesarlas.

AMISTADES MARCHITAS

Al hojear los expedientes del estudio, uno no tarda en encontrar a hombres que, en los últimos años de su vida, se arrepienten de cómo acabaron sus amistades. Entre ellos hay casos de aislamiento y soledad extremos como Sterling Ainsley (capítulo cuatro) o Victor Mourad (capítulo nueve), pero por todo el estudio encontramos corrientes de una sensación de desconexión más habitual, en la que los hombres se abren paso por las etapas de su vida adulta con cada vez menos amistades cercanas. Cuando tienen la oportunidad de hablar sobre el estado de sus amistades —una oportunidad que rara vez se les presenta fuera de la investigación del estudio—, estos hombres casi siempre sostienen que su falta de amigos cercanos se debe a su autosuficiencia e independencia. Al mismo tiempo, muchos expresan el deseo de tener una mayor intimidad con sus amigos. «Muchos hombres como yo lamentan no haber tenido más amigos íntimos —le contó un participante al estudio—. Yo nunca tuve un amigo íntimo de verdad. Mi esposa tiene más amigos que yo».

Aunque esta experiencia con los amigos es habitual en el estudio, sobre todo en el caso de los hombres, no existen evidencias que apoyen la creencia de que los hombres estén mejor «cableados» para la independencia emocional, el estoicismo y la aversión a la intimidad. En lugar de eso, es probable que su abordaje de las amistades (y de las relaciones en general) sea principalmente el resultado de fuerzas culturales. Por ejemplo, los patrones de amistad de individuos LGBTIQ+ a menudo difieren de sus equivalentes heterosexuales y es probable que existan brechas generacionales en cómo conducen los hombres sus vidas sociales a medida que envejecen. Las investigaciones indican que las diferencias de patrones de amistad entre hombres y mujeres son, en realidad, pequeñas. Unos cuantos estudios longitudinales muestran que los hombres adolescentes de distintos trasfondos conectan íntimamente con amigos de formas que desafían los estereotipos de género. Por ejemplo, la psicóloga Niobe Way estudió las amistades entre adolescentes estadounidenses negros, latinos y asiáticos que, como nuestros participantes de los barrios marginales, crecieron en circunstancias modestas en una gran ciudad. «Los chicos de mi estudio definían a un mejor amigo como alguien con quien compartir secretos o hablar con intimidad»,[9] escribió Way. Por ejemplo,

> Mark dijo en su primer año de preparatoria: «[Mi mejor amigo] podría decirme cualquier cosa y yo también a él. En el plan que él siempre me lo cuenta todo. Siempre estamos de buen humor y no nos guardamos secretos entre nosotros. Nos contamos los problemas». Eddie, en su segundo año de preparatoria, dice: «Es como un lazo, nos guardamos secretos, en el plan que si hay algo que es importante para mí yo se lo digo y él no se burlará. En el plan de que si mi familia está teniendo problemas o algo». Aunque los chicos comentan con sus amigos lo mucho que les gusta jugar al baloncesto o a

los videojuegos, con sus mejores amigos hacen hincapié en hablar juntos y compartir secretos.

A medida que crecen y llegan a los últimos años de adolescencia y los primeros de la edad adulta, las amistades se hacen a menudo más precavidas y menos libres. Parte de este cambio es una respuesta a la modificación de las circunstancias vitales y les sucede tanto a hombres como a mujeres: el trabajo y las relaciones románticas se interponen. Pero para los hombres a menudo entran en juego una serie de potentes fuerzas culturales. En muchas culturas de todo el mundo se anima a los chicos a mostrar su independencia y masculinidad a medida que se hacen mayores y estos empiezan a preocuparse por que la cercanía emocional con amigos hombres los haga parecer menos masculinos. Con el tiempo, se pierde cierta intimidad entre amigos.

Las amistades entre chicas adolescentes están sin duda sujetas a sus propias presiones y limitaciones, pero muchas culturas esperan que las mujeres sigan manteniendo y alimentando estos intercambios cercanos más allá de la adolescencia. Estas expectativas pueden ayudar a mantener una mayor intimidad, pero también pueden hacer que las mujeres tengan una mayor carga a la hora de avanzar y resolver dificultades emocionales en relaciones cercanas.

En 1987, el estudio mandó un cuestionario a la primera generación de participantes y, si estos estaban casados, otro cuestionario para sus esposas. Uno de los temas en los que el estudio estaba especialmente interesado ese año era en la experiencia de las parejas con amigos.

A los hombres les preguntaron: «¿Qué tan satisfecho estás con el número de amigos que tienes y con tu nivel de intimidad con ellos (aparte de tu mujer)?». El 30 % dijo que no estaban satisfechos y que les gustaría tener más. Cuando se planteó una pregunta similar a sus esposas, solo el 6 % dijo sentirse no satisfecha.

Más o menos por la misma época, la socióloga Lillian Rubin estaba haciendo un importante trabajo estudiando el tema de por qué hombres y mujeres parecían experimentar la amistad de formas distintas.

Las mujeres, según halló Rubin, eran más propensas que los hombres a mantener el contacto con sus amigos. La naturaleza de sus relaciones también era distinta: los hombres eran más propensos a organizar amistades en torno a actividades, mientras que las mujeres eran más propensas a la cercanía emocional y a compartir pensamientos y sentimientos íntimos entre sí. Las mujeres tenían más amistades cara a cara y los hombres tenían más amistades codo con codo.

Las observaciones de Rubin fueron apoyadas por algunos análisis de múltiples estudios, pero a medida que crecen las investigaciones sobre este tema hay una cosa clara: las diferencias entre géneros sobre lo que hombres y mujeres buscan en la amistad son más pequeñas de lo que uno podría esperar a partir de nuestros prejuicios culturales.[10]

Por ejemplo, los estudios muestran que las mujeres, en general, tienen expectativas más altas que los hombres respecto a tener intercambios íntimos en sus amistades, pero el margen de diferencia es pequeño. En psicología, estas pequeñas diferencias entre grupos significan que la superposición entre ambos es la norma y no la excepción. En su conjunto, la investigación demuestra que la mayoría de las personas, independientemente del género con el que se identifiquen, quieren y necesitan una cercanía e intimidad similares con sus amigos.

LAS AMISTADES EN EL CORAZÓN DEL ESTUDIO HARVARD

Cuando los participantes del estudio reciben un cuestionario en el buzón, este no va acompañado únicamente de un sobre franqueado para su devolución. También incluye una carta amistosa de un miembro del equipo. A lo largo de los años ha habido mucha correspondencia entre el equipo y los participantes y una mirada rápida a esas cartas en los expedientes revela la profundidad de las conexiones establecidas. En las mentes de la primera generación de participantes, un nombre concreto al final de esas cartas llegó a ser sinónimo del Estudio Harvard en sí: Lewise Gregory Davies.

Formada como trabajadora social, Lewise se unió al estudio muy al principio, cuando Arlie Bock estaba empezando la investigación. A medida que se expandía, Lewise se implicó más y más en el contacto con los participantes. Estos llegaron a conocerla por su nombre y a mandarle notas personales donde le informaban sobre sus vidas (aunque en sus cuestionarios mencionaran la mayoría de los detalles) y si se retrasaban en devolver el cuestionario, ella se ponía en contacto con ellos y los animaba a hacerlo. Lewise los consideraba amigos, casi como una segunda familia. Muchos de ellos respondían los cuestionarios y las solicitudes de entrevistas por lealtad personal a ella.

Con el tiempo, Lewise se jubiló, pero después de la muerte de su marido sintió que extrañaba a los amigos que había hecho en el estudio, así que regresó y siguió con su trabajo. Fue este compromiso personal con el proyecto, el de Lewise y el de otros, lo que ayudó a que casi el 90 % de los participantes permaneciera implicado en él durante ocho décadas. Nuestros participantes sabían que no solo eran importantes para el estudio y la investigación —que la mayoría de ellos no vería nunca—, sino también para Lewise. En 1983, después de jubilarse por segunda vez, Lewise les escribió una nota breve a todos los participantes del estudio agradeciéndoles una última vez una de las experiencias que habían definido su vida.

Queridos amigos:

Durante todos estos años he atesorado mi amistad con ustedes y sus familias. Los recuerdos han sido una estrella que ha dado luz a mi vida. Su lealtad y devoción por mi estudio me conmovieron mucho. Que los años que nos queden sean ricos en felicidad y realización para ustedes y para sus seres queridos.

Con todo mi cariño, tu vieja y buena amiga,

Lewise

Esta es una relación que podría parecer poco importante. Muchos de los participantes solo vieron en persona a Lewise una o dos veces y algunos ni siquiera eso. Pero ella era una parte importante de sus vidas y muchos se alegraban de haberla conocido. Aunque podría parecer una relación pequeña e insignificante, en realidad era todo lo contrario. Como Keane en el capítulo nueve, Lewise cultivó fuertes conexiones en el trabajo y creció personalmente en el proceso. Si no hubiera sido por estas pequeñas conexiones y los efímeros pero positivos sentimientos que las acompañaban, es probable que el Estudio Harvard ya no existiera.

LA IMPORTANCIA DE LAS RELACIONES «POCO IMPORTANTES»

Cuando le preguntaron a Henry Keane, el marido de Rosa, su definición de un «amigo de verdad», dio una respuesta con la que muchos de nosotros seguramente coincidiríamos: «Un amigo de verdad es alguien con quien siempre puedes contar para que te acompañe o te ayude si lo necesitas».

Este es el tipo de amistad que los científicos sociales denominan «lazo fuerte». Son las personas que sabemos que estarán ahí para nosotros cuando las cosas se pongan feas, que nos animarán cuando estemos decaídos y que están dispuestos a apoyarnos en las malas rachas. Cuando la mayoría de nosotros pensamos en «amigos importantes», son estas relaciones las que acuden a nuestra mente.

Pero una relación no tiene por qué ser una de las más frecuentes ni íntimas para ser valiosa. De hecho, pocos de nosotros somos conscientes de que algunas de nuestras relaciones más beneficiosas pueden ser con personas con quienes no pasamos mucho tiempo o que no conocemos muy bien. Incluso las interacciones con completos desconocidos pueden comportar beneficios ocultos.

Piensa en la interacción más habitual y sencilla: comprar un café. Cuando entras a la cafetería, ¿cuántas veces hablas con el mesero? ¿Cuántas veces le preguntas con interés genuino cómo está o qué tal va su día? Puede que tengas o no la costumbre de hacerlo, pero, en cualquier caso, la mayoría de nosotros seguramente no consideraríamos que estas interacciones son «importantes». ¿Verdad? Entonces, ¿importan? En un estudio fascinante, los investigadores dividieron a un grupo de participantes (a los que les gustaba el café) en dos grupos: a uno le dijeron que interactuara con el mesero y al otro que fuera lo más eficiente posible. Al igual que en el estudio «extraños en un tren» mencionado en el capítulo dos, los investigadores hallaron que las personas que sonreían, establecían contacto visual y tenían una interacción social con el mesero —en este caso, un completo desconocido— salían sintiéndose mejor, con más sentimiento de pertenencia, que los que recibieron la orden de ser lo más eficientes posible. Resumiendo, tener un intercambio amistoso con un desconocido sube la moral.[11]

Hay pequeños momentos que pueden mejorar nuestro humor y ayudar a equilibrar parte del estrés que sentimos. El molesto camino al trabajo puede compensarse con una breve conversación con el guardia de seguridad del edificio. La sensación de desconexión puede verse aliviada saludando al cartero. Estas interacciones que duran un instante pueden mejorar el humor y aumentar la energía a lo largo del día. Si adquirimos el hábito de buscar y detectar oportunidades para estas mejoras de moral diaria, con el tiempo sus efectos pueden ser muy amplios no solo para nosotros, sino para toda la red social en su conjunto: el contacto informal repetido demostró que promueve la creación de amistades íntimas.[12] Y, a veces, incluso el contacto más informal puede abrirnos la puerta a un nuevo ámbito de experiencias.

EL AMPLIO ALCANCE DE LOS LAZOS «DÉBILES»

Las amistades informales pueden ser las relaciones más infravaloradas que tenemos. No les dedicamos apenas tiempo y tampoco tienen un impacto sobre nuestra vida que sea muy obvio. Ahora se investigó ya mucho sobre los beneficios de estas conexiones (que los científicos sociales denominan «lazos débiles», un término que no nos gusta mucho, porque no tienen nada de débiles). No son las relaciones a las que recurriremos cuando estemos angustiados y, sin embargo, nos proporcionan descargas de energía y buenas sensaciones durante el día, así como una sensación de estar conectados con comunidades más grandes.

El sociólogo Mark Granovetter llevó a cabo notables investigaciones que muestran la importancia crucial de estos lazos informales.[13] Granovetter argumenta que las personas a las que solo conocemos incidentalmente crean grandes puentes con nuevas redes sociales. Estos puentes permiten el flujo de ideas distintas y a menudo sorprendentes, un flujo de información a la que no tendríamos acceso de otro modo, y también un flujo de oportunidades. Granovetter demostró, por ejemplo, que las personas que cultivan lazos informales tienen más probabilidades de encontrar mejores empleos. Cuando incrementas la complejidad de un sistema social, aumentan las opciones de que suceda una variedad más amplia de cosas. Los lazos informales también pueden conducir a una sensación más expansiva de nuestra comunidad. Cuanto más hablemos con personas de fuera de nuestras burbujas, conectemos con ellas y humanicemos nuestras experiencias en conjunto, más empáticos seremos cuando surjan conflictos.

Observa el gráfico de tu «universo social» del capítulo cuatro. O, si no lo hiciste, piensa un momento en el universo de tus amigos y en las interacciones que tienes a diario. ¿Tienes relaciones que te conecten con otros grupos sociales? ¿Y amigos que te expongan a ideas nuevas o diferentes? ¿Existen oportunidades de cultivar lazos «débiles» en tu universo social?

Estas relaciones informales son también las más intercambiables; entran y salen de nuestras vidas a medida que estas cambian. Las conexiones de los participantes en el Estudio Harvard con Lewise Gregory y con el equipo del estudio se mantuvieron a fuerza de años de esfuerzo y dedicación sistemáticos; la mayoría de las relaciones a distancia o informales no reciben tanta atención.

En el capítulo tres hablamos de la forma en que cambian nuestras relaciones a medida que lo hace nuestra posición en la trayectoria vital y esto es especialmente cierto en el caso de los amigos. A menudo, se abren huecos en nuestro mapa de amistades porque nuestras vidas ya no se acomodan fácilmente a determinadas relaciones. Cuando pasamos de ser adultos jóvenes que se divierten con sus amigos la mayoría de las tardes y fines de semana a padres de niños pequeños, apenas tenemos tiempo para nosotros mismos. O cuando transicionamos de los días laborables llenos de reuniones con compañeros de trabajo a la largamente esperada libertad de la jubilación, donde nos vemos de repente más solos de lo que esperábamos. A medida que avanzamos por la vida, nuestras relaciones sociales no siempre nos siguen el ritmo.

DISTINTOS AMIGOS PARA DISTINTAS ÉPOCAS (LOS AMIGOS A LO LARGO DE LAS ETAPAS VITALES)

Date un paseo por tu ciudad o barrio un día de verano y seguramente presencies momentos de amistad entre personas en distintas etapas vitales: chicos y chicas adolescentes jugando a deportes de equipo; adultos de mediana edad que se citan para tomar café o salir a correr; un grupo de padres en el parque, todos con bebés y niños de edades similares; octogenarios que se reúnen para jugar ajedrez.

Nuestra etapa vital tiene un gran impacto sobre el tipo de amistades que tenemos y su papel. Las nuevas amistades surgen a menudo de situaciones vitales concretas, y también pueden ayudarnos a superarlas.

Los adolescentes conectan descubriendo juntos cosas nuevas y compartiendo sus pensamientos y sentimientos. Los universitarios, sumergidos en la intensa experiencia de vivir por su cuenta por primera vez, se vinculan mediante las dificultades compartidas y desarrollan confianza mutua por el camino. Los padres primerizos se mueren por tener información de primera mano sobre crianza y buscan a personas que sepan por lo que están pasando para recurrir a ellas en busca de apoyo emocional y práctico (Marc y Joan, por cierto, siguieron confiando en el apoyo de Bob y Jennifer, que incluyó hacerles de niñeros para que pudieran disfrutar de su primera noche solos cuando Joan se recuperó). Y, como ya comentamos, ofrecer nuestra ayuda a los demás puede ser tan importante para el bienestar como recibirla, de modo que los padres que están en una etapa más avanzada (como lo estaban Bob y Jennifer) se benefician de proporcionar ese apoyo. Las conexiones concretas según la etapa vital pueden ser potentes, porque esos amigos atravesaron algo importante juntos. Cuando la vida vuelve a cambiar, como siempre hace, esas amistades pueden desvanecerse.

Pero, a veces, incluso un breve periodo de conexión intensa puede forjar amistades que duran décadas y perduran a lo largo de muchas otras etapas vitales.

No siempre avanzamos al mismo ritmo que nuestros amigos. Puede que haya algunos que estuvieran sincronizados con nosotros en el pasado y de repente vayan a contracorriente con nuestra vida actual. Si queremos mantener esas conexiones, tendremos que trabajar más duro para cerrar la brecha y entender cómo son sus vidas.

Esto sucede constantemente con quienes no encontraron pareja, pero tienen amigos que ya se casaron y tuvieron hijos. De repente, esos adultos solteros se encuentran en un mundo distinto. Ahora las conversaciones giran en torno a bebés y pañales y los amigos sin hijos pueden sentirse excluidos. No se trata tanto de celos como de haber perdido una conexión que parecía que estaría ahí para siempre, invariable.

Pero con cada paso de una etapa vital a otra es natural que se pierdan algunas amistades. Un tema común entre un gran número de participantes en el estudio, tanto mujeres como hombres, es la pérdida de amigos tras la jubilación. Como ya comentamos en el capítulo nueve, para algunos de nosotros el trabajo es la base de nuestro universo social. Cuando nos lo quitan, nuestra buena forma social puede verse afectada.

Esto le sucedió a Pete Mills, uno de nuestros participantes universitarios. Cuando se retiró de su ejercicio como abogado, entendió con preocupación que toda su vida social había sido construida alrededor del trabajo y que tendría que ser proactivo en la reconstrucción de sus conexiones sociales. En un esfuerzo por encontrar nuevos amigos, su mujer y él se pusieron a jugar a los bolos.

«Les pregunté por su ocio», escribió el entrevistador del estudio en las notas de campo.

El lunes por la noche, dijo, se habían tomado veinte «bebidas y aperitivos fuertes» después de los bolos. El viernes por la noche, seis para cenar. Él se encarga de los suelos. Ella limpia el polvo.

Les pregunté qué hacen juntos que les diera más alegría. «Socializamos mucho», dijo. El grupo de los bolos se reúne una vez al mes. También tienen un grupo de lectura de obras de teatro que se reúne con regularidad. «Ella no lee lo bastante fuerte. Yo sí», dijo con tono travieso.

Le pregunté sobre conexiones con gente fuera de la familia. «Conectamos bastante —dijo—. Y nos mantenemos al día con viejos amigos. Da mucho trabajo. La gente no lo hace, así que tienes que hacerlo tú». Le pregunté quién consideraba que eran sus amigos más cercanos. Él lo pensó un momento y mencionó a una pareja con quien se juntan regularmente para ir a museos y compartir historias y fotos de viajes. «Hay unas cuantas personas del grupo de lectura de teatro —dijo— que son amigos cercanos». También se siente unido al «único superviviente de mi habitación» [de la universidad], que vive en Cambridge, pero con quien reconoce que ya no se ve muy a menudo. «Seguramente nuestros amigos más cercanos están aquí y ahora», dijo. La mayoría son personas a quienes conocieron en los años que lleva él jubilado.

Pete es un gran ejemplo de participante que busca amigos y los mantiene activamente. Y tenía razón: mantenerse al día con los viejos amigos da mucho trabajo y a muchas personas les cuesta hacerlo o ni se molestan. Pero tanto él como su esposa estaban predispuestos y les gustaban especialmente las grandes reuniones. No todos somos así. No todos (ni siquiera muchos) vamos a emocionarnos por tener a veinte personas en casa unas cuantas veces al mes. Pero lo importante es entender qué tipo de conexiones nos ayudan a prosperar. ¿Tenemos suficientes conexiones así? Si no, ¿podemos dar pasos en esa dirección?

EL CAMINO POR DELANTE

> Escuchar es algo magnético y extraño, una fuerza creativa. [...] Los amigos que nos escuchan son aquellos a los que nos acercamos. [...] Cuando nos escuchan, esto nos crea, nos despliega y nos expande.
>
> BRENDA UELAND[14]

Las amistades son unas de las relaciones más fáciles de abandonar. Una y otra vez a lo largo de las vidas de los participantes en el Estudio Harvard vemos amistades que se deterioraron, en hombres y en mujeres, a causa del abandono. Parte de lo que hace tan maravillosas las amistades es lo que también las hace efímeras: que son voluntarias. Pero eso no las hace menos significativas. Así que vas a tener que mantener las amistades que ya tienes y crear nuevas a conciencia.

Una de las preguntas más habituales que nos hacen es: ¿cuántos amigos necesito? ¿Cinco? ¿Diez? ¿Uno?

Desgraciadamente, no podemos responder por ti a esta pregunta. Cada persona es distinta. Quizá para ti lo mejor es tener dos amigos íntimos o quizá lo que necesites para estar bien es una banda de amigos con quienes compartir distintas actividades y citarse para organizar grandes reuniones. Dependiendo de la etapa vital en la que te encuentres, necesitarás cosas distintas. Puedes empezar observando las causas y actividades que te preocupan y desarrollando nuevas amistades y comunidades en torno a esto. Para descubrir qué te llena más y te hace sentir mejor tendrás que reflexionar sobre ti mismo. Pero aquí te dejamos unas cuantas claves relacionadas con los amigos.

Las amistades pueden sufrir de algunas de las cosas que padecen las relaciones familiares: conflicto crónico, aburrimiento, ausencia de curiosidad, incapacidad de prestar atención.

Aprende a escuchar a tus amigos. Como sugiere Brenda Ueland, escuchar es tan bueno para quien escucha como para quien es escuchado. Absorber de verdad la experiencia de otra persona anima tanto a quien escucha como a quien habla a «desplegarse» para salir de su caparazón y nuestras vidas a menudo son más ricas gracias a esto. Todos tenemos puntos sensibles que nos hacen avanzar con dificultad por las conversaciones más íntimas, pero las recompensas valen la pena. Por ejemplo, la gente acostumbra a ser muy reservada sobre la enfermedad. Les gustaría poder explicarlo, pero les preocupa ser una carga para sus amigos. Solo mostrar que quieres saber más cuando alguien menciona una preocupación médica puede bastar para abrir esa puerta.

Que nos escuchen nos hace sentir entendidos, cuidados y vistos. Puede que descubras que estar al lado de un amigo y escucharlo crea un entorno en el que tú también eres visto y oído..., pero hay que ser valiente para ofrecer a tus amigos algo que escuchar. También sucede a menudo en las amistades que una persona es más propensa a escuchar y la otra a hablar. Saber quién eres tú te puede dar la oportunidad de equilibrar las cosas. Las amistades más potentes fluyen en ambas direcciones.

Piensa en las desavenencias que tienes en tu vida. Las amistades pueden causarnos heridas que nos acompañen mucho tiempo. Pero las desavenencias entre amigos no tienen por qué ser permanentes. A veces basta con un simple *mea culpa* o con hacer un gesto de paz —un mensaje de texto amable, una invitación a comer, una llamada rápida para felicitar el cumpleaños— para reparar una herida del pasado. A veces protegemos con más insistencia y tenacidad ese daño de lo que protegimos la amistad en sí. Olvidar los rencores puede liberarnos de esa carga.

Por último, piensa en tus rutinas sociales. A menudo caemos en repeticiones con los amigos que vemos más a menudo. Hablamos sobre las mismas cosas, los mismos problemas, una y otra vez. ¿Hay algo que te gustaría obtener más de un amigo en concreto? ¿Hay algo más que tú puedas dar? Quizá haya algo más que quieras saber sobre ese amigo o su pasado. O algo nuevo que los dos podrían explorar juntos.

Al leer este capítulo, puede que pienses que tú no eres capaz de hacer estas cosas. Quizá te sientas solo, pero también anclado en tus costumbres. Los viejos hábitos sociales son difíciles de cambiar y todos tenemos determinadas barreras psicológicas, como timidez o aversión a los grupos, que nos complican alterar nuestras circunstancias sociales. Quizá sientas que es demasiado tarde para ti.

Si es así, no estás solo. Una frase habitual entre algunos participantes en el Estudio Harvard, independientemente del género, es la idea de que en algún momento de la vida adulta resulta ya imposible cambiar la naturaleza de nuestras amistades. La expresión de la soledad a menudo va seguida de frases como «Supongo que es lo que hay...» o «La vida es demasiado ajetreada para tener amigos...». Incluso en las respuestas escritas en un cuestionario formal se puede oír la resignación en las voces de los participantes.

Andrew Dearing fue uno de ellos. En el fondo, él sabía que su vida no cambiaría. Como muchas personas —quizá como tú—, él creía que era demasiado tarde.

ES DEMASIADO TARDE PARA MÍ

Andrew Dearing vivió una de las vidas más difíciles y solitarias de todos los participantes en el estudio. De niño, tuvo un padre ausente, su madre y sus hermanos tuvieron que mudarse constantemente y él no pudo desarrollar amistades duraderas. En los primeros años de su vida adulta siguieron sus problemas para entablar amistades significativas. Tenía treinta y cuatro años cuando se casó. Su esposa era muy crítica con Andrew y sentía aversión por la mayoría de las situaciones sociales. No quería ver a nadie y tampoco quería que lo hiciera él. Nunca salían y casi nunca los visitaba nadie. Su matrimonio era uno de los mayores estreses de su vida.

Lo único que lo hacía feliz era su trabajo. Era relojero y le gustaba desmontar relojes antiguos y de cucú para hacer que volvieran a funcionar. La gente siempre acudía a él con historias familiares sobre sus relojes y a él le gustaba devolver a la vida esas reliquias para sus clientes. A punto de cumplir los sesenta años, le preguntaron cuándo tenía previsto jubilarse. Él escribió: «No estoy seguro. Llevo trabajando en esto desde que tenía ocho años. El trabajo me mantuvo vivo. Jubilarme me suena y me da la sensación de que es el final del camino. Así que me gustaría seguir trabajando». Pero a lo largo de la mayor parte de su vida adulta informó de muy bajos niveles de felicidad y satisfacción. A los cuarenta y cinco años, en un momento de profunda desesperanza, Andrew intentó suicidarse. Veinte años después, seguía debatiéndose con la idea. «He pensado en acabar con todo», escribió en el margen de un cuestionario.

Cuando, a mediados de su década de los sesenta, le pidieron que describiera a su amistad más íntima en la vida y qué había significado para él, Andrew escribió sencillamente: «Nadie». Cuando le preguntaron qué hacía para divertirse, escribió: «No hago nada. Estoy siempre en casa, menos cuando voy a trabajar».

A los sesenta y siete años, su vista se había deteriorado hasta el punto de que ya no podía llevar a cabo trabajo de precisión, de modo que se vio obligado a jubilarse. Poco después, acudió a terapia por primera vez en su vida. Allí habló de lo solo que se sentía en el mundo y de la tristeza que le causaba tener que dejar de trabajar. Contó que estaba teniendo pensamientos suicidas. El terapeuta le preguntó si había pensado alguna vez en dejar a su esposa. Andrew no lo había pensado. Sentía que eso sería descortés con ella. Pero aquella conversación caló en él y al año siguiente, con sesenta y ocho años, aunque no se divorció, sí se separó de ella y se mudó solo a un departamento. Ahora, aunque se sentía aliviado de haberse liberado de las limitaciones de su matrimonio, se sentía más solo que nunca. Por impulso, decidió empezar a ir a un gimnasio cerca de su casa para hacer ejercicio y no pensar. Empezó a ir todos los días y se fijó en que siempre veía a la misma gente, un día sí y un día no. Un día saludó a otro habitual y se presentó.

Tres meses después, Andrew conocía a todas las personas del club y tenía más amigos de los que había tenido en su vida. Cada día esperaba con ilusión el rato que pasaba en el gimnasio y empezó a ver a algunos de sus amigos fuera de él. Descubrió que unos cuantos compartían su gusto por las películas antiguas y empezaron a reunirse para ver y compartir sus títulos favoritos.

Un par de años después, cuando el cuestionario del estudio le preguntó si se sentía solo, Andrew escribió: «Sí, a menudo». Al fin y al cabo, ahora vivía solo. Pero cuando le preguntaron cómo de ideal era su vida en una escala del 1 al 7, Andrew rodeó el «7», «Casi ideal». Aunque seguía sintiéndose solo, su vida lo llenaba tanto ahora que casi no podía imaginar que pudiera mejorar.

Ocho años después, en 2010, Andrew seguía teniendo un contacto estrecho con muchos de esos mismos amigos, había ampliado su círculo social aún más y expresaba un gran alivio por haber cambiado su vida. Cuando años antes le habían preguntado cada cuánto tiempo salía de casa para ver a otras personas o iba gente a verlo a él, su respuesta había sido «Nunca».

Ahora, cuando le preguntaron lo mismo con más de ochenta años, su respuesta fue «Todos los días». Como las circunstancias vitales cambian mucho y las personas también, es difícil hacer una afirmación general sobre qué es posible y qué no en la vida de alguien. Pero Andrew fue una de las personas más aisladas y solitarias del estudio y, al final, encontró alivio. Cambió su rutina y conectó con otros y en el proceso se abrió al mundo de una forma que lo hacía sentirse valorado.

Vivimos en un mundo que anhela una mayor conexión humana. A veces podemos sentir que vamos a la deriva, que estamos solos y que ya superamos el punto en el que podemos hacer algo para cambiarlo. Andrew se sintió así. Creyó que había superado ese punto de inflexión. Pero se equivocaba. No era demasiado tarde. Porque lo cierto es que nunca lo es.

Conclusión

NUNCA ES TARDE PARA SER FELIZ

Cuestionario del Estudio Harvard, 1983:

> P: Toda investigación altera su objeto.
> Durante las últimas décadas, ¿en qué modo ha alterado tu vida el Estudio Harvard?

En 1941, Henry Keane tenía catorce años y estaba sano. Aunque vivía en un barrio que se definía por su pobreza y estas privaciones hicieron que muchos chicos que él conocía se metieran en problemas, Henry evitó ese camino. Interesado en entender por qué, un joven investigador de Harvard subió tres tramos de escaleras del bloque de viviendas de alquiler de Henry un día lluvioso para hablar con él y con sus padres sobre participar en un proyecto puntero de investigación. Los responsables querían hacerle chequeos de salud regulares y hablar con él sobre su vida de forma periódica durante unos cuantos años para ver qué podían aprender de las experiencias de chicos jóvenes de las zonas más pobres de Boston. Casi quinientos chicos de su edad de otros barrios de la ciudad también estaban siendo reclutados, la mayoría de familias inmigrantes como la de Henry. Sus padres eran escépticos, pero el investigador parecía de fiar. Aceptaron.

Unos años antes, Leo DeMarco y John Marsden, ambos de diecinueve años y en su segundo curso en la Universidad de Harvard, pidieron cita en la consulta del servicio de salud para conocer a Arlie Bock, que los apuntó a un estudio parecido que intentaba saber qué hacía florecer a los hombres jóvenes. Después de sus primeras entrevistas —de dos horas—, los hicieron volver la semana siguiente.

—No era capaz de imaginar —dijo John— qué más podrías preguntarme. Nunca había pensado que tuviera cosas que decir sobre mí mismo para llenar dos horas.

Ambos estudios estaban planteados para durar unos cuantos años. Quizá diez, si lograban los fondos necesarios.

Esos tres chicos tenían todas sus vidas por delante. Al mirar hoy las fotografías de su ingreso, Bob y Marc se maravillan y experimentan una nostalgia similar a la de cuando miramos la fotografía de un viejo amigo. Ninguno de los participantes podía saber a qué dificultades se enfrentaría; tampoco a dónde los llevaría su vida.

Algunos de los de su cohorte, jóvenes como ellos, murieron en la guerra que estaba por llegar. Algunos fallecieron de complicaciones relacionadas con el alcoholismo. Algunos se hicieron ricos y otros, incluso, famosos.

Algunas vidas fueron felices. Otras, no.

Ochenta años después sabemos que Henry y Leo están en el grupo feliz. Ambos se convirtieron en hombres sanos e implicados, con ideas positivas y realistas sobre el mundo. Observamos sus expedientes, sus vidas, y dentro del flujo normal de mala suerte y tragedias y malas rachas vemos algunos golpes de suerte. Se enamoraron, adoraban a sus hijos, encontraron sentido en sus comunidades. Llevaron vidas principalmente positivas y por las que se sentían agradecidos.

John está en el grupo infeliz. Empezó la vida con privilegios, incluida la riqueza material, y también tuvo golpes de suerte. Era un alumno brillante, fue a Harvard y cumplió su sueño de convertirse en un abogado de éxito. Pero su madre murió cuando él tenía dieciséis años y también sufrió acoso escolar de niño durante varios años. Con el tiempo, empezó a desconfiar de la gente y a afrontar el mundo habitualmente de forma negativa. Le costaba conectar con los demás y, al enfrentarse a dificultades, su instinto era alejarse de las personas más cercanas a él. Se casó dos veces, pero nunca se sintió querido de verdad.

¿Cómo podríamos haber ayudado a John si pudiéramos volver atrás hasta el día en que le hicieron esa fotografía a los diecinueve años? ¿Podríamos usar algo de lo que John contribuyó a descubrir al estudio para ayudarlo a afrontar su propia vida? «Toma —podríamos decirle—, esta es la vida de alguien a quien estudiamos. Él lo hizo para que tú puedas hacerlo mejor».

Pero muchos de los hallazgos más significativos, claro está, llegaron después de que los participantes hubieran vivido ya gran parte de sus vidas. Así que no contaron con el privilegio de la investigación que hemos presentado en los momentos en los que más les hubieran ayudado.

Por eso escribimos este libro: para compartir contigo lo que no pudimos con ellos. Porque una cosa que muestra claramente el amplio corpus de investigaciones sobre la prosperidad humana, empezando por nuestro estudio longitudinal y pasando por decenas de otros, es que da igual la edad que tengas, en qué parte del ciclo vital te encuentres, si estás casado o no, si eres introvertido o extrovertido: todo el mundo puede dar giros positivos a su vida.

John Marsden es un pseudónimo. Su profesión y otros detalles que podrían identificarlo fueron cambiados para proteger su identidad. El hombre real que se esconde tras ese nombre, desgraciadamente, falleció. Ya es tarde para él. Pero si estás leyendo este libro, no es tarde para ti.

VIVIR UNA VIDA EXAMINADA

A menudo se le preguntó al Estudio Harvard: ¿se cuestiona desde el estudio la forma de vida de los participantes? ¿Se distorsionan los datos mediante un efecto Heisenberg psicológico a través del cual el hecho de autoexaminarse moldea las vidas de los sujetos?

Esta es una pregunta que le interesaba mucho a Arlie Bock y a los siguientes directores e investigadores del estudio. Por un lado, es imposible de responder. Como suele decirse: no podemos sumergirnos dos veces en el mismo río. No hay forma de saber cómo habría sido la vida de cada uno de los sujetos de no haberse implicado en el estudio. Sin embargo, los propios participantes tienen opiniones al respecto:

«Lo siento, pero no creo que haya influido en absoluto», era una respuesta típica.

«Solo como tema de conversación. ¡Lo siento!», era otra.

John Marsden se limitó a responder: «En ninguno».

Joseph Cichy (capítulo siete) también escribió: «En ninguno» y después ofreció lo que él consideraba el motivo: «No ofrecí ninguna respuesta que pueda traducirse en un mensaje para mí».

Otros, sin embargo, reconocían haberles dado la vuelta a las investigaciones del estudio y haberlas usado para valorar sus experiencias y abrirse a la posibilidad de vivir de otra manera.

«El estudio hizo que reevalúe mi vida cada dos años», escribió un participante.

Otro explicó su rutina completa de autoevaluación: «Me hace revisar, cuestionar mis actividades actuales, reflexionar sobre la situación, aclarar direcciones y prioridades y evaluar mi relación matrimonial, lo que después de treinta y siete años se convirtió en una parte tan básica de mi vida que es ya incuestionable».

«Me hace reflexionar un poco —escribió Leo DeMarco—. Me hace celebrar mis circunstancias: una esposa que me quiere y que en general tolera mis rarezas. Las preguntas me hacen ser consciente de que existen otras formas de vivir, otras opciones, otras experiencias que podrían haber sido, pero no fueron».

Que los participantes se vieran afectados por las preguntas del estudio es en sí una lección para los demás. Puede que ningún investigador nos llame por teléfono y nos moleste para que respondamos preguntas cada dos años, pero también podemos dedicar un momento de vez en cuando a plantearnos dónde estamos y dónde nos gustaría estar. Son estos momentos de tomar perspectiva y mirar nuestra vida lo que nos puede ayudar a despejar la niebla y ver el camino que tenemos por delante.

Pero ¿qué camino?

Tendemos a pensar que sabemos qué es lo que nos llena, lo que es bueno para nosotros y lo que es malo también. Pensamos que nadie nos conoce como nosotros mismos. El problema es que se nos da tan bien ser como somos que no siempre vemos que podría haber otro camino.

Recuerda la sabiduría del maestro zen Shunryu Suzuki: «En la mente del principiante hay muchas posibilidades, pero en la de un experto hay pocas».

Plantearnos preguntas sinceras sobre nosotros mismos es el primer paso hacia el reconocimiento de que quizá no somos expertos en nuestras propias vidas. Cuando lo aceptamos y entendemos que quizá no tengamos todas las respuestas, entramos en el reino de la posibilidad. Y ese es un paso en la dirección correcta.

EN BUSCA DE ALGO MÁS GRANDE

En 2005 celebramos un almuerzo para los participantes de los barrios marginales de Boston, que, en aquel momento, tenían entre setenta y ochenta años. Había una mesa para Southie (sur de Boston), Roxbury, el West End, el North End, Charlestown y todos los demás barrios de Boston representados en el estudio. Algunos de los participantes incluso se conocían de la escuela o por haber crecido en las mismas colonias. Algunos cruzaron todo el país y llegaron ataviados con sus mejores trajes y corbatas; otros solo tomaron el coche hasta el West End desde la otra esquina, vestidos con lo que se hubieran puesto esa mañana. Algunos trajeron a sus esposas e hijos, muchos de los cuales se habían unido también al estudio.

La dedicación de nuestros participantes es aleccionadora. El 80% de la primera generación estuvo implicado en él durante toda su vida. Los estudios longitudinales típicos tienen una tasa mucho más alta de abandonos y no están ni siquiera cerca de cubrir vidas enteras.[1] Lo que es más importante, el 68% de sus hijos accedieron a participar en la segunda generación, una tasa increíblemente alta. Incluso los participantes de la primera generación que fallecieron hace muchos años hicieron contribuciones que afectarán a la investigación durante largo tiempo. Nos dejaron tubos de ensayo con su sangre que, en combinación con sus datos médicos sobre su salud física y mental y evaluaciones históricas de los barrios de Boston, están siendo usados para estudiar los efectos a largo plazo del plomo y otros contaminantes ambientales. A medida que se acerca el final de sus vidas, algunos participantes incluso accedieron a donar sus cerebros al estudio. Honrar estas solicitudes no fue fácil para las familias que tuvieron que someterse a molestias considerables en un momento de duelo para asegurarse de que la investigación pudiera tomar posesión de los restos mortales de sus seres queridos. Gracias a toda esta dedicación, las vidas de los participantes siguen importando y su legado perdurará.

Este proyecto mejoró nuestras vidas mutuamente. Nuestras vidas, las de las generaciones de miembros del equipo del Estudio Harvard, se vieron alentadas por nuestra conexión con los participantes. A su vez, la creatividad y el compromiso de los miembros de nuestro equipo permitieron a cientos de familias formar parte de algo único en la historia de la ciencia. Lewise Gregory, a quien mencionamos en el capítulo diez y que trabajó para el estudio durante la mayor parte de su vida, es uno de los mejores ejemplos de esto. Nuestros participantes respondieron a cuestionarios durante algunos de los momentos más atareados y difíciles de sus vidas, no solo porque creyeran en la investigación, sino también por la lealtad que sentían hacia Lewise y otros miembros del equipo. Un estudio que descubrió poco a poco el valor de las relaciones se sostuvo, al final, gracias a estas.

Con el paso de los años, se creó una especie de comunidad invisible. Algunos participantes no conocieron a nadie más del estudio hasta muy avanzada edad y otros nunca conocieron a ningún otro implicado. Pero igualmente sentían una conexión con los demás. Algunos sujetos que desconfiaban de abrirse tanto al principio sospechaban, pero siguieron adelante. Otros esperaban con ilusión las llamadas del estudio y disfrutaban la experiencia de que les preguntaran cosas y los escucharan. La mayoría, sin embargo, estaban orgullosos de colaborar con algo más grande que ellos. Así, pensaban en el estudio como algo que formaba parte de su generatividad, de su huella en el mundo, y confiaban en que, con el tiempo, sus vidas les resultarían útiles a personas que no conocerían nunca.

Eso da voz a una preocupación que muchos tenemos: «¿Importo?».

Algunos hemos vivido la mayor parte de nuestras vidas y las rememoramos; otros tienen por delante gran parte de las suyas y están deseando experimentarlas. A todos, con independencia de la edad, nos ayuda recordar que esto no solo trata sobre logros personales, sino sobre ser importantes para alguien, sobre dejar algo para las futuras generaciones y sobre formar parte de algo más grande que nosotros: que esto se trata de qué significamos para los demás. Y nunca es tarde para empezar a dejar huella.

RELLENAR LOS HUECOS

En el contexto de la historia humana, la «ciencia de la felicidad» es una idea reciente. Lenta pero segura, la ciencia está desenterrando respuestas útiles a la pregunta de qué hace que las personas prosperen a lo largo de toda una vida. No dejan de aparecer nuevos hallazgos, datos y estrategias sobre cómo trasladar la investigación sobre la felicidad a la vida real. Si quieres estar pendiente de los últimos resultados, los encontrarás en la Fundación Lifespan Research (<www.lifespanresearch.org>).

El principal reto para el estudio sobre la felicidad está en la aplicación de su conocimiento a las vidas reales, ya que todas son muy distintas y no encajan en un marco de grupo. Los hallazgos e ideas que presentamos en este libro se basan en la investigación, pero la ciencia no conoce tus contradicciones ni tu confusión. No puede cuantificar el escalofrío que sientes cuando recibes una llamada de determinado amigo. No puede saber qué es lo que no te deja dormir por las noches, de qué te arrepientes o cómo expresas tu amor. La ciencia no puede decirte si llamas demasiado o demasiado poco a tus hijos, ni si deberías reconectar con determinado miembro de tu familia. No te puede decir si sería mejor para ti tener una conversación sincera tomando café, jugar un partido de baloncesto o salir a pasear con un amigo. Esas respuestas solo pueden surgir de la reflexión y de intentar entender qué es lo que funciona en tu caso. Para que cualquier cosa de las que aparecen en este libro te sea útil, necesitas sintonizar con tu experiencia vital única y sacar tus propias conclusiones.

Pero esto es lo que la ciencia sí te puede decir: las buenas relaciones nos hacen más felices, nos mantienen más sanos y nos ayudan a vivir más tiempo. Esto es cierto a lo largo de toda la vida, en todas las culturas y contextos, lo que significa que casi seguro es cierto para ti y para casi todos los seres humanos que han existido.

LA CUARTA HABILIDAD BÁSICA

Pocas cosas afectan tanto a la calidad de nuestra vida como nuestra conexión con los demás. Como ya dijimos muchas veces, los seres humanos somos en primer lugar animales sociales. Las implicaciones de esto son mucho mayores de lo que la mayoría entendemos.

A veces equiparamos la educación básica a tres habilidades concretas: leer, escribir y sumar. Si tenemos en cuenta que la educación básica está pensada para preparar a los alumnos para la vida, creemos que debería incluirse una cuarta: la capacidad de relacionarse.

Los humanos no nacemos con la necesidad biológica de leer ni escribir, aunque estas habilidades sean hoy fundamentales en sociedad. No nacemos con la necesidad de hacer matemáticas, aunque el mundo moderno no existiría sin ellas. En cambio, sí nacemos con la necesidad de conectar con otras personas. Y debido a que esta necesidad de conexión es fundamental para una vida próspera, creemos que la buena forma social debería enseñarse a los niños y tener un papel central en las políticas públicas, junto con el ejercicio, la dieta y otras recomendaciones de salud. Convertir la buena forma social en central en la educación para la salud es especialmente importante en el contexto de unas tecnologías en rápida evolución que afectan a cómo nos comunicamos y a cómo desarrollamos nuestras habilidades relacionales.

Hay señales de que el mundo lo está entendiendo. En la actualidad hay centenares de estudios que muestran que las relaciones positivas tienen beneficios para la salud; hemos citado muchos de ellos en este libro. Los cursos sobre aprendizaje social y emocional (SEL, por sus siglas en inglés) se centran en ayudar a los alumnos a aprender a ser conscientes de sí mismos, a identificar y gestionar emociones y a pulir sus habilidades relacionales. Estos programas se están probando en escuelas de todo el mundo.[2] De forma transversal en todas las edades, razas, géneros y clases, esta investigación sugiere que, en comparación con los alumnos que no recibieron esta formación, los que sí lo hicieron mostraron más comportamientos positivos con sus compañeros, mejor rendimiento académico, menos problemas de conducta, un menor consumo de drogas y menos angustia emocional. Estos programas son un paso en la dirección correcta y su impacto muestra que hacer hincapié en las relaciones vale la pena. También se está empezando a procurar que este mismo aprendizaje llegue a adultos en organizaciones, lugares de trabajo y centros comunitarios.[3]

LA ADVERSIDAD EN EL CAMINO HACIA LA BUENA VIDA

Vivimos una época de crisis global. Conectar con nuestros compañeros humanos es aún más urgente en este contexto. La pandemia de covid-19 puso de manifiesto de forma incontestable la necesidad de conexión. A medida que la enfermedad se expandía y empezaban los confinamientos, muchas personas intentaron apuntalar las relaciones más importantes de sus vidas para aumentar su sensación de seguridad y unión. A medida que los confinamientos se prolongaban primero semanas y luego meses y más, las personas empezaron a sentir los efectos del aislamiento social de formas extrañas y, a veces, profundas. Nuestros cuerpos y mentes, inextricablemente unidos, reaccionaron al estrés del aislamiento. Personas de todo el mundo empezaron a experimentar consecuencias en su salud a medida que los estudiantes perdían el contacto regular con sus amigos y profesores, los trabajadores perdían la presencia de sus compañeros, se posponían bodas, se dejaban de lado amistades... Quienes teníamos acceso a internet tuvimos que conformarnos con conectar mediante pantallas de computadora. De repente, quedó claro que escuelas, cines, restaurantes y parques no solo servían para estudiar, ver películas, comer o practicar deporte. También servían para juntarnos.

Las crisis globales seguirán afectando al bienestar colectivo. Pero, conforme nos esforzamos por afrontarlas, debemos recordar que solo tenemos el momento que vivimos en el lugar en el que estamos. Es el abordaje que elegimos a cada instante, a medida que este segundo transcurre, y las conexiones con los individuos con quienes nos encontramos en nuestras vidas —familiares, amigos, personas de nuestras comunidades y demás— lo que en última instancia nos servirá de bastión frente a las crisis que vengan.

Cuando los participantes en el Estudio Harvard eran pequeños, no podían imaginar las dificultades a las que se enfrentarían, tanto en el mundo como en sus vidas. Leo DeMarco no habría podido prever la Segunda Guerra Mundial. Henry Keane no podría haber hecho nada para evitar la pobreza que la Gran Depresión causó a su familia. No podemos saber exactamente qué dificultades se nos presentarán en el futuro. Pero sí sabemos que vendrán.

Miles de historias del Estudio Harvard nos demuestran que la buena vida no se halla persiguiendo el ocio y las facilidades. En lugar de eso, nace del acto de enfrentarnos a las dificultades inevitables y de habitar totalmente los momentos de nuestras vidas. Aparece, sin hacer ruido, a medida que aprendemos a amar y a abrirnos a ser amados, a medida que maduramos a partir de nuestras experiencias y cuando nos mostramos solidarios con los demás mediante las inevitables cadenas de alegrías y adversidades de todas las vidas humanas.

UNA ÚLTIMA DECISIÓN

¿Cómo puedes avanzar más en tu camino hacia una buena vida? En primer lugar, reconociendo que la buena vida no es un destino. Es el camino, y este incluye a las personas que lo recorren contigo. A medida que caminas, segundo a segundo, tú decides a quién y a qué dedicas tu atención. Semana a semana puedes priorizar tus relaciones y elegir estar con las personas que te importan. Año tras año, puedes encontrar propósito y significado mediante las vidas que enriquezcas y las relaciones que cultives. Al desarrollar tu curiosidad y ponerte en contacto con los demás —familiares, seres queridos, compañeros de trabajo, amigos, conocidos e incluso desconocidos—, con una pregunta meditada cada vez y a través de un momento de atención total y real, refuerzas los pilares de una buena vida.

Te vamos a hacer una última sugerencia para que pongas manos a la obra.

Piensa en alguien, solo una persona, que sea importante para ti. Alguien que quizá no lo sepa. Podría ser tu cónyuge, tu pareja, un amigo, un compañero de trabajo, un hermano, un padre, un hijo o incluso un entrenador o un maestro de cuando eras pequeño. Esta persona podría estar sentada a tu lado mientras lees este libro, podría estar de pie en la cocina fregando los platos o en otra ciudad, en otro país. Piensa en qué punto de su vida está. ¿A qué se está enfrentando? Piensa en lo que significa para ti, en qué hizo por ti en tu vida. ¿Dónde estarías sin ella? ¿Quién serías?

Ahora piensa en por qué le darías las gracias si creyeras que no vas a volver a verla nunca más.

Y en este momento, ahora mismo, vuélvete hacia ella. Llámala. Díselo.

AGRADECIMIENTOS

Este libro es testigo de una verdad fundamental: nos sostiene una red de relaciones que dan sentido a nuestras vidas y las llenan de bondad. Estamos profundamente agradecidos con muchas personas cuya generosidad y sabiduría nos permitió crear este trabajo.

Los dos iniciamos nuestra amistad y colaboración hace casi tres décadas en el Massachusetts Mental Health Center, donde éramos compañeros en el laboratorio de Stuart Hauser. Su estudio longitudinal de los adolescentes nos enseñó la riqueza que se puede encontrar al monitorear las vidas individuales a lo largo del tiempo y Stuart nos enseñó el valor de escuchar las historias de la gente.

El maestro de Bob en la Facultad de Medicina de Harvard, George Vaillant, fue el tercer director del Estudio Harvard sobre el Desarrollo en Adultos. Su conocimiento de la ciencia del desarrollo en adultos modeló la idea que tiene el mundo del ciclo vital humano y su voluntad de confiar este precioso proyecto longitudinal a la siguiente generación de investigadores fue un regalo que dio grandes frutos. Por supuesto, nos alzamos sobre los hombros de todos los directores anteriores: Clark Heath, Arlie Bock y Charles MacArthur, que fueron los pioneros del estudio de la cohorte de universitarios de Harvard, y Eleanor y Sheldon Glueck, quienes crearon el estudio de la cohorte de los barrios marginales de Boston. Ninguna de estas investigaciones sería posible sin financiación y el Estudio Harvard no podría llevarse a cabo sin el apoyo del Instituto Nacional de Salud Mental, el Instituto Nacional del

Envejecimiento, la W. T. Grant Foundation, el Harvard NeuroDiscovery Center, la Fidelity Foundation, la Blum-Kovler Foundation, la Weil Memorial Charitable Foundation y Ken Bartels y Jane Condon.

Llevar a cabo un estudio longitudinal de esta profundidad requiere la dedicación y la paciencia de todo un pueblo. Esta comunidad incluye a pastores constantes —Lewise Gregory, Eva Milofsky y Robin Western— que mantuvieron conexiones vitales con nuestros participantes en el estudio durante décadas. Y sigue incluyendo a un gran grupo de talentosos compañeros doctores, estudiantes de doctorado y de grado, e incluso algunos de preparatoria, demasiados para ser nombrados. Todos ellos aportaron curiosidad y nuevas perspectivas que siguen revitalizando nuestro trabajo. Ampliar el estudio a los hijos de los participantes originales solo fue posible gracias a la guía de un destacable grupo de colegas: Margie Lachman, Kris Preacher, Teresa Seeman y Ron Spiro. Nuestro compañero Mike Nevarez sigue usando su precisión de ingeniero y su formación médica para prever la introducción de mediciones biológicas y herramientas digitales del siglo XXI en la segunda generación de nuestro estudio.

Cuando Bob dio su charla TEDx en 2015, que se compartió muchísimo, quedó claro que muchas personas estaban ansiosas por saber lo que la ciencia del desarrollo tenía que decir sobre la prosperidad humana. Nuestro amigo y colega John Humphrey tuvo la idea de crear y liderar la Fundación Lifespan Research (www.lifespanresearch.org), una organización sin ánimo de lucro con la misión de usar los hallazgos de la investigación vital para que la gente tenga vidas más sanas, llenas de sentido, conexión y propósito. Su muerte en mayo de 2022 es una pérdida que aún sentimos, pero su energía y su pasión siguen inspirándonos a usar la investigación para ayudar a los demás. El equipo de la fundación —John, Marianne Doherty, Susan Friedman, Betsy Gillis, Linda Hotchkiss, Mike Nevarez, Connie Steward y otros— nos permitió tomar hallazgos de investigaciones que se ocultan en revistas académicas y traducirlos a herramientas fáciles de usar para quienes buscan sabiduría basada en la ciencia sobre el bienestar.

La buena vida fue una creación de otro pueblo: a Doug Abrams, de Idea Architects, se le ocurrió algo que acabó siendo casi exactamente aquello en lo que se convirtió el libro. Su fe en el proyecto y la experiencia del equipo de Idea Architects, en especial Lara Love, Sarah Rainone y Rachel Neumann, proporcionaron una guía clara en el pantanoso terreno del diseño y la elaboración de un libro sobre el trabajo de nuestra vida. Rob Pirro compartió con nosotros su profundo conocimiento sobre las perspectivas filosóficas de una buena vida. Nuestros generosos lectores del manuscrito fueron una bendición: Cary Crall, Michelle Francl, Kate Petrova y Jennifer Stone nos aportaron todos inestimables perspectivas que nos ayudaron a aguzar nuestras ideas y escritura.

En Simon & Schuster, Jonathan Karp y Bob Bender tuvieron la fe necesaria para comprometerse con este libro en un momento de gran incertidumbre mundial. Su entusiasmo por el proyecto era contagioso y tuvimos la suerte de trabajar con Bob, un editor veterano cuya mano firme y amable dio forma al manuscrito con cariño y sabiduría. Johanna Li nos guio en el diseño gráfico del libro. También queremos darle las gracias al corrector Fred Chase. Saliann St-Clair, Jemma McDonagh, Brittany Poulin y Camilla Ferrier de la Marsh Agency, y Caspian Dennis y Sandy Violette de Abner Stein nos ayudaron a llevar el libro por todo el mundo mediante contratos internacionales. Y queremos dar las gracias a las más de veinte editoriales encargadas de las traducciones, que entendieron el valor de llevar este libro a personas de todo el globo.

Quizá no habríamos tenido el valor de escribir esta obra de no haber sido por las muchas personas que creyeron en el proyecto. Tal Ben-Shahar, Arthur Blank, Richard Layard, Vivek Murthy, Laurie Santos, Guy Raz, Jay Shetty, Tim Shriver y Carol Yu son algunos de quienes nos animaron cuando nos entraba miedo. Nuestros compañeros Angela Duckworth, Eli Finkel, Ramon Florenzano, Peter Fonagy, Julianne Holt-Lunstad y Dominik Schoebi, que son un ejemplo de cómo llevar los descubrimientos de la investigación científica al mundo de forma accesible y dejando huella, también nos apoyaron en los inicios.

Mark Hitz estuvo desde el principio en el centro del proyecto. Observador entusiasta y empático de la experiencia humana y escritor con grandes dotes y sutileza, aprendió a bailar con nosotros en un mundo que era completamente nuevo para él. Aportó su oído musical al texto y esa melodía se oye a lo largo de todo el libro. Nos ayudó a infundir vida en los hallazgos de la investigación usando las historias que encontró en los enormes archivos del estudio. Todo esto se hizo con la perseverancia y la paciencia que solo puede nacer del profundo respeto por las personas que nos contaron sus historias. Siempre estaremos agradecidos de que Mark aportara su talento a esta colaboración.

Nuestra mayor deuda es con las mujeres y hombres que participaron en el Estudio Harvard sobre el Desarrollo en Adultos. ¿Cómo podríamos empezar a agradecer a las generaciones de personas que nos ofrecieron sus historias vitales para que el mundo pueda entender más y mejor la condición humana? Al compartir sus vidas le hicieron un regalo a la ciencia y a todos nosotros. Nos recuerdan lo generosa que puede ser la gente y lo esencial que es apreciar nuestra humanidad compartida. Jamás podremos pagar esa deuda, pero esperamos que este libro sirva de pequeña compensación.

Bob

Ya sea una cuestión de suerte o bien de karma, la forma en la que conocemos a las personas que moldean nuestras vidas es un misterio maravilloso. Yo me beneficié de la atención y el cuidado de muchos buenos mentores. La profesora Barbara Rosenkrantz compartió conmigo su profunda emoción al aplicar una curiosidad radical a documentos históricos mohosos. Phil Isenberg, Carolynn Maltas, John Gunderson y un ejército de maravillosos maestros clínicos me enseñaron a sentir la misma curiosidad por las historias vitales de las personas que acuden a mi consulta buscando alivio para su sufrimiento mental. Avery Wiseman fue un modelo de psicoanalista-académico y Tony Kris y George Fishman me ayudaron a encontrar el valor para encajar la práctica clínica y la investigación empírica en los mismos y satisfactorios días laborables. Dan Buie y Jil Windsor son dos almas raras que hacen que la gente sienta que de verdad la están viendo y que están sacando lo mejor de ellos, yo incluido.

Durante las últimas cuatro décadas, tuve el placer de trabajar con varios centenares de adultos jóvenes que se formaban para convertirse en psiquiatras y nuestra pasión compartida por entender qué motiva a las personas me llena de esperanza al saber que siempre tendré con quien hablar en el futuro. En mi práctica de la psicoterapia conozco cada día a personas cuyo coraje a la hora de compartir sus preocupaciones más íntimas cuando se enfrentan a las dificultades vitales me mostró que los caminos hacia una vida buena y rica son prácticamente infinitos. La meditación zen es otra forma de explorar la experiencia de ser humano y me cambió la vida. Mis compañeros maestros zen, David Rynick y Michael Fieleke, me muestran cada día qué significa estar presentes sin miedo en la vida, momento a momento. Y en cuanto a la transmisión del dharma, mi maestra Melissa Blacker me confió una herramienta eterna de valor incalculable para avanzar hacia la vida que espero poder regalar a todos cuantos me cruzo en ella.

El Departamento de Psiquiatría del Hospital General de Massachusetts en Boston sigue siendo el hogar profesional de mi investigación, mi enseñanza y mi escritura. Maurizio Fava, Jerry

Rosenbaum y John Herman son algunos de los muchos que forman parte de esta emocionante y gratificante comunidad de académicos profesionales de la salud, junto con el profesorado del programa de Psicodinámica.

John Makinson aportó su divertida sabiduría y su enorme experiencia en el campo de la edición a esta nueva fase de nuestra amistad de cincuenta años que nunca deja de sorprenderme y deleitarme. Arthur Blank entendió que necesitaba escribir este libro mucho antes de que yo mismo lo supiera, con su insistencia amable y constructiva en que el conocimiento que compartíamos en las revistas académicas debía llegar a un público más amplio. John Bare tuvo una idea clara de cómo llevarlo a cabo.

La familia en la que nací está íntimamente relacionada con cómo somos este libro y yo. Mi padre, David, era la persona más curiosa que he conocido, con una fascinación sin fin por las experiencias de todo aquel que se cruzaba en su camino. Mi madre, Miriam, mostraba empatía y conexión en todo lo que hacía y el cuidado de mi hermano, Mark, por la historia familiar fue una lección sobre el valor de monitorear en qué punto vital nos encontramos. Durante treinta y seis años, mi esposa, Jennifer Stone, ha sido el centro de mi mundo; es una sabia asesora en temas clínicos, una editora cuidadosa, una compañera entregada y una pareja que convierte ser padres en una alegre colaboración. Mis dos hijos me enseñan, bromean conmigo y me bajan los humos: Daniel, con su mente analítica que a veces me deja boquiabierto, y David, con su energía divertida y sus apasionados apuntes que me hacen revisar constantemente mis ideas sobre el mundo.

Y, claro está, mi coautor Marc Schulz. La historia de nuestra amistad se cuenta en este libro, pero no hace justicia a tres décadas de reuniones semanales, visitas familiares y viajes a congresos de todo el mundo. Nuestra llamada semanal habitual puede incluir desde una charla sobre los problemas de nuestros hijos en la escuela hasta un complicado caso clínico, pasando por la búsqueda de la mejor técnica estadística para analizar la relación entre los traumas en la infancia y la salud adulta. Encontrar a un amigo cuyas habilidades complementan y amplían las mías es algo que seguramente solo sucede una vez en la vida, un golpe de suerte que nunca he infravalorado.

Estas son las personas que me recuerdan todos los días que puede construirse una buena vida con buenas relaciones.

Marc

Este libro se construyó literalmente sobre las conexiones que tuvimos la suerte de establecer a lo largo de nuestras propias vidas. Crecí con el apoyo de unos padres y abuelos que me querían y que me animaron a explorar el mundo y a buscar la alegría. Mi madre es una fotógrafa consumada que me enseñó el valor de mirar y escuchar con atención a los demás y la emoción que conllevan las metas creativas. También me enseñó el placer que se obtiene de ser maestro y mentor de otros. Mi padre compartió conmigo su feroz apetito de aprendizaje y me enseñó a usar el conocimiento para entender sucesos de nuestra vida y de otras, así como los beneficios de disfrutar de los momentos graciosos. También fui bendecido con unos padrastros increíblemente comprensivos, tolerantes y cariñosos, que enriquecieron mi vida de forma muy valiosa.

Mis abuelos, en especial Gladys y Hank, fueron figuras destacadas en mi infancia y estoy agradecido por su aliento y por su forma de creer en mí. Mis padres y mis abuelos, cada uno a su manera, me aportaron modelos valiosos para afrontar los retos vitales y priorizar las relaciones. También tengo la suerte de tener tres hermanos increíbles que me proporcionaron la oportunidad de aprender sobre la familia y la vida desde perspectivas distintas. Julie, Michael y Suzanne: gracias por su apoyo y por estar siempre ahí.

Mis amigos cercanos de la infancia y la universidad me mostraron tanto el valor de las conexiones potentes como formas de conservarlas a través de barreras geográficas y circunstancias vitales. David Hagen, a quien extraño muchísimo, es un viejo amigo que encarnaba de verdad lo que significa la amistad que te conecta y te da aliento.

Empecé mis estudios formales sobre la buena vida cuando era universitario, explorando ideas de la sociología, la antropología, la teoría política y la filosofía en un momento en el que trataba de buscar cuál sería mi camino. Los profesores Jerry Himmelstein y George Kateb me ayudaron pacientemente a averiguarlo y a desbloquear misterios en lo que leía y me empujaron a pensar de formas nuevas e interesantes.

A pesar de mi propia incertidumbre en esa época, decidí estudiar psicología clínica en la Universidad de California, en Berkeley. Visto en perspectiva, esta fue una de las mejores decisiones de mi vida. Empecé a aprender sobre la prosperidad y los problemas humanos de una forma nueva. Trabajar con clientes y buscar las mejores maneras de ayudarlos con sus objetivos contribuyó a mi crecimiento de formas por las que estaré siempre agradecido. Debo un agradecimiento profundo a una serie de mentores y supervisores clínicos extraordinarios que tuve en la facultad y en mis prácticas clínicas. Phil y Carolyn Cowan fueron mentores de importancia incomparable que me enseñaron muchísimo sobre investigación, trabajo clínico, relaciones y vida, incluido el auténtico valor de escuchar y mostrar curiosidad sobre las experiencias ajenas. Dick Lazarus fue un pensador inusualmente incisivo y creativo. Él y los Cowan me mostraron cómo investigar elementos centrales de nuestras vidas difíciles de cuantificar, como las emociones y las relaciones. La sabiduría de estos y otros maestros caló en las páginas de este libro.

Bryn Mawr fue mi hogar académico durante más de veinticinco años y me siento enormemente privilegiado de formar parte de una comunidad educativa tan vibrante y comprensiva. Les doy las gracias a mis colegas del Departamento de Psicología y fuera de él por su apoyo y su compromiso con la enseñanza, el aprendizaje y la investigación. Kim Cassidy fue mi colega durante toda la travesía en Bryn Mawr y le doy las gracias por su apoyo, su aliento y su amistad a lo largo de estos años. Las colaboraciones fuera de la psicología con Michelle Francl, Hank Glassman y Tim Harte expandieron mi pensamiento y me ayudaron a formar las ideas que presentamos en este libro. Con el paso de los años, tuve el placer de enseñar a y trabajar de cerca con cientos de alumnos de todos los niveles. Mis conexiones con ellos enriquecieron mi vida de formas difíciles de explicar. Les doy las gracias a todos, en especial a los alumnos de grado y posgrado que llevaron a cabo sus investigaciones conmigo y me ayudaron a tener nuevas ideas o a afinar las viejas. Un agradecimiento especial a Kate Petrova, con quien tuve el placer de trabajar durante casi cinco años y que me ayudó a refinar mi pensamiento sobre muchas de las ideas presentes en esta obra. Kate también contribuyó a la planificación de la siguiente fase de la investigación del Estudio Harvard. Mahek Nirav Shah tuvo un papel importante en la organización del material y la extracción de historias vitales para estas páginas.

Trabajar en este libro con Bob fue un auténtico placer, como todas las colaboraciones y aventuras que emprendimos juntos durante casi tres décadas. Bob combina inteligencia, perspicacia, creatividad, generosidad y capacidad de una forma que te deja sin aliento. Me siento muy afortunado de llevar tantos años siendo amigos y compañeros de trabajo. La nuestra es una colaboración y una amistad mediante las cuales no tengo ninguna duda de que alcanzamos alturas a las que no habríamos llegado por separado.

Mi esposa y mis dos hijos lo son todo para mí. Ellos aportan capas de significado y alegría a mi vida que me hacen sentir muy muy afortunado. Jacob y Sam siempre han sido la mejor distracción del trabajo que creó el mundo. Crecieron hasta convertirse en dos jóvenes considerados que nos llenan de alegría y orgullo. Jacob tiene un profundo interés en la experiencia de los demás y en las grandes preguntas éticas y morales y yo me maravillo con su capacidad para comunicar ideas complejas. Sam detecta patrones y conexiones que otros no son capaces de ver y le encanta aprender sobre el mundo natural de formas inspiradoras. Mi relación con ellos y las cosas que me enseñaron hicieron mejor *La buena vida.*

Joan ha sido una compañera de vida sobresaliente durante más de tres décadas. Me animó a alcanzar mis objetivos, alentó mi confianza cuando me faltó y ha aportado más alegría a mi vida de la que merezco. Su bondad, inteligencia y sentido común me ayudaron a centrarme en lo que de verdad es importante en la vida. Crear una familia con Joan ha sido el mejor proyecto de mi existencia y me muero de ganas de seguir navegando juntos todo lo que la vida nos tiene aún que ofrecer.

NOTAS

Capítulo 1. ¿Qué hace buena una vida?

1 Samuel Clemens (Mark Twain) escribió esto el 20 de agosto de 1886 en una carta a Clara Spaulding. <https://en.wikiquote.org/wiki/Mark_Twain>.
2 La información sobre esta encuesta procede de Jean M. Twenge *et al.* (2012), «Generational Differences in Young Adults' Life Goals, Concern for Others, and Civic Orientation».
3 El psicólogo Carl Rogers tenía una idea similar sobre que la búsqueda de una buena vida es un viaje. En 1961, en *On Becoming a Person* (p. 186), escribió: «La buena vida es un proceso, no un estado del ser. Es una dirección, no un destino».
4 Elizabeth Loftus, de la Universidad de Washington, ha estudiado esto a fondo. Puedes consultar su semblanza y artículos sobre «distorsión de recuerdos» en Nick Zagorski (2005), «Profile of Elizabeth F. Loftus».
5 Los experimentos controlados con asignación aleatoria de condiciones son otro método muy importante para entender la salud y el comportamiento humanos. Estos experimentos suelen desarrollarse en periodos breves de tiempo, pero pueden usarse para estudiar algunos fenómenos durante periodos más largos.
6 Ver Kristin Gustavson *et al.* (2012), «Attrition and Generalizability in Longitudinal Studies».
7 Esta es la única persona del libro, aparte de los participantes en el estudio, cuyo nombre fue cambiado. Como en el caso de los primeros, lo hicimos para proteger su intimidad.
8 El Centro de Estudios Longitudinales de la University College London acoge cuatro de estos cinco extraordinarios estudios (<https://cls.ucl.ac.uk/cls-estudies/>). La periodista de ciencia Helen Pearson escribió sobre el British Cohort Studies en 2016 en *The Life Project*.

9 Ver Olsson *et al.* (2013), «A 31-Year Longitudinal Study of Child and Adolescent Pathways to Well-Being in Adulthood».
10 Ver Emmy Werner (1993), «Risk, Resilience, and Recovery».
11 Ver John T. Cacioppo y Stephanie Cacioppo (2018), «The Population-Based Longitudinal Chicago Health, Aging, and Social Relations Study».
12 Ver Tessa K. Novick *et al.* (2021), «Health-Related Social Needs».
13 Los datos y materiales originales de este estudio fueron redescubiertos hace poco y el Estudio Harvard sobre el Desarrollo en Adultos se encarga de su mantenimiento previo a su futuro archivo. El Student Council Study fue planteado e iniciado por el Dr. Earl Bond y fue la Dra. Rachel Dunaway Cox quien tomó el relevo. El libro de Cox de 1970, *Youth into Maturity*, lo documenta.
14 Ver Ye Luo y Linda J. Waite (2014), «Loneliness and Mortality Among Older Adults in China».
15 La investigación del estudio Mills (ver R. Helson *et al.*, 2002, «The Growing Evidence for Personality Change in Adulthood»), mencionado anteriormente en este capítulo, aportó pruebas de que la personalidad sigue evolucionando en la edad adulta.
16 Ver John Cacioppo y William Patrick (2008), *Loneliness: Human Nature and the Need for Social Connection.*
17 Ver George Vaillant y K. Mukamal (2001), «Successful Aging».
18 Ver Robert J. Waldinger y Marc S. Schulz (2010), «What's Love Got to Do with It?».
19 Para los del estudio HANDLS, ver Tessa K. Novick *et al.* (2021), «Health-Related Social Needs». Para los hallazgos del CHASRS, ver John T. Cacioppo *et al.* (2008), «The Chicago Health, Aging, Social Relations Study». Y para los hallazgos del Dunedin, ver Olsson *et al.* (2013), «A 32-Year Longitudinal Study».

Capítulo 2. Por qué las relaciones importan

1 Ver Richard Farson y Ralph Keyes (2002), *Whoever Makes the Most Mistakes.*
2 Ver John T. Cacioppo *et al.* (2014), «Evolutionary Mechanisms for Loneliness».
3 Ver Nicholas Epley y Juliana Schroeder (2014), «Mistakenly Seeking Solitude».
4 Ver, por ejemplo, Timothy D. Wilson y Daniel T. Gilbert (2005), «Affective Forecasting: Knowing What to Want»; y Wilson y Gilbert (2003), «Affective Forecasting».

5 La influyente teoría basada en la investigación de Daniel Kahneman y Amos Tversky (teoría de las perspectivas) dice exactamente esto. Kahneman obtuvo el Premio Nobel por esta teoría. Ver Daniel Kahneman y Amos Tversky (1979), «Prospect Theory: An Analysis of Decision Under Risk». Ver también A. P. McGraw *et al.* (2010), «Comparing Gains and Losses»; y Gillian M. Sandstrom y Erica J. Boothby (2021), «Why Do People Avoid Talking to Strangers? A Mini Meta-analysis of Predicted Fears and Actual Experiences Talking to a Stranger».

6 Cita del discurso de inauguración del curso que dio Wallace en 2005 en el Kenyon College extraída de «David Foster Wallace on Life and Work», *Wall Street Journal* (19 de septiembre de 2008). La versión castellana es de Javier Calvo Perales en *Esto es agua*, Barcelona, Penguin Random House, 2012.

7 Aristóteles escribió esto en el capítulo 5 de *Ética nicomáquea,* en el 350 a. C. La cita en inglés, traducida por W. D. Ross, se puede encontrar en línea en <http://classics.mit.edu//Aristotle/nicomachaen.html>.

8 Esta cita de Benjamin Franklin aparece en la página 128 del libro de 1880 de Samuel Austin Allibone *Prose Quotations from Socrates to Macaulay.*

9 Esta cita de Maya Angelou fue publicada en su página de Facebook el 1 de mayo de 2009.

10 El psicólogo Abraham Maslow desarrolló un modelo de las necesidades humanas conocido como «jerarquía de las necesidades de Maslow», que se representa a menudo en forma de pirámide o triángulo dividido en cinco partes, con las necesidades fisiológicas como la comida, el agua o el descanso en la base, la «autorrealización» en la punta y la «afiliación o pertenencia social» justo en medio. Aunque este modelo fue criticado por su hincapié en la autorrealización, su perspectiva sobre que las áreas más significativas de la vida dependen de las necesidades básicas demostró ser cierta tras muchos años de investigación. Cualquier respuesta sincera a la pregunta «¿Qué es lo que de verdad importa?» tiene que mencionar en primer lugar las necesidades fisiológicas y la seguridad. Creemos que el tercer piso de la pirámide de Maslow, la «afiliación», está correctamente situado solo porque está en el centro de todo.

11 Ver Daniel Kahneman y Angus Deaton (2010), «High Income Improves Evaluation of Life but Not Emotional Well-being».

12 Los ingresos familiares promedio en Estados Unidos en 2010, cuando

se publicó el estudio de Kahneman y Deaton, eran de 78 180 dólares según el Banco de la Reserva Federal de St. Louis. <https://fred.stlouisfed.org/series/MAFAINUSA646N>.

13 Otro ejemplo notable está relacionado con el control sobre el entorno laboral, que generalmente es inferior en los trabajos de menor categoría: cuánto controla una persona su horario laboral y su salario es uno de los principales predictores de desigualdades en la salud, según los estudios longitudinales del British Whitehall. Los trabajadores con menos control tenían peor salud. Ver Michael G. Marmot *et al.* (1997), «Contribution of Job Control and Other Risk Factors to Social Variations in Coronary Heart Disease Incidence». Ver también Hans Bosma *et al.* (1997), «Low Job Control and Risk of Coronary Heart Disease in Whitehall II (Prospective Cohort) Study».

14 Ver Kahneman y Deaton (2010), *op. cit.*

15 Ver Richard Sennett y Jonathan Cobb (1972), *The Hidden Injuries of Class.*

16 Ver Philippe Verduyn *et al.* (2015), «Passive Facebook Usage Undermines Affective Well-being: Experimental and Longitudinal Evidence». Ver también Judith B. White *et al.* (2006), «Frequent Social Comparisons and Destructive Emotions and Behaviors: The Dark Side of Social Comparisons».

17 Hay una versión de esta oración que se usa en la actualidad y de forma habitual en programas de doce pasos como Alcohólicos Anónimos.

18 Ver James S. House *et al.* (1988), «Social Relationships and Health».

19 Estas disparidades siguen existiendo. En Estados Unidos, las personas blancas viven en promedio 3.6 años más que las negras (ver Max Roberts, Eric N. Reither y Sojoung Lim (2020), «Contributors to the Black-White Life Expectancy Gap in Washington D. C.»). En Estados Unidos, los individuos nacidos en 2016 tienen en general una esperanza de vida de 78.7 años. En Finlandia, la esperanza de vida es de 81.4 años. Estos datos proceden de: <https://data.worldbank.org/indicator/SP.DYN.LE00.FE.IN?end=2019&locations=FI&start=2001>.

20 Ver Julianne Holt-Lunstad *et al.* (2010), «Social Relationships and Mortality: A Meta-analytic Review».

21 Ver U. S. Department of Health and Human Services, Centers for Disease Control and Prevention, National Center for Chronic Disease Prevention and Health Promotion, Office on Smoking and Health, «The Health Consequences of Smoking—50 Years of Progress: A Report of the Surgeon General», Atlanta, 2014. <https://www.cdc.gov/tobacco/data_statistics/sgr/50th-anniversary/index.htm>.

22 En 2015, Julianne Holt-Lunstad *et al.* publicaron otro metaanálisis que muestra que el aislamiento social y la soledad están asociados con un incremento de la probabilidad de muerte. Ver Holt-Lunstad *et al.* (2015), «Loneliness and Social Isolation as Risk Factors for Mortality: A Meta-analytic Review».

23 Tres ejemplos de investigaciones que ilustran la diversidad de muestras que constatan la relación entre conexiones sociales y salud (tanto física como psicológica):

En el estudio Healthy Aging in Neighborhoods of Diversity across the Life Span (HANDLS) en Baltimore, con una cohorte de 3720 adultos blancos y negros (de entre treinta y cinco y sesenta y cuatro años), los participantes que decían recibir más apoyo social también mostraban menos depresión. Ver Novick *et al.* (2021), «Health Related Social Needs».

En el estudio con cohorte de recién nacidos de Dunedin, Nueva Zelanda, las conexiones sociales en la adolescencia predecían el bienestar en la edad adulta mejor que los logros académicos. Ver Olsson *et al.* (2013), «A 32-Year Longitudinal Study».

En el Chicago Health, Aging, and Social Relations Study (CHASRS), un estudio representativo de los habitantes de Chicago, quienes estaban en relaciones satisfactorias declaraban tener niveles más altos de felicidad. Ver John Cacioppo *et al.* (2018), «The Population-Based Longitudinal Chicago Health, Aging, and Social Relations Study».

24 Esta estimación procede de un interesante trabajo llevado a cabo por Sonja Lyubomirsky *et al.* (2005), «Pursuing Happiness: The Architecture of Sustainable Change».

25 Ver Wallace (2018), «David Foster Wallace on Life and Work».

26 Ver Hannah Arendt (1958), *The Human Condition.*

Capítulo 3. Las relaciones en el sinuoso camino de la vida

1 De la fábula de La Fontaine «El horóscopo». Esta es una traducción habitual del francés. También se traduce así: «Temiendo el destino que uno esquiva, / a menudo sucede que, en lugar de evitarlo, / uno toma el camino que lo lleva directamente hacia él». La Fontaine, *The Complete Fables* (p. 209).

2 Para una descripción de las fases vitales de los griegos ver R. Larry Overstreet (2009), «The Greek Concept of the "Seven Stages of Life" and Its New Testament Significance». Para el origen de las fases vitales de Shakespeare, ver T. W. Baldwin (1944), *William Shakespeare's Small Latine and Lesse Greeke.*

3 Para un resumen de las siete fases de la existencia según el islam, ver <https:// www.pressreader.com/nigeria/thisday/20201204/281977495192204>.

4 Ver Piya Tan (2004), «The Taming of the Bull».

5 Ver Pradeep Chakkarath (2013), «Indian Thoughts on Psychological Human Development».

6 Estas ideas fueron presentadas en una serie de publicaciones, incluidos los libros siguientes: Erik Erikson (1950), *Childhood and Society*; Erik Erikson (1959), *Identity and The Life Cycle;* y Erik Erikson y Joan M. Erikson (1997), *The Life Cycle Completed: Extended Version.*

7 Ver Bernice Neugarten (1976), «Adaptation and the Life Cycle».

8 Ver Sara Jaffe (2018), «Queer Time».

9 Además de los trabajos de Joan y Erik Erikson y de Bernice Neugarten anteriormente citados, esta es una breve selección de libros y artículos sobre el ciclo vital: Gail Sheehy (1996), *New Passages: Mapping Your Life Across Time*; Daniel Levinson (1996), *The Seasons of a Woman's Life*; George Vaillant (2002), *Aging Well*; y Paul B. Baltes (1997), «On the Incomplete Architecture of Human Ontogeny».

10 La metáfora de Bromfield y los equilibrios y la cita que sigue son de su libro de 1992 *Playing for Real* (pp. 180-181).

11 Ver Wolf (2002), *Get Out of My Life, but First Could You Drive Me and Cheryl to the Mall?*

12 Ver Joseph Allen *et al.* (1994), «Longitudinal Assessment of Autonomy and Relatedness in Adolescent-Family Interactions as Predictors of Adolescent Ego Development and Self-Esteem».

13 Esta cita fue incluida en el libro de Rachel Dunaway Cox de 1970 sobre el Student Council Study, *Youth into Maturity* (p. 231).

14 Esta participante se refiere a una historia que suele atribuirse a Mark Twain, que dice así: «Cuando tenía catorce años, mi padre era tan ignorante que casi no soportaba tenerlo cerca. Pero, cuando cumplí los veintiuno, me sorprendió lo mucho que el tipo había aprendido en siete años».

15 Ver Jeffrey Arnett (2000), «Emerging Adulthood: A Theory of Development from the Late Teens Through the Twenties».

16 Ver Jonathan Vespa (2017), «The Changing Economics and Demographics of Young Adulthood, 1975–2016».

17 Ver Helene H. Fung y Laura L. Carstensen (2003), «Sending Memorable Messages to the Old: Age Differences in Preferences and Memory for Advertisements».

18 Estas ideas fueron articuladas por Laura Carstensen como parte de su teoría de la selectividad socioemocional y en sus investigaciones halló

muchas pruebas que la apoyan. Ver, por ejemplo, Laura Carstensen *et al.* (1999), «Taking Time Seriously: A Theory of Socioemotional Selectivity». También Carstensen (2006), «The Influence of a Sense of Time on Human Development».

19 Ver Carstensen (1999), «Taking Time Seriously».

20 Ver Albert Bandura (1982), «The Psychology of Chance Encounters and Life Paths».

21 Ver A. Caspi y T. E. Moffitt (1995), «The Continuity of Maladaptive Behavior: From Description to Understanding in the Study of Antisocial Behavior».

Capítulo 4. Buena forma social

1 La cita original es del libro de 1962 de Steinbeck *Travels with Charley: In Search of America* (p. 38).

2 Kiecolt-Glaser es una de las mayores expertas mundiales en los efectos del estrés sobre el sistema inmunológico. Habla de su investigación y de su experiencia personal con el estrés del cuidador en una conferencia WexMed de 2016 que se puede consultar aquí: <https://www.youtube.com/watch?v=hjUW 2YClOYM>. La investigación sobre cuidadores y cicatrización de heridas se publicó en Kiecolt-Glaser *et al.* (1995), «Slowing of Wound Healing by Psychological Stress».

3 Dos revisiones académicas sobre el impacto de la soledad: Louise Hawkley y John Cacioppo (2010), «Loneliness Matters: A Theoretical and Empirical Review of Consequences and Mechanisms»; y Cacioppo y Cacioppo (2012), «The Phenotype of Loneliness». John Cacioppo y William Patrick escribieron un libro sobre la soledad para un público general, *Loneliness: Human Nature and the Need for Social Connection* (2008), que resume las investigaciones relevantes.

4 «La soledad se asocia con»:

Supresión del sistema inmunológico: S. D. Pressman *et al.* (2005), «Loneliness, Social Network Size, and Immune Response to Influenza Vaccination in College Freshmen».

Sueño menos eficaz: Sarah C. Griffin *et al.* (2020), «Loneliness and Sleep: A Systematic Review and Meta-analysis».

Disfunción cerebral: Aparna Shankar *et al.* (2013), «Social Isolation and Loneliness: Relationships with Cognitive Function During 4 Years of Follow-up in the English Longitudinal Study of Ageing».

5 Ver Holt-Lunstad *et al.* (2010), «Social Relationships and Mortality: A Meta-analytic Review».

6 Ver Holt-Lunstad *et al.* (2015), «Loneliness and Social Isolation as Risk Factors for Mortality: A Meta-analytic Review».

7 Ver Timothy Matthews *et al.* (2019), «Lonely Young Adults in Modern Britain: Findings from an Epidemiological Cohort Study».

8 Este estudio, conocido como el experimento sobre la soledad de la BBC, fue resumido por Claudia Hammond en «Who Feels Lonely? The Results of the World's Largest Loneliness Study», BBC Radio 4 (mayo de 2018), <https://www.bbc.co.uk/programmes/articles/2yzhfv4DvqVp5nZyxBD8G23/who-feels-lonely-the-results-of-the-world-s-largest-loneliness-study>. Este es un artículo académico sobre los hallazgos claves del estudio: Manuela Barreto *et al.* (2021), «Loneliness Around the World: Age, Gender, and Cultural Differences in Loneliness». Los hallazgos de este estudio también sugieren que la soledad tiene una mayor prevalencia en las sociedades con más valores individualistas (en lugar de colectivistas) y que los hombres tienen más probabilidades de experimentar soledad. Estos hallazgos fueron resumidos en un artículo de 2018 de Matthews *et al.* Es importante explicar, claro está, que esta correlación de hallazgos también podría indicar que peores estrategias de afrontamiento, problemas de salud mental y comportamientos de riesgo para la salud física contribuyen a la soledad. Es probable que se den procesos causales en ambos sentidos.

9 Ver Karen Jeffrey *et al.* (2017), «The Cost of Loneliness to UK Employers».

10 Ver IPSOS (marzo de 2020), «2020 Predictions, Perceptions and Expectations» (p. 39).

11 Ver Ellen Lee *et al.* (2019), «High Prevalence and Adverse Health Effects of Loneliness in Community-Dwelling Adults Across the Lifespan: Role of Wisdom as a Protective Factor».

12 Ver Dilip Jeste *et al.* (2020), «Battling the Modern Behavioral Epidemic of Loneliness: Suggestions for Research and Interventions».

13 Este es un resumen de las influencias evolutivas en favor de la sociabilidad. Ver John T. Cacioppo *et al.* (2014), «Evolutionary Mechanisms for Loneliness».

14 Podemos ver una dramatización eficaz de este cálculo en un anuncio de licor emitido en España en 2018: «Anuncio Ruavieja 2018 — Tenemos que vernos más», Ruavieja (18 de noviembre de 2018).

15 Ver informe Nielsen (2018), «Q1 2018 Total Audience Report».

16 Ver Waldinger y Schulz (2010), «What's Love Got to Do with It? Social Functioning, Perceived Health, and Daily Happiness in Married Octogenarians».

17 «You Can't Make Old Friends», pista 1, de Kenny Rogers, *You Can't Make Old Friends*, Warner Music Nashville, 2013.
18 Estos números proceden de un informe de Wendy Wang (2020) que usa datos del censo y de la encuesta nacional de Estados Unidos: «More Than One-Third of Prime-Age Americans Have Never Married».
19 Para un comentario sobre estas investigaciones ver Kou Murayama (2018), «The Science of Motivation».
20 El Dalai Lama en la charla del American Enterprise Institute «Economics, Happiness, and the Search for a Better Life» (febrero de 2014).
21 Ver Soyoung Q. Park *et al.* (2017), «A Neural Link Between Generosity and Happiness».
22 Para investigaciones relevantes ver el trabajo de Nickola Overall y Jeffrey Simpson (2014) «Attachment and Dyadic Regulation Processes»; Deborah Cohen *et al.* (1992), «Working Models of Childhood Attachment and Couple Relationships»; y M. Kumashiro y B. Arriaga (2020), «Attachment Security Enhancement Model: Bolstering Attachment Security Through Close Relationships».
23 Ver Ralph Waldo Emerson (1876), *Letters and Social Aims* (p. 280).

Capítulo 5. Prestar atención a tus relaciones

1 Esta cita procede del ensayo de Emerson sobre los regalos y puede encontrarse en la versión en línea de la colección Great Books creada por bartleby.com de la edición Harvard Classics de *Essays and English Traits by Emerson* (1844), en la página 2.
2 Estas preguntas están extraídas de la versión abreviada del cuestionario de las cinco facetas de la atención plena (FFMQ-SF, por sus siglas en inglés) creado por Ernst Thomas Bohmeijer *et al.* (2011), «Psychometric Properties of the Five-Facet Mindfulness Questionnaire in Depressed Adults and Development of a Short Form».
3 Ver Simone Weil (2002), *Gravity and Grace.*
4 Ver Ashley V. Whillans *et al.* (2017), «Buying Time Promotes Happiness». Ver también un artículo pensado para el público general sobre la presión del tiempo y la infelicidad de Ashley Whillans (2019), «Time Poor and Unhappy».
5 Ver Charlie Giattino *et al.* (2013), «Working Hours». Ver también Derek Thompson (2014), «The Myth That Americans Are Busier Than Ever».
6 Ver Magali Rheault (2011), «In U. S., 3 in 10 Working Adults Are Strapped for Time».

7 Para más información sobre la naturaleza subjetiva de nuestra experiencia del tiempo libre ver M. A. Sharif *et al.* (2021), «Having Too Little or Too Much Time Is Linked to Lower Subjective Well-being». Hallaron que la cantidad de tiempo libre que tenemos no es el único factor importante: lo que hacemos con él también es muy relevante.

8 Ver Matthew Killingsworth y Daniel T. Gilbert (2010), «A Wandering Mind Is an Unhappy Mind».

9 Ver Timothy J. Buschman *et al.* (2011), «Neural Substrates of Cognitive Capacity Limitations».

10 Ver James Fallows (2013), «Linda Stone on Maintaining Focus in a Maddeningly Distractive World».

11 Ver John Tarrant (1998), *The Light Inside the Dark*.

12 Para un comentario al respecto de preocupaciones anteriores sobre el progreso tecnológico ver A. Orben (2020), «The Sisyphean Cycle of Technology Panics».

13 Ver Philippe Verduyn *et al.* (2017), «Do Social Network Sites Enhance or Undermine Subjective Well-being? A Meta-analytic Review».

14 Dos ejemplos de nuestra propia investigación muestran conexiones entre las experiencias relacionales en la infancia y el funcionamiento relacional posterior: ver Robert J. Waldinger y Marc S. Schulz (2016), «The Long Reach of Nurturing Family Environments: Links with Midlife Emotion-Regulatory Styles and Late-Life Security in Intimate Relationships»; y Sarah W. Whitton *et al.* (2008), «Prospective Associations from Family-of-Origin Interactions to Adult Marital Interactions and Relationship Adjustment».

15 Este campo de investigación está en plena expansión. Ver, por ejemplo, trabajos adicionales relevantes de Kate Petrova y Marc Schulz (2022), «Emotional Experiences in Digitally Mediated and In-Person Interactions: An Experience-Sampling Study»; Tatiana A. Vlahovic *et al.* (2012), «Effects of Duration and Laughter on Subjective Happiness Within Different Modes of Communication»; Donghee Y. Wohn y Robert LaRose (2014), «Effects of Loneliness and Differential Usage of Facebook on College Adjustment of First-Year Students»; y Verduyn *et al.* (2017), «Do Social Network Sites Enhance or Undermine Subjective Well-being? A Meta-analytic Review».

16 Ver Christopher Magan (2020), «Isolated During the Pandemic Seniors Are Dying of Loneliness and Their Families Are Demanding Help».

17 Para debates sobre cómo la pandemia de covid-19 afectó a la soledad y la salud mental, ver TzungJeng Hwang *et al.* (2020), «Loneliness and

Social Isolation During the covid-19 Pandemic»; Mark E. Czeisler *et al.* (2020), «Mental Health, Substance Use, and Suicidal Ideation During the covid-19 Pandemic»; William D. S. Killgore *et al.* (2020), «Loneliness: A Signature Mental Health Concern in the Era of covid-19»; y Christopher J. Cronin y William N. Evans (2021), «Excess Mortality from covid and non-covid Causes in Minority Populations». A pesar de los amplios efectos de los confinamientos, las tendencias relacionadas con la soledad durante toda la pandemia son complicadas de conocer y los estudios no son del todo consistentes. Por ejemplo, una importante revisión sugiere que la soledad no se incrementó globalmente (en promedio) durante el primer año de pandemia: ver L. Aknin *et al.* (2021), «Mental Health During the First Year of the covid-19 Pandemic: A Review and Recommendations for Moving Forward».

18 Para un comentario sobre esta investigación, ver Verduyn *et al.* (2015), «Passive Facebook Usage Undermines Affective Well-being: Experimental and Longitudinal Evidence»; y también Ethan Kross *et al.* (2013), «Facebook Use Predicts Declines in Subjective Well-Being in Young Adults».

19 Ver Verduyn *et al.* (2015), «Passive Facebook Usage Undermines Affective Well-being: Experimental and Longitudinal Evidence».

20 Ver Michael Birkjaer y Micah Kaats (2019), «Does Social Media Really Pose a Threat to Young People's Well-being?».

21 Ver el importante trabajo de Verduyn *et al.* (2015), «Passive Facebook Usage Undermines Affective Well-being: Experimental and Longitudinal Evidence»; y la investigación de Ursula Oberst *et al.* (2015) que estudió a más de 1400 adolescentes de Latinoamérica, «Negative Consequences from Heavy Social Networking in Adolescents: The mediating role of fear of missing out».

22 Ver Elyssa M. Barrick *et al.* (2020), «The Unexpected Social Consequences of Diverting Attention to Our Phones».

23 Esta cita aparece en la página 74 del libro de Thich Nhat Hanh (2016), *The Miracle of Mindfulness.*

24 Ver Laura Buchholz (2015), «Exploring the Promise of Mindfulness as Medicine».

25 Ver J. M. Williams *et al.* (2007), *The Mindful Way Through Depression.*

26 Ver Anthony P. Zanesco *et al.* (2019), «Mindfulness Training as Cognitive Training in HighDemand Cohorts: An Initial Study in Elite Military Servicemembers». Ver también Amishi Jha *et al.* (2019), «Deploying Mindfulness to Gain Cognitive Advantage: Considerations for Military Effectiveness and Well-being».

27 En este estudio (Cohen *et al.*, 2012), la mitad de las parejas estaban casadas formalmente y la otra mitad eran relaciones de pareja estables a largo plazo. El 31 % había abandonado los estudios al finalizar la secundaria o antes; el 29 % eran personas racializadas. Ver Shiri Cohen *et al.* (2012), «Eye of the Beholder: The Individual and Dyadic Contributions of Empathic Accuracy and Perceived Empathic Effort to Relationship Satisfaction».

Capítulo 6. Seguir el ritmo

1 Este verso es del músico y poeta Leonard Cohen. Pertenece a la canción «Anthem», la pista 5 de su disco *The Future* (1992). Este verso de Cohen tiene muchos precursores y su origen más probable lo encontramos en Ralph Waldo Emerson: «Hay una grieta en toda obra de Dios», en *Essays* (p. 88).
2 Ver George Vaillant, *Triumphs of Experience* (p. 50).
3 Dos ejemplos de investigaciones relevantes son Shelly L. Gable (2006), «Approach and Avoidance Social Motives and Goals»; y E. A. Impett *et al.* (2010), «Moving Toward More Perfect Unions».
4 Describimos esta investigación en Waldinger y Schulz (2010), «Facing the Music or Burying our Heads in the Sand», junto a otras investigaciones relevantes.
5 Ver Richard S. Lazarus (1991), *Emotion and Adaptation*, donde se proporcionó el argumento persuasivo e influyente de que todos los esfuerzos y respuestas a las dificultades deben ajustarse a las demandas de la situación. La investigación y las ideas de George Bonanno también hablan con elocuencia de las ventajas de responder a las dificultades de forma flexible. Ver, por ejemplo, Bonanno y Burton (2013) y Bonanno *et al.* (2004). A partir de las ideas de Lazarus y Bonanno, nosotros (Dworkin *et al.*, 2019) proporcionamos evidencias que relacionan el afrontamiento flexible cuando hablamos de las dificultades relacionales y la satisfacción en las relaciones.
6 Para una discusión más a fondo de esta idea ver Lazarus (1991) y Moors *et al.* (2013).
7 Esta cita de Epícteto fue escrita en el año 135 d. C. en *Enquiridión*. La traducción de Elizabeth Carter en <http://classics.mit.edu/Epictetus/epicench.html> es ligeramente distinta: «A los hombres no les perturban las cosas, sino los principios e ideas que se forman al respecto de las cosas».
8 Esta cita se atribuye a las escrituras budistas Samyutta Nikaya en el

libro de 2017 de Anne Bancroft *The Wisdom of the Buddha: Heart Teachings in His Own Words* (p. 7).

9 El modelo que presentamos se construye sobre otros modelos emocionales y de afrontamiento ya existentes, incluido el importante trabajo de Lazarus y Folkman (1984) y Crick y Dodge (1994).

10 Esta idea procede de distintas teorías influyentes sobre la emoción, incluido el fértil trabajo de Lazarus (1991). Ver también Schulz y Lazarus (2012) para un resumen de estas ideas.

11 Ver Shohaku Okumura, *Realizing Genjokoan: The Key to Dogen's Shobogenzo.*

12 Los beneficios del autodistanciamiento fueron explorados por una serie de investigaciones de Ethan Kross y Ozlem Aduk. Ver, por ejemplo, el libro de Kross (2021) *Chatter*, y un resumen de las investigaciones relevantes en Kross, Ayduk y Mischel (2005).

13 Esta cita es del libro de Shunryu Suzuki (2010) *Zen Mind, Beginner's Mind* (p. 1).

14 Ver Michael Nevarez, Hannah Yee y Robert Waldinger (2017).

15 Ver el trabajo de tesis de Someshwar (2018).

Capítulo 7. La persona a tu lado

1 Ver Madeleine L'Engle, *Walking on Water: Reflections on Faith and Art,* Nueva York, Convergent, 1980 (pp. 182-183).

2 Ver Platón, *The Symposium*, traducido por Christopher Gill, Londres, Penguin, 1999 (pp. 22-24).

3 Estos datos se extraen de Joseph Chamie (2021), «The End of Marriage in America?» y Kim Parker *et al.* (2019), «Marriage and Cohabitation in the U. S.».

4 Al parecer, James y Maryanne compartían cierto gusto por Lewis Carroll:

«Es hora», dijo la morsa,
«de tratar asuntos graves:
de zapatos, reyes, naves,
de repollos y alquitrán.
También de si el mar levanta
aguas y espumas hirvientes».

Ver Lewis Carroll, «La morsa y el carpintero», en *Through the Looking-Glass, and What Alice Found There* (pp. 73–74). La versión castellana es de Emilio Pascual, *A través del espejo y lo que Alicia encontró al otro lado*, Gaviota, Madrid, 1990.

5 Para investigaciones relevantes, ver los estudios de Hills-Soderlund *et al.* (2008), Spangler *et al.* (1998) y Order *et al.* (2020).
6 James Coan presentó su investigación en una charla TEDx en 2013, «Why We Hold Hands», en Charlottesville, Virginia. Esta investigación se explica en Coan *et al.* (2006).
7 Las investigaciones que apoyan esta conclusión proceden de distintas fuentes que incluyen investigaciones básicas que relacionan el pensamiento con las emociones y la excitación emocional. Ver, por ejemplo, Smith (1989). Ver también el trabajo de Krause *et al.* (2016), que relaciona las reacciones fisiológicas en las madres y el pensamiento sobre individuos en contextos interpersonales.
8 Ver Lazarus (1991).
9 Investigación resumida en Waldinger *et al.* (2004).
10 En este estudio también comparamos agregados combinados de nuestros evaluadores «ingenuos» con expertos en la codificación de emociones y hallamos una correspondencia muy alta entre las puntuaciones de ambas fuentes.
11 La mayoría de las investigaciones e ideas relevantes sobre el papel de las diferencias a la hora de causar emociones potentes en las parejas procede del trabajo en terapias de pareja. Ver, por ejemplo, el trabajo de Sue John (2013), Daniel Wile (2008) y Schulz, Cowan y Cowan (2006).
12 Para una discusión sobre la conexión entre la satisfacción en la relación y la total en la vida a lo largo del tiempo, ver el artículo de McAdams *et al.* (2012), del estudio longitudinal British Household Panel Survey.
13 En 1967, Thomas Holmes y Richard Rahe desarrollaron una escala para medir el estrés asociado con cambios vitales. Incluía sucesos como casarse, empezar en un empleo nuevo, quedarse embarazada, experimentar la muerte de un amigo cercano y jubilarse. Asignaron a cada suceso una puntuación de «unidades de cambio vital» de cero a cien y hallaron que las personas con las puntuaciones más altas de cambio vital tenían más enfermedades físicas. Esta escala se usó en muchas culturas y en una serie de poblaciones distintas y demostró ser útil con el paso de los años. Lo más destacado es que la escala no se basa en lo «positivo» o «negativo» que sea un cambio, sino en la cantidad de cambio que provoca.
14 Ver, por ejemplo, Schulz, Cowan y Cowan (2006).
15 Esta cita es de Thoreau (1839), *Journal I* (p. 88).
16 Ver, por ejemplo, Kross (2021) y Kross y Ayduk (2017). Para una investigación que conecta el autodistanciamiento y la atención plena, ver Petrova *et al.* (2021).

Capítulo 8. La familia importa

1 Esta cita es del libro de 1998 de Jane Howard *Families* (p. 234).

2 Ver Levesque, «The West End Through Time». Muchos de los barrios de nuestros participantes en el West End y otras áreas de Boston fueron derribados en el periodo de renovación urbana que dio inicio en la década de 1950, por lo que ya no se parecen a los lugares que fueron. Para una buena descripción de los cambios en el West End a lo largo del tiempo ver <http://web.mit.edu/aml2010/www/throughtime.html>.

3 De todos es sabido que Sigmund Freud y muchos de sus seguidores partidarios del psicoanálisis hicieron hincapié en el papel que tienen las experiencias de la infancia temprana a la hora de moldear la personalidad y el funcionamiento. Un libro de 1998 escrito por Judith Rich Harris (*El mito de la educación: por qué los padres pueden influir muy poco en sus hijos*) prendió la mecha del debate público sobre hasta qué punto los entornos de la infancia temprana dan forma al funcionamiento posterior al afirmar que la mayoría de las conexiones que se establecen entre estas dos cosas pueden achacarse a influencias genéticas. Los partidarios de ambas posturas siguen debatiendo sobre el tema.

4 Esta cita de John Donne se encuentra en *Devotions Upon Emergent Occasions: Together with Death's Duel* (pp. 108-109).

5 Ver, por ejemplo, Huang y Gove (2012).

6 Ver Marlon M. Bailey, *Butch Queens Up in Pumps*.

7 Ver Marlon M. Bailey, *Butch Queens Up in Pumps* (p. 5).

8 Selma Fraiberg, una psicoanalista y trabajadora social estadounidense, escribió un artículo muy influyente en 1975, titulado «Ghosts in the Nursery», sobre la influencia de los legados de la infancia.

9 Emmy Werner y Ruth S. Smith resumieron esta investigación en dos libros, *Overcoming the Odds: High Risk Children from Birth to Adulthood* (1992); y *Journeys from Childhood to Midlife: Risk, Resilience, and Recovery* (2001).

10 Ver Emmy E. Werner y Ruth S. Smith, «An Epidemiologic Perspective on Some Antecedents and Consequences of Childhood Mental Health Problems and Learning Disabilities (A Report from the Kauai Longitudinal Study)» (p. 293).

11 Resumen del estudio en Werner (1993).

12 Ver Werner y Smith (1979).

13 Se proporcionan evidencias de los beneficios asociados con reconocer las dificultades y hablar de ellas en Waldinger y Schulz (2016).

14 Estos hallazgos se resumen en Anne Fishel (2016), «Harnessing the Power of Family Dinners to Create Change in Family Therapy».
15 Ver Ellen Byron (2019), «The Pleasures of Eating Alone».
16 Barbara Fiese habla del valor de los relatos familiares y otros rituales en su libro de 2006 *Family Routines and Rituals* y en un artículo de 2002 escrito con otros colegas.

Capítulo 9. La buena vida en el trabajo

1 El origen de esta cita no está claro. Se suele atribuir al autor del siglo XIX Robert Louis Stevenson, aunque es probable que sea posterior y pertenezca a William Arthur Ward. La versión de Stevenson suele citarse así: «No juzgues tus días por la cosecha que recoges, sino por las semillas que plantas». Aquí hay una discusión sobre el origen de la cita: <https://quoteinvestigator.com/2021/06/23/seeds/#note-439819-1>.
2 Ver Charlie Giattino *et al.* (2013), «Working Hours».
3 Se llevaron a cabo encuestas sobre uso del tiempo en muchos países. En Estados Unidos, la Oficina de Estadísticas Laborales mide con regularidad la cantidad de tiempo que dedican las personas a distintas actividades como parte de su Encuesta sobre el Uso del Tiempo en Estados Unidos (ATUS, por sus siglas en inglés). Estas encuestas sobre el uso del tiempo se emplean a menudo como datos duros para calcular estimaciones sobre la cantidad de tiempo que se dedica a distintas actividades a lo largo de la vida. Estas varían en función de los datos precisos y el método empleado para hacer la proyección. Los que usamos nosotros pertenecen a una publicación en línea de Gemma Curtis de 2017 (modificada por última vez en abril de 2021).
4 Ver Oficina de Estadísticas Laborales de Estados Unidos (consultado en octubre de 2021), <https://data.bls.gov/time series/LNS11300000>.
5 Este estudio se resume en Schulz *et al.* (2004), «Coming Home Upset: Gender, Marital Satisfaction and the Daily Spillover of Workday Experience into Marriage».
6 James Gross *et al.* llevaron a cabo importantes investigaciones que estudian el impacto que tiene en el cuerpo esconder nuestras emociones a los demás. Ver, por ejemplo, Gross y Levenson (1993) y Gross (2002). Las investigaciones indican que cuando los individuos intentan esconder activamente sus emociones de los demás su sistema cardiovascular muestra signos de agitación y sudan más (otra señal de excitación fisiológica interna). Hay otra investigación (Hayes *et al.*, 2004) que indica que intentar ignorar o evitar emociones negativas

potentes de forma repetida a menudo conlleva un incremento de estas y de sus dificultades añadidas.

7 Debido a su estatus social o económico, algunas personas pueden estar en una posición más vulnerable en relación con los efectos negativos que tienen las consecuencias del trabajo en el bienestar. Un estudio de 2020 de Rung *et al.* en Luisiana, por ejemplo, sugiere que las mujeres negras pueden ser especialmente vulnerables a estas repercusiones del entorno laboral en la vida familiar.

8 Para una historia sobre las experiencias de la inmigración italiana en Boston, ver Stephen Puleo (2007), *The Boston Italians.*

9 Conclusiones en la revisión metaanalítica de Julianne Holt-Lunstad *et al.* (2010).

10 Ver Annamarie Mann (2018), «Why We Need Best Friends at Work».

11 Ver los hallazgos de Annamarie Mann (2018) para Gallup y un estudio de 1995 de Christine Riordan y Rodger Griffeth que examina los lazos entre las oportunidades de hacer amigos y la satisfacción e implicación en el trabajo.

12 Ver Mann (2018), el artículo de Adam Grant (2015) en *The New York Times* y el estudio de Riordan y Griffeth (1995).

13 Mary Ainsworth escribió sobre esta y otras experiencias vitales en un capítulo de Agnes N. O'Connell y Nancy Felipe Russo (eds.) (1983), *Models of Achievement: Reflections of Eminent Women in Psychology.*

14 Estas tendencias están documentadas en el libro de Arlie Hochschild (1989/2012) *The second shift.* Ver también la revisión de Scott Coltrane en 2000 que documenta tendencias y desigualdades parecidas.

15 Ver, por ejemplo, el trabajo de Bianchi *et al.* (2012).

16 Ver Inga Saffron (2021), «Our Desire for Quick Delivery Is Bringing More Warehouses to Our Neighborhoods». Hay información adicional sobre estos cambios en estas páginas web: <https://www.inquirer.com/philly/blogs/inq-phillydeals/ne-phila-ex-budd-site-sold-for-18m-to-cdc-for-warehouses-20180308.html>; <https://www.workshopoftheworld.com/north east/budd.html> y <https://philadelphianeighborhoods.com/2019/10/16/north east-residents-look-to-city-for-answers-about-budd-site-development/>.

17 Ver Adam Grant (2015), «Friends at Work? Not So Much».

18 Ver el informe de Philip Armour *et al.* (2020) para la RAND Corporation.

19 Para más información sobre la naturaleza cambiante de determinados tipos de trabajo y sus implicaciones ver «The IWG Global Workspace Survey» (2019).

Capítulo 10. Todos los amigos comportan beneficios

1 Emily Dickinson escribió esto en una carta a Samuel Bowles (1858).

2 Esta cita es del sutra Upaddha en el Samyutta Nikaya XLV.2; se puede consultar una traducción al inglés en: <http:// www.buddhismtoday.com/english/texts/samyutta/sn45-2.html>.

3 Aristóteles escribió esto al principio del ensayo sobre la amistad en la *Ética nicomáquea* (libro VIII), en el 350 a. C.

4 Esta cita de Séneca se encuentra en sus *Letters from a Stoic*.

5 Ver el artículo de Holt-Lunstad *et al.* (2010) en *PLOS Medicine* (comentado anteriormente en el capítulo 2).

6 Ver el artículo de L.C. Giles *et al.* (2004), «Effects of Social Networks on 10 Year Survival in Very Old Australians: The Australian Longitudinal Study of Aging».

7 Ver el artículo de Candyce Kroenke *et al.* (2006), «Social Networks, Social Support, and Survival After Breast Cancer Diagnosis».

8 Estos resultados aparecen en un artículo de Kristina Orth-Gomer y J.V. Johnson (1987), «Social Network Interaction and Mortality. A Six Year Follow-up Study of a Random Sample of the Swedish Population».

9 Esta cita es de un artículo de Niobe Way (2013), «Boys' Friendships During Adolescence: Intimacy, Desire, and Loss» (p. 202).

10 Ver, por ejemplo, la revisión y el metaanálisis de treinta y seis muestras separadas con un total de 8 825 individuos de 2011 de Jeffrey Hall sobre diferencias en las expectativas sobre la amistad. Este metaanálisis halló que las diferencias de género en las expectativas de amistad en los estudios son normalmente de poca magnitud, lo que significa que hombres y mujeres se solapan significativamente más en sus expectativas que en sus divergencias. Por ejemplo, las participantes, en promedio, esperaban muy poco más de sus amistades que los participantes; la diferencia era lo suficientemente pequeña como para que las distribuciones de hombres y mujeres se solaparan más del 85 %.

11 Estos hallazgos proceden de un estudio de Gillian M. Sandstrom y Elizabeth U. Dunn (2014), «Is Efficiency Overrated?: Minimal Social Interactions Lead to Belonging and Positive Affect».

12 Ver Jeffrey Hall (2019), «How Many Hours Does It Take to Make a Friend?», donde se presentan investigaciones sobre la conexión entre contacto repetido y amistad.

13 El artículo clásico de Granovetter sobre «lazos débiles» es «The Strength of Weak Ties» (1973).

14 Ver Brenda Ueland, «Tell Me More».

Conclusión. Nunca es tarde para ser feliz

1 En un estudio de Kristin Gustavson *et al.* (2012) se habla sobre el abandono de los estudios longitudinales.

2 Hay una revisión de Rebecca Taylor *et al.* sobre intervenciones de aprendizaje socioemocional en un metaanálisis de 2017. Hoffman *et al.* hablan de un ejemplo destacado de SEL en un artículo de 2020.

3 Nosotros, Bob y Marc, estamos implicados en iniciativas para promover este aprendizaje en adultos mediante nuestra participación en la Fundación Lifespan Research (<https://www.lifespanresearch.org/>). Trabajando sobre las investigaciones citadas en este libro hemos creado dos cursos de cinco sesiones diseñados para ayudar a las personas a tener vidas más felices y satisfactorias. El curso «Road Maps for Life Transitions» (<https://www.lifespanresearch.org/course-for-individuals/>) está diseñado para adultos en cualquier etapa vital, mientras que el curso «Next Chapter» (<https://www.lifespanresearch.org/next-chapter/>) está especialmente diseñado para individuos entre cincuenta y setenta años.

BIBLIOGRAFÍA

Ainsworth, Mary D., «Reflections by Mary D. Ainsworth», en O'Connell, Agnes N. y Felipe Russo, Nancy (eds.), *Models of Achievement: Reflections of Eminent Women in Psychology*, Columbia University Press, Nueva York, 1983.

Aknin, L. *et al.*, «Mental Health During the First Year of the COVID-19 Pandemic: A Review and Recommendations for Moving Forward», *Perspectives on Psychological Science*, enero de 2022. <https://doi.org/10.1177/17456916211029964>.

Allen, Joseph P. *et al.*, «Longitudinal Assessment of Autonomy and Relatedness in Adolescent-Family Interactions as Predictors of Adolescent Ego Development and Self-Esteem», *Child Development* 65, n.º 1 (1994): pp. 179-194. <https://doi.org/10.2307/1131374>.

Allibone, Samuel Austin, *Prose Quotations from Socrates to Macauley*, J. B Lippincott, Filadelfia, 1880.

Arendt, Hannah, *The Human Condition*, 2.ª ed., Universidad de Chicago Press, Chicago, 1958/1998. Versión castellana de Gil Novales, Ramón, *La condición humana*, Austral, Barcelona, 2020.

Aristóteles, *Nicomachean Ethics 1.5*, Ross, W. D. (trad.), Batoche Books, Kitchener, Ontario, 1999. Versión castellana, *Compendio de la ética nicomáquea*, Prensas de la Universidad de Zaragoza, Zaragoza, 2017.

Armour, Philip *et al.*, «The COVID-19 Pandemic and the Changing Nature of Work: Lose Your Job, Show Up to Work, or Telecommute?», RAND Corporation, Santa Monica (2020). <https://www.rand.org/pubs/research_reports/RRA308-4.html>.

Arrett, Jeffrey J., «Emerging Adulthood: A Theory of Development from the Late Teens Through the Twenties», *American Psychologist* 55 (2000): pp. 469-480.

Bailey, Marlon M., *Butch Queens Up in Pumps*, University of Michigan Press, Ann Arbor, 2013.

BALDWIN, T. W., *William Shakespeare's Small Latine and Lesse Greeke*, University of Illinois Press, Urbana, 1944.

BALTES, Paul B., «On the Incomplete Architecture of Human Ontogeny», *American Psychologist* 52 (1997): pp. 366-380.

BANCROFT, Anne, *The Wisdom of the Buddha: Heart Teachings in His Own Words*, Shambala, Boulder, CO, 2017.

BANDURA, Albert, «The Psychology of Chance Encounters and Life Paths», *American Psychologist* 37, n.º 7 (1982): pp. 747-755. <https://doi.org/10.1037/0003-066X.37.7.747>.

BARRETO, Manuela *et al.*, «Loneliness Around the World: Age, Gender, and Cultural Differences in Loneliness», *Personality and Individual Differences* 169 (2020): 110066. <doi:10.1016/j.paid.2020.110066>.

BARRICK, Elyssa M., BARASCH, Alixandra y TAMIR, Diana, «The Unexpected Social Consequences of Diverting Attention to Our Phones», *PsyArXiv* (18 de octubre de 2020). <doi:10.31234/osf.io/7mjax>.

BIANCHI, Suzanne M. *et al.*, «Who Did, Does or Will Do It, and How Much Does It Matter?», *Social Forces* 91, n.º 1 (septiembre de 2012): pp. 55-63. <https://doi.org/10.1093/sf/sos120>.

BIRKJAER, Michael y KAATS, Micah, «Does Social Media Really Pose a Threat to Young People's Well-being?», Nordic Council of Ministers (2019). <http://dx.doi.org/10.6027/Nord2019-030>.

BOHLMEIJER, Ernst Thomas, KLOOSTER, Peter M. ten y FLEDDERUS, Martine, «Psychometric Properties of the Five-Facet Mindfulness Questionnaire in Depressed Adults and Development of a Short Form», *Assessment* 18, n.º 3 (2011): pp. 308-320. <https://doi.org/10.1177/1073191111408231>.

BONANNO, G. A. *et al.* «The Importance of Being Flexible: The Ability to Both Enhance and Suppress Emotional Expression Predicts Long-Term Adjustment», *Psychological Science* 15 (2004): pp. 482-487. <http://dx.doi.org/10.1111/j.0956-7976>.

BONANNO, George y BURTON, Charles L., «Regulatory Flexibility: An Individual Differences Perspective on Coping and Emotion Regulation», *Perspectives on Psychological Science* 8, n.º 6 (2013): pp. 591-612. <https://doi.org/10.1177/1745691613504116>.

BOSMA, Hans *et al.*, «Low Job Control and Risk of Coronary Heart Disease in Whitehall II (Prospective Cohort) Study», *BMJ* 314 (1997): pp. 558-565.

BROMFIELD, Richard, *Playing for Real*, Basil Books, Boston, 1992.

BUCHHOLZ, Laura, «Exploring the Promise of Mindfulness as Medicine», *JAMA* 314, n.º 13 (octubre de 2015): pp. 1327-1329. <doi:10.1001/jama.2015.7023. PMID 26441167>.

BUSCHMAN, Timothy J., *et al.*, «Neural Substrates of Cognitive Capacity Limitations», *PNAS* 108, n.º 27 (julio de 2011): pp. 11252-11255. <https://doi.org/10.1073/pnas.1104666108>.

BYRON, Ellen, «The Pleasures of Eating Alone», *Wall Street Journal*, 2 de octubre de 2019. <https://www.wsj.com/articles/eating-alone-loses-its-stigma-11570024507>.

CACIOPPO, John T., CACIOPPO, Stephanie y BOOMSMA, Dorret I., «Evolutionary Mechanisms for Loneliness», *Cognition and Emotion* 28, n.º 1 (2014): pp. 3-21. <doi:10.1080/02699931.2013.837379>.

CACIOPPO, John T. y PATRICK, William, *Loneliness: Human Nature and the Need for Social Connection*, Norton, Nueva York, 2008.

CACIOPPO, John T. y CACIOPPO, Stephanie, «The Phenotype of Loneliness», *European Journal of Developmental Psychology* 9, n.º 4 (2012): pp. 446-452. <doi:10.1080/17405629.2012.690510>.

CACIOPPO, John T. *et al.*, «The Chicago Health, Aging and Social Relations Study», en EID, Michael y LARSEN, Randy J. (eds.), *The Science of Subjective Well-Being*, Guilford Press, Nueva York, 2008, capítulo 13, pp. 195-219.

CACIOPPO, John T. y CACIOPPO, Stephanie, «The Population-Based Longitudinal Chicago Health, Aging and Social Relations Study (CHASRS): Study Description and Predictors of Attrition in Older Adults», *Archives of Scientific Psychology* 6, n.º 1 (2018): pp. 21-31.

CARNEGIE, Dale, *How to Win Friends and Influence People*, Simon & Schuster, Nueva York,1981. Versión castellana de JIMÉNEZ, Román A., *Cómo ganar amigos e influir sobre las personas*, Elipse, Barcelona, 2009.

CARROLL, Lewis, *Through the Looking-Glass, and What Alice Found There*, Macmillan and Co., Londres, 1872. Versión castellana de PASCUAL, Emilio, *A través del espejo y lo que Alicia encontró al otro lado*, Gaviota, Madrid, 1990.

CARSTENSEN, Laura L., «The Influence of a Sense of Time on Human Development», *Science* 312, n.º 5782 (2006): pp. 1913-1915. <doi:10.1126/science.1127488>.

CARSTENSEN, Laura L., ISAACOWITZ, D. M. y CHARLES, S. T., «Taking Time Seriously: A Theory of Socioemotional Selectivity», *American Psychologist* 54, n.º 3 (1999): pp. 165-181. <doi:10.1037//0003-066x.54.3.165>.

CASPI, A. y MOFFITT, T. E., «The Continuity of Maladaptive Behavior: From Description to Understanding in the Study of Antisocial Behavior», en la serie de Wiley sobre procesos de personalidad. CICCHETTI, D. y COHEN, D. J. (eds.), *Developmental Psychopathology* 2, *Risk, Disorder, and Adaptation*, John Wiley & Sons, Hoboken, N. J., 1995.

Chakkarath, Pradeep, «Indian Thoughts on Psychological Human Development», en Misra, G., (ed.), *Psychology and Psychoanalysis in India*, Munshiram Manoharlal Publishers, Nueva Delhi, 2013, pp. 167-190.

Chamie, Joseph, «The End of Marriage in America?», *The Hill*, 10 de agosto de 2021. <https://thehill.com/opinion/finance/567107-the-end-of-marria ge-in-america>.

Coan, James, Schaefer, Hillary S. y David, Richard J., «Lending a Hand: Social Regulation of the Neural Response to Threat», *Psychological Science* 17, n.º 12 (2006): pp. 1032-1039. <doi:10.1111/j.1467-9280.2006.01832.x>.

Coan, James, «Why We Hold Hands: Dr. James Coan at TEDxCharlottesville 2013», Charlas TEDx, 25 de enero de 2014. <https://www.youtube.com/watch? v=1UMHUPPQ96c>.

Cohen, Leonard, *The Future*, Sony Music Entertainment, 1992.

Cohen, Shiri, *et al.*, «Eye of the Beholder: The Individual and Dyadic Contributions of Empathic Accuracy and Perceived Empathic Effort to Relationship Satisfaction», *Journal of Family Psychology* 26, n.º 2 (2012): pp. 236-245. <doi:10.1037/a0027488>.

Cohn, Deborah A., *et al.*, «Working Models of Childhood Attachment and Couple Relationships», *Journal of Family Issues* 13, n.º 4 (1992): pp. 432-449.

Coltrane, Scott, «Research on Household Labor: Modeling and Measuring the Social Embeddedness of Routine Family Work», *Journal of Marriage and Family* 62, n.º 4 (2000): pp. 1208-1233. <http://www.jstor.org/stable/1566732>.

Cox, Rachel Dunaway, *Youth into Maturity*, Mental Health Material Center, Nueva York, 1970.

Crick, N. R. y Dodge, K. A., «A Review and Reformulation of Social-Information Processing Mechanisms in Children's Development», *Psycho logical Bulletin* 115 (1994): pp. 74-101.

Cronin, Christopher J. y Evans, William N., «Excess Mortality from COVID and Non-COVID Causes in Minority Populations», *Proceedings of the National Academy of Sciences* 118, n.º 39 (septiembre de 2021): e210 1386118. <doi:10.1073/pnas.2101386118>.

Curtis, Gemma, «Your Life in Numbers», licencia Creative Commons, 29 de septiembre de 2017 (última modificación, 28 de abril de 2021). <http://ww.dreams.co.uk/sleep-matters-club/your-life-in-numbers-in fographic/>.

Czeisler, Mark É., *et al.*, «Mental Health, Substance Use, and Suicidal Ideation During the COVID-19 Pandemic», *Morbidity and Mortality Weekly Report*, Estados Unidos (24-30 de junio de 2020): pp. 1049-1057. <http://dx.doi.org/10.15585/mmwr.mm6932a1>.

Dalai Lama, «Economics, Happiness, and the Search for a Better Life», *Dalailama.com* (febrero de 2014). <https://www.dalailama.com/news/2014/economics-happiness-and-the-search-for-a-better-life>.

Departamento de Salud y Servicios Humanos de Estados Unidos, Centros para el Control y la Prevención de Enfermedades, Centro Nacional para la Prevención de Enfermedades Crónicas y Promoción de la Salud, Oficina sobre Tabaquismo y Salud, «The Health Consequences of Smoking—50 Years of Progress: A Report of the Surgeon General», Atlanta, 2014. <https://www.cdc.gov/tobacco/data_statistics/sgr/50th-anniversary/index.htm>.

Dickinson, Emily, «Dickinson letter to Samuel Bowles (Letter 193)», *Letters from Dickinson to Bowles Archive* (1858). <http://archive.emilydickinson.org/correspondence/bowles/1193.html>.

Donne, John, *Devotions Upon Emergent Occasions: Together with Death's Duel*, University of Michigan Press, Ann Arbor, 1959. Versión en castellano de Collyer, Jaime, *Devociones y duelo por la muerte*, Navona, Barcelona, 2018.

Dworkin, Jordan. D., *et al.*, «Capturing Naturally Occurring Emotional Suppression as It Unfolds in Couple Interactions», *Emotion* 19, n.º 7 (2019): pp. 1224-1235. <https://doi.org/10.1037/emo0000524>.

Eid, Michael y Larsen, Randy J. (eds.), *The Science of Subjective Well-Being*, Guilford Press, Nueva York, 2008.

Emerson, Ralph Waldo, «Gifts» (1844), en *Essays and English Traits*, The Harvard Classics, 1909-1914. <https://www.bartleby.com/5/113.html>.

Emerson, Ralph Waldo, *Essays*, James Munroe & Co., Boston, 1841. Versión castellana de Miguel Alfonso, Ricardo, *Ensayos*, Austral, Barcelona, 2001.

Emerson, Ralph Waldo, *Letters and Social Aims*, Chatto & Windus, Londres, 1876.

Epley, Nicholas y Schroeder, Juliana, «Mistakenly Seeking Solitude», *Journal of Experimental Psychology* 143, n.º 5 (2014): pp. 1980-1999. <doi:10.1037/a0037323>.

Erikson, Erik y Erikson, Joan M., *The Life Cycle Completed: Extended Version*, Norton, Nueva York, 1997. Versión castellana de Sarro Maluquer, Ramón, *El ciclo vital completado*, Paidós, Barcelona, 2007.

Erikson, Erik, *Childhood and Society*, Norton, Nueva York, 1950. Versión castellana de Rosenblatt, Noemí, *Infancia y sociedad*, Paidós, Barcelona, 1983.

Erikson, Erik, *Identity and the Life Cycle*, International Universities Press, Nueva York, 1959.

Fallows, James, «Linda Stone on Maintaining Focus in a Maddeningly

Distractive World», *The Atlantic* (23 de mayo de 2013). <https://www.theatlantic.com/national/archive/2013/05/linda-stone-on-maintaining-focus-in-a-maddeningly-distractive-world/276201/>.

FARSON, Richard y KEYES, Ralph, *Whoever Makes the Most Mistakes*, Free Press, Nueva York, 2002.

FIESE, Barbara H., *Family Routines and Rituals*, Yale University Press, New Haven, 2006.

FIESE, Barbara H., *et al.*, «A Review of 50 Years of Research on Naturally Occurring Family Routines and Rituals: Cause for Celebration?», *Journal of Family Psychology* 16, n.º 4 (2002): pp. 381-390. <https://doi.org/10.1037/0893-3200.16.4.381>.

FINKEL, Eli J., *The All-or-Nothing Marriage: How the Best Marriages Work*, Dutton, Nueva York, 2017.

FISHEL, Anne K., «Harnessing the Power of Family Dinners to Create Change in Family Therapy», *Australian and New Zealand Journal of Family Therapy* 37 (2016): pp. 514-527. <doi:10.1002/anzf.1185>.

FRAIBERG, Selma *et al.*, «Ghosts in the Nursery: A Psychoanalytic Approach to the Problems of Impaired Infant-Mother Relationships», *Journal of American Academy of Child Psychiatry* 14, n.º 3 (1975): pp. 387-421.

FUNG, Helene H. y CARSTENSEN, Laura L., «Sending Memorable Messages to the Old: Age Differences in Preferences and Memory for Advertisements», *Journal of Personality and Social Psychology* 85, n.º 1 (2003): pp. 163-178.

GABLE, Shelly L., «Approach and Avoidance Social Motives and Goals», *Journal of Personality* 74 (2006): pp. 175-222.

GIATTINO, Charlie, ORTIZ-OSPINA, Esteban y ROSER, Max, «Working Hours», *ourworld indata.org* (2013/2020). <https://ourworldindata.org/working-hours>.

GILES, L. C. *et al.*, «Effects of Social Networks on 10 Year Survival in Very Old Australians: The Australian Longitudinal Study of Aging», *Journal of Epidemiology and Community Health* 59 (2004): pp. 547-579.

GRANOVETTER, Mark S., «The Strength of Weak Ties», *American Journal of Sociology* 78, n.º 6 (1973): pp. 1360-1380.

GRANT, Adam, «Friends at Work? Not So Much», *New York Times* (4 de septiembre de 2015). <https://www.nytimes.com/2015/09/06/opinion/sunday/adam-grant-friends-at-work-not-so-much.html?_r=2&mtrref=undefined&gwh=52A0804F85EE4EF9D01AD22AAC839063&gwt=pay&assetType=opinion>.

GRIFFIN, Sarah C. *et al.*, «Loneliness and Sleep: A Systematic Review and Meta-analysis», *Health Psychology Open* 7, n.º 1 (2020): pp. 1–11. <doi:10.1177/2055102920913235>.

Gross, James J., «Emotion Regulation: Affective, Cognitive, and Social Consequences», *Psychophysiology* 39, n.º 3 (2002): pp. 281-291. <doi: 10.1017/s0048577201393198>.

Gross, James. J. y Levenson, Robert W., «Emotional Suppression: Physiology, Self-report, and Expressive Behavior», *Journal of Personality and Social Psychology* 64, n.º 6 (1993): pp. 970-986. <https://doi.org/10.1037/0022-3514.64.6.970>.

Gustavson, Kristin *et al.*, «Attrition and Generalizability in Longitudinal Studies: Findings from a 15-Year Population-Based Study and a Monte Carlo Simulation Study», *BMC Public Health* 12, artículo n.º 918. <doi:10.1186/1471-2458-12-918>.

Hall, Jeffrey A., «How Many Hours Does It Take to Make a Friend?», *Journal of Social and Personal Relationships* 36, n.º 4 (abril de 2019): pp. 1278-1296. <https://doi.org/10.1177/0265407518761225>.

Hall, Jeffrey A., «Sex Differences in Friendship Expectations: A Meta-Analysis», *Journal of Social and Personal Relationships* 28, n.º 6 (septiembre de 2011): pp. 723-747. <https://doi.org/10.1177/0265407510386192>.

Hammond, Claudia, «Who Feels Lonely? The Results of the World's Largest Loneliness Study», BBC Radio 4 (mayo de 2018). <https://www.bbc.co.uk/programmes/articles/2yzhfv4DvqVp5nZyxBD8G23/who-feels-lonely-the-results-of-the-world-s-largest-loneliness-study>.

Hanh, Thich Nhat, *The Miracle of Mindfulness: An Introduction to the Practice of Meditation*, Beacon Press, Boston, 2016. Versión castellana de Martí, Núria, *El milagro de mindfulness*, Zenith, Barcelona, 2019.

Harris, Judith Rich, *The Nurture Assumption: Why Children Turn Out the Way They Do*, Free Press, Nueva York, 1998. Versión castellana de Cernicharo, Mercedes, *El mito de la educación: por qué los padres pueden influir muy poco en sus hijos*, DeBolsillo, Barcelona, 2003.

Hawkley, Louise C. y Cacioppo, John T., «Loneliness Matters: A Theoretical and Empirical Review of Consequences and Mechanisms», *Annals of Behavioral Medicine: A Publication of the Society of Behavioral Medicine* 40, n.º 2 (2010): pp. 218-227. <doi:10.1007/s12160-010-9210-8>.

Hayes, Steven. C. *et al.*, «Measuring Experiential Avoidance: A Preliminary Test of a Working Model», *The Psychological Record* 54, n.º 4 (2004): pp. 553-578. <https://doi.org/10.1007/BF03395492>.

Helson, R. *et al.*, «The Growing Evidence for Personality Change in Adulthood: Findings from Research with Inventories», *Journal of Research in Personality* 36 (2002): pp. 287-306.

Hill-Soderlund, Ashley L. *et al.*, «Parasympathetic and Sympathetic Responses to the Strange Situation in Infants and Mothers from Avoidant and Securely Attached Dyads», *Developmental Psychobiology* 50, n.º 4 (2008): pp. 361-376. <doi:10.1002/dev.20302>.

HOCHSCHILD, Arlie Russell y MACHUNG, Anne, *The Second Shift*, Penguin, Nueva York, 1989/2012. Versión castellana de RODRÍGUEZ TAPIA, M.ª Luisa, *La doble jornada*, Capitán Swing, Madrid, 2021.

HOFFMANN, Jessica D. *et al.*, «Teaching Emotion Regulation in Schools: Translating Research into Practice with the RULER Approach to Social and Emotional Learning», *Emotion* 20, n.º 1 (2020): pp. 105-109. <https://doi.org/10.1037/emo0000649>.

HOLMES, Thomas H. y RAHE, Richard H., «The Social Readjustment Rating Scale», *Journal of Psychosomatic Research* 11, n.º 2 (1967): pp. 213-218. <https://doi.org/10.1016/0022-3999(67)90010-4>.

HOLT-LUNSTAD, Julianne, SMITH, Timothy B. y LAYTON, J. Bradley, «Social Relationships and Mortality Risk: A Meta-analytic Review», *PLOS Medicine* 7, n.º 7 (2010): e1000316. <https://doi.org/10.1371/journal.pmed.1000316>.

HOLT-LUNSTAD, Julianne *et al.*, «Loneliness and Social Isolation as Risk Factors for Mortality: A Meta-analytic Review», *Perspectives on Psychological Science* 10, n.º 2 (2015): pp. 227-237. <doi:10.1177/1745691614568352>.

HOUSE, James S. *et al.*, «Social Relationships and Health», *Science* New Series 241, n.º 4865 (julio de 1988): pp. 540-545.

HOWARD, Jane, *Families*, Simon & Schuster, Nueva York, 1998.

HUANG, Grace Hui-Chen y GOVE, Mary, «Confucianism and Chinese Families: Values and Practices in Education», *International Journal of Humanities and Social Science* 2, n.º 3 (febrero de 2012): pp. 10-14. <http://www.ijhssnet.com/journals/Vol_2_No_3_February_2012/2.pdf>.

HWANG, Tzung-Jeng *et al.*, «Loneliness and Social Isolation During the COVID-19 Pandemic», *International Psychogeriatrics* 32, n.º 10 (2020): pp. 1217-1220. <doi:10.1017/S1041610220000988>.

IMPETT, E. A. *et al.*, «Moving Toward More Perfect Unions: Daily and Long-term Consequences of Approach and Avoidance Goals in Romantic Relationships», *Journal of Personality and Social Psychology* 99 (2010): pp. 948-963.

Informe Nielsen, «Q1 2018 Total Audience Report», 2018. <https://www.nielsen.com/us/en/insights/report/2018/q1-2018-total-audience-report/>.

IPSOS, «2020 Predictions, Perceptions and Expectations», marzo de 2020.

IWG, «The IWG Global Workspace Survey», International Workplace Group (marzo de 2019). <https://assets.regus.com/pdfs/iwg-workplace-survey/iwg-workplace-survey-2019.pdf>.

JAFFE, Sara, «Queer Time: The Alternative to “Adulting”», *JStor Daily* (10 de enero de 2018). <https://daily.jstor.org/queer-time-the-alternative-to-adulting/>.

JEFFREY, Karen *et al.*, «The Cost of Loneliness to UK Employers», *New Economics Foundation* (febrero de 2017). <https://neweconomics.org/uploads/files/NEF_COST-OF-LONELINESS_DIGITAL-Final.pdf>.

JESTE, Dilip V., LEE, Ellen E. y CACIOPPO, Stephanie, «Battling the Modern Behavioral Epidemic of Loneliness: Suggestions for Research and Interventions», *JAMA Psychiatry* 77, n.º 6 (2020): pp. 553-554. <doi:10.1001/jamapsychiatry.2020.0027>.

JHA, Amishi *et al.*, «Deploying Mindfulness to Gain Cognitive Advantage: Considerations for Military Effectiveness and Well-being», *NATO Science and Technology Conference Proceedings* (2019): pp. 1-14. <http://www.amishi.com/lab/wp-content/uploads/Jhaetal_2019_HFM_302_DeployingMindfulness.pdf>.

JOHNSON, Sue, *Love Sense: The Revolutionary New Science of Romantic Relationships*, Little, Brown, Nueva York, 2013.

KAHNEMAN, Daniel y TVERSKY, Amos, «Prospect Theory: An Analysis of Decision Under Risk», *Econometrica* 47 (1979): pp. 263-291.

KAHNEMAN, Daniel y DEATON, Angus, «High Income Improves Evaluation of Life but Not Emotional Well-being», *Proceedings of the National Academy of Sciences* 107, n.º 38 (septiembre de 2010): pp. 16489-16493. <doi:10.1073/pnas.1011492107>.

KIECOLT-GLASER, Janice K., «WEXMED Live: Jan Kiecolt Glaser», 6 de octubre de 2016, Ohio State Wexner Medical Center. Video, 14:52. <https://www.youtube.com/watch?v=hjUW2YC1OYM>.

KIECOLT-GLASER, Janice K., *et al.*, «Slowing of Wound Healing by Psychological Stress», *Lancet* 346, n.º 8984 (noviembre de 1995): pp. 1194-1196. <doi:10.1016/s0140-6736(95)92899-5>.

KILLGORE, William D. S. *et al.*, «Loneliness: A Signature Mental Health Concern in the Era of COVID-19», *Psychiatry Research* 290 (2020): p. 113117. <doi:10.1016/j.psy chres.2020.113117>.

KILLINGSWORTH, Matthew y GILBERT, Daniel T., «A Wandering Mind Is an Unhappy Mind», *Science* 330, n.º 6006 (2010): p. 932. <doi:10.1126/science.1192439>.

KRAUSE, Sabrina *et al.*, «Effects of the Adult Attachment Projective Picture System on Oxytocin and Cortisol Blood Levels in Mothers», *Frontiers in Human Neuroscience* 8, n.º 10 (2016): p. 627. <doi:10.3389/fnhum.2016.00627>.

KROENKE, Candyce H. *et al.*, «Social Networks, Social Support, and Survival After Breast Cancer Diagnosis», *Journal of Clinical Oncology* 24, n.º 7 (2006): pp. 1105-1111. <doi:10.1200/JCO.2005.04.2846>.

Kross, Ethan, Ayduk, Ozlem y Mischel, W., «When Asking "Why" Does Not Hurt. Distinguishing Rumination from Reflective Processing of Negative Emotions», *Psychological Science* 16, n.º 9 (2005): pp. 709-715. <doi:10.1111/j.1467-9280.2005.01600.x>.

Kross, Ethan *et al.*, «Facebook Use Predicts Declines in Subjective Well-being in Young Adults», *PLOS ONE* 8, n.º 8 (2013): e69841.

Kross, Ethan y Ayduk, Ozlem, «Self-Distancing: Theory, Research, and Current Directions», *Advances in Experimental Social Psychology* 55 (2017): pp. 81-136. <https:// doi.org/10.1016/bs.aesp.2016.10.002>.

Kross, Ethan, *Chatter*, Crown, Nueva York, 2021.

Kumashiro, M. y Arriaga, X. B., «Attachment Security Enhancement Model: Bolstering Attachment Security Through Close Relationships», en Mattingly, B., McIntyre, K. y Lewandowski Jr., G. (eds.), *Interpersonal Relationships and the Self-Concept* (2020). <https://doi.org/10.1007/978-3-030-43747-3_5>.

La Fontaine, Jean de, *The Complete Fables of Jean de La Fontaine*, Norman R. Shapiro (ed.), University of Illinois Press, Urbana, 2007. Versión castellana de Llorente, Teodoro, *Fábulas*, Atlas, Madrid, 2007.

Lazarus, Richard S. y Folkman, Susan, *Stress, Appraisal, and Coping*, Springer, Nueva York, 1984. Versión en castellano de Zaplana, María, *Estrés y procesos cognitivos*, Martínez Roca, Barcelona, 1986.

Lazarus, Richard S., *Emotion and Adaptation*, Oxford University Press, Nueva York, 1991.

Lee, Ellen *et al.*, «High Prevalence and Adverse Health Effects of Loneliness in Community-Dwelling Adults Across the Lifespan: Role of Wisdom as a Protective Factor», *International Psychogeriatrics* 31, n.º 10 (2019): pp. 1447-1462. <doi:10.1017/S1041610218002120>.

L'Engle, Madeleine, *Walking on Water: Reflections on Faith and Art*, Convergent, Nueva York, 1980.

Levesque, Amanda, «The West End Through Time», *Mit.edu* (primavera de 2010). <http:// web.mit.edu/aml2010/www/throughtime.html>.

Levinson, Daniel, *The Seasons of a Woman's Life*, Random House, Nueva York, 1996.

Luo, Ye y Waite, Linda J., «Loneliness and Mortality Among Older Adults in China», *The Journals of Gerontology: Series B* 69, n.º 4 (julio de 2014): pp. 633-645. <https:// doi.org/10.1093/geronb/gbu007>.

Lyubomirsky, Sonja, Sheldon, Kennon M. y Schkade, David, «Pursuing Happiness: The Architecture of Sustainable Change», *Review of General Psychology* 9, n.º 2 (2005): pp. 111-131. <doi:10.1037/1089-2680.9.2.111>.

Magan, Christopher, «Isolated During the Pandemic Seniors Are Dying of

Loneliness and Their Families Are Demanding Help», *Twin Cities Pioneer Press* (19 de junio de 2020). <https://www.twincities.com/2020/06/19/isolated-during-the-pandemic-seniors-are-dying-of-loneliness-and-their-families-are-demanding-help/>.

MANN, Annamarie, «Why We Need Best Friends at Work», Gallup (enero de 2018). <https://www.gallup.com/workplace/236213/why-need-best-friends-work.aspx>.

MANNER, Jane, «Avoiding eSolation in Online Education», en CRAWFORD, C. *et al.* (eds.), *Proceedings of SITE 2003—Society for Information Technology and Teacher Education International Conference*, Association for the Advancement of Computing in Education (AACE), Albuquerque, 2003: pp. 408-410.

MARMOT, Michael G. *et al.*, «Contribution of Job Control and Other Risk Factors to Social Variations in Coronary Heart Disease Incidence», *Lancet* 350 (1997): pp. 235-239.

MATTHEWS, Timothy *et al.*, «Lonely Young Adults in Modern Britain: Findings from an Epidemiological Cohort Study», *Psychological Medicine* 49, n.º 2 (enero de 2019): pp. 268–277. <doi:10.1017/S0033291718000788>. Epub 24 de abril de 2018.

MCADAMS, Kimberly, LUCAS, Richard E. y DONNELLAN, M. Brent, «The Role of Domain Satisfaction in Explaining the Paradoxical Association Between Life Satisfaction and Age», *Social Indicators Research* 109 (2012): pp. 295-303. <https://doi.org/10.1007/s11205-011-9903-9>.

MCGRAW, A. P. *et al.*, «Comparing Gains and Losses», *Psychological Science* 21 (2010): pp. 1438-1445.

MOORS, A. *et al.*, «Appraisal Theories of Emotion: State of the Art and Future Development», *Emotion Review* 5, n.º 2 (2013): pp. 119-124. <doi:10.1177/1754073912468165>.

MURAYAMA, Kou, «The Science of Motivation», *Psychological Science Agenda* (junio de 2018). <https://www.apa.org/science/about/psa/2018/06/motivation>.

NEUGARTEN, Bernie, «Adaptation and the Life Cycle», *The Counseling Psychologist* 6, n.º 1 (1976): pp. 16-20. <doi:10.1177/001100007600600104>.

NEVAREZ, Michael, LEE, Hannah M. y WALDINGER, Robert J., «Friendship in War: Camaraderie and Posttraumatic Stress Disorder Prevention», *Journal of Traumatic Stress* 30, n.º 5 (2017): pp. 512-520.

NOVICK, Tessa K. *et al.*, «Health-Related Social Needs and Kidney Risk Factor Control in an Urban Population», *Kidney Medicine* 3, n.º 4 (2021): pp. 680-682.

OBERST, Ursula *et al.*, «Negative Consequences from Heavy Social Networking in Adolescents: The mediating role of fear of missing out», *Journal of Adolescence* 55 (2015): pp. 51-60. <https://doi.org/10.1016/j.adolescence.2016.12.008>.

Oficina de Estadísticas Laborales de Estados Unidos (consultado en octubre de 2021). <https://data.bls.gov/time series/LNS11300000>.

Okumura, S., *Realizing Genjokoan: The Key to Dogen's Shobogenzo*, Wisdom Publications, Boston, 2010.

Olsson, Craig A. *et al.*, «A 32-Year Longitudinal Study of Child and Adolescent Pathways to Well-being in Adulthood», *Journal of Happiness Studies* 14, n.º 3 (2013): pp. 1069-1083. <doi:10.1007/s10902-012-9369-8>.

Orben, A., «The Sisyphean Cycle of Technology Panics», *Perspectives on Psychological Science* 15, n.º 5 (2020): pp. 1143-1157. <https://doi.org/10.1177/1745691620919372>.

Orth-Gomér, Kristina y Johnson, J. V., «Social Network Interaction and Mortality. A Six Year Follow-up Study of a Random Sample of the Swedish Population», *Journal of Chronic Diseases* 40, n.º 10 (1987): pp. 949-957. <doi:10.1016/0021-9681(87)90145-7>.

Overall, Nickola C. y Simpson, Jeffry A., «Attachment and Dyadic Regulation Processes», *Current Opinion in Psychology* 1 (2015): pp. 61-66. <https://doi.org/10.1016/j.copsyc.2014.11.008>.

Overstreet, R. Larry, «The Greek Concept of the "Seven Stages of Life" and Its New Testament Significance», *Bulletin for Biblical Research* 19, n.º 4 (2009): pp. 537-563. <http://www.jstor.org/stable/26423695>.

Park, Soyoung Q. *et al.*, «A Neural Link Between Generosity and Happiness», *Nature Communications* 8, n.º 15964 (2017). <https://doi.org/10.1038/ncomms15964>.

Parker, Kim *et al.*, «Marriage and Cohabitation in the U. S», Pew Research Center (noviembre de 2019).

Pearson, Helen, *The Life Project*, Soft Skull Press, Berkeley, 2016.

Petrova, Kate y Schulz, Marc S., «Emotional Experiences in Digitally Mediated and In-Person Interactions: An Experience-Sampling Study», *Cognition and Emotion* (2022). <https://doi.org/10.1080/02699931.2022.2043244>.

Petrova, Kate *et al.*, «Self-Distancing and Avoidance Mediate the Links Between Trait Mindfulness and Responses to Emotional Challenges», *Mindfulness* 12, n.º 4 (2021): pp. 947-958. <https://doi.org/10.1007/s12671-020-01559-4>.

Platón, *The Symposium*, Christopher Gill (trad.), Penguin, Londres, 1999. Versión castellana de Martínez Hernández, Marcos, *El banquete*, Gredos, Madrid, 2014.

Pressman, S. D. *et al.*, «Loneliness, Social Network Size, and Immune Response to Influenza Vaccination in College Freshmen», *Health Psychology* 24, n.º 3 (2005): pp. 297-306. <doi:10.1037/0278-6133.24.3.297>.

Puleo, Stephen, *The Boston Italians: A Story of Pride, Perseverance and Paesani, from the Years of the Great Immigration to the Present Day*, Beacon Press, Boston, 2007.

Rheault, Magali, «In U. S., 3 in 10 Working Adults Are Strapped for Time», Gallup (20 de julio de 2011). <https://news.gallup.com/poll/148583/working-adults-strapped-time.aspx>.

Riordan, Christine M. y Griffeth, Rodger W., «The Opportunity for Friendship in the Workplace: An Underexplored Construct», *Journal of Business Psychology* 10 (1995): pp. 141-154. <https://doi.org/10.1007/BF02249575>.

Roberts, Max, Reither, Eric N. y Lim, Sojoung, «Contributors to the Black-White Life Expectancy Gap in Washington, D. C.», *Scientific Reports* 10, article n.º 13416 (2020). <https://doi.org/10.1038/s41598-020-70046-6>.

Roder, Eva *et al.*, «Maternal Separation and Contact to a Stranger More than Reunion Affect the Autonomic Nervous System in the Mother-Child Dyad: ANS Measurements During Strange Situation Procedure in Mother-Child Dyad», *International Journal of Psychophysiology* 147 (2020): pp. 26-34. <https://doi.org/10.1016/j.ijpsycho.2019.08.015>.

Rogers, Carl, *On Becoming a Person*, Houghton Mifflin, Boston, 1961. Versión en castellano de Wainberg, Liliana, *El proceso de convertirse en persona*, Paidós, Barcelona 2001.

Rogers, Kenny, «You Can't Make Old Friends», pista 1 de Kenny Rogers, *You Can't Make Old Friends*, Warner Music Nashville, 2013.

Ruavieja, «Anuncio Ruavieja 2018 - Tenemos que vernos más», 18 de noviembre de 2018. <https://www.youtube.com/watch?v=kma1bPDR-rE>.

Rung, Ariane L. *et al.*, «Work-Family Spillover and Depression: Are There Racial Differences Among Employed Women?», *SSM—Population Health* 13 (2020): 100724. <https://doi.org/10.1016/j.ssmph.2020.100724>.

Saffron, Inga, «Our Desire for Quick Delivery Is Bringing More Warehouses to Our Neighborhoods», *Philadelphia Inquirer* (21 de abril de 2021). <https://www.inquirer.com/real-estate/inga-saffron/philadelphia-amazon-ups-distribution-fulfillment-land-use-bustleton-residential-neighborhood-dhl-office-industrial-parks-20210421.html>.

Sandstrom, Gillian M. y Dunn, Elizabeth W., «Is Efficiency Overrated?: Minimal Social Interactions Lead to Belonging and Positive Affect», *Social Psychological and Personality Science* 5, n.º 4 (mayo de 2014): pp. 437-442. <https://doi.org/10.1177/1948550613502990>.

Sandstrom, Gillian M. y Boothby, Erica J., «Why Do People Avoid Talking to Strangers? A Mini Meta-analysis of Predicted Fears and Actual Experiences Talking to a Stranger», *Self and Identity* 20, n.º 1 (2021): pp. 47-71. <doi:10.1080/15298868.2020.1816568>.

Schulz, Marc y Lazarus, Richard S., «Emotion Regulation During Adolescence: A Cognitive-Mediational Conceptualization», en Kerig, P. K., Schulz, M. S. y Hauser, S. T. (eds.), *Adolescence and Beyond: Family Processes and Development*, Oxford University Press, Londres, 2012.

Schulz, M. S. *et al.*, «Coming Home Upset: Gender, Marital Satisfaction and the Daily Spillover of Workday Experience into Marriage», *Journal of Family Psychology* 18 (2004): pp. 250-263.

Schulz, Marc S., Cowan, P. A. y Cowan, C. P., «Promoting Healthy Beginnings: A Randomized Controlled Trial of a Preventive Intervention to Preserve Marital Quality During the Transition to Parenthood», *Journal of Clinical and Consulting Psychology* 74 (2006): pp. 20-31.

Séneca, *Letters from a Stoic*, Campbell, Robin (trad.), Penguin, Nueva York, 1969/2004, pp. 49-50. Versión en castellano de Moralejo, José y Roca, Israel, *Cartas de un estoico*, Círculo de Lectores, Barcelona, 2008.

Sennett, Richard y Cobb, Jonathan, *The Hidden Injuries of Class*, Knopf, Nueva York, 1972.

Shankar, Aparna *et al.*, «Social Isolation and Loneliness: Relationships with Cognitive Function During 4 Years of Follow-up in the English Longitudinal Study of Ageing», *Psychosomatic Medicine* 75, n.º 2 (febrero de 2013): pp. 161-170. <doi:10.1097/PSY.0b013e31827f09cd>.

Sharif, M. A., Mogilner, C. y Hershfield, H. E., «Having Too Little or Too Much Time Is Linked to Lower Subjective Well-being», *Journal of Personality and Social Psychology*. Avance de publicación en línea (2021). <https://doi.org/10.1037/pspp 0000391>.

Sheehy, Gail, *New Passages: Mapping Your Life Across Time*, Ballantine, Nueva York, 1995.

Smith, C. A., «Dimensions of Appraisal and Physiological Response in Emotion», *Journal of Personality and Social Psychology* 56, n.º 3 (1989): pp. 339-353. <https://doi org/10.1037/0022-3514.56.3.339>.

Someshwar, Amala, «War, What Is It Good for? Examining Marital Satisfaction and Stability Following World War II», tesis de final de grado, Universidad Bryn Mawr, 2018.

Spangler, Gottfried y Schieche, Michael, «Emotional and Adrenocortical Responses of Infants to the Strange Situation: The Differential Function of Emotional Expression», *International Journal of Behavioral Development* 22, n.º 4 (1998): pp. 681-706. <doi:10.1080/016502598384126>.

STEINBECK, John, *Travels with Charley: In Search of America*, Penguin, Nueva York, 1997. Versión castellana de ÁLVAREZ FLÓREZ, José Manuel, *Viajes con Charley*, Nórdica Libros, Madrid, 2018.

SUZUKI, Shunryu, *Zen Mind, Beginners Mind: Informal Talks on Zen Meditation and Practice*, Wisdom Publications, Boulder, CO, 2011. Versión castellana de IRIBARREN, Miguel, *Mente Zen, mente de principiante: charlas informales sobre la meditación y la práctica del Zen*, Gaia, Móstoles, 2012.

TAN, Piya, «The Taming of the Bull. Mind-Training and the Formation of Buddhist Traditions», 2004. <http://dharmafarer.org/wordpress/wp-content/uploads/2009/12/8.2-Taming-of-the-Bull-piya.pdf>.

TARRANT, John, *The Light Inside the Dark: Zen, Soul, and the Spiritual Life*, HarperCollins, Nueva York, 1998.

TAYLOR, Rebecca D. *et al.*, «Promoting Positive Youth Development Through School-Based Social and Emotional Learning Interventions: A Meta-Analysis of Follow-up Effects», *Child Development* 88, n.º 4 (julio-agosto de 2017): pp. 1156-1171. <https://doi.org/10.1111/cdev.12864>.

THOMPSON, Derek, «The Myth That Americans Are Busier Than Ever», *theatlantic.com* (21 de mayo de 2014). <https://www.theatlantic.com/business/archive/2014/05/the-myth-that-americans-are-busier-than-ever/371350/>.

THOREAU, Henry David, *The Writings of Henry David Thoreau (Journal 1, 1837–1846)*, Bradford Torrey (ed.), Houghton Mifflin, Boston, 1906.

TWENGE, Jean M. *et al.*, «Generational Differences in Young Adults' Life Goals, Concern for Others, and Civic Orientation, 1966–2009», *Journal of Personality and Social Psychology* 102, n.º 5 (mayo de 2012): pp. 1045-1062. <doi:10.1037/a0027408>.

UELAND, Brenda, «Tell Me More», *Ladies' Home Journal* (noviembre de 1941).

VAILLANT, George, *Aging Well*, Little, Brown, Boston, 2002.

VAILLANT, George, *Triumphs of Experience*, International Universities Press, Cambridge, 2015.

VAILLANT, George y MUKAMAL, K., «Successful Aging», *American Journal of Psychiatry* 158 (2001): pp. 839-847.

VERDUYN, Philippe *et al.*, «Passive Facebook Usage Undermines Affective Well-being: Experimental and Longitudinal Evidence», *Journal of Experimental Psychology: General* 144, n.º 2 (2015): pp. 480-488. <https://doi.org/10.1037/xge0000057>.

VERDUYN, Philippe *et al.*, «Do Social Network Sites Enhance or Undermine Subjective Well-being? A Meta-analytic Review», *Social Issues and Policy Review* 11, n.º 1 (2017): pp. 274-302.

Vespa, Jonathan, «The Changing Economics and Demographics of Young Adulthood, 1975–2016», Oficina del Censo de Estados Unidos (abril de 2017). <https://www.census.gov/content/dam/Census/library/publications/2017/demo/p20-579.pdf>.

Vlahovic, Tatiana A., Roberts, Sam y Dunbar, Robin, «Effects of Duration and Laughter on Subjective Happiness Within Different Modes of Communication», *Journal of Computer-Mediated Communication* 17, n.º 4 (julio de 2012): pp. 436-450. <https://doi.org/10.1111/j.1083-6101.2012.01584.x>.

Waldinger, Robert J. y Schulz, Marc S., «Facing the Music or Burying Our Heads in the Sand?: Adaptive Emotion Regulation in Midlife and Late Life», *Research in Human Development* 7, n.º 4 (2010): pp. 292-306. <doi:10.1080/15427609.2010.526527>.

Waldinger, Robert J. y Schulz, Marc S., «The Long Reach of Nurturing Family Environments: Links with Midlife Emotion-Regulatory Styles and Late-Life Security in Intimate Relationships», *Psychological Science* 27, n.º 11 (2016): pp. 1443-1450.

Waldinger, Robert J. y Schulz, Marc S., «What's Love Got to Do with It? Social Functioning, Perceived Health, and Daily Happiness in Married Octogenarians», *Psychology and Aging* 25, n.º 2 (junio de 2010): pp. 422-431. <doi:10.1037/a0019087>.

Waldinger, Robert J. *et al.*, «Reading Others' Emotions: The Role of Intuitive Judgments in Predicting Marital Satisfaction, Quality and Stability», *Journal of Family Psychology* 18 (2004): pp. 58-71.

Wallace, David Foster, «David Foster Wallace on Life and Work», *Wall Street Journal* (19 de septiembre de 2008). <https://www.wsj.com/articles/SB122178211966454607>.

Wang, Wendy, «More Than One-Third of Prime-Age Americans Have Never Married», *Institute for Family Studies Research Brief* (septiembre de 2020). <https://ifstudies.org/ifs-admin/resources/final2-ifs-single-americansbrief2020.pdf>.

Way, Niobe, «Boys' Friendships During Adolescence: Intimacy, Desire, and Loss», *Journal of Research on Adolescence* 23, n.º 2 (2013): pp. 201-213. <doi:10.1111/jora.12047>.

Weil, Simone, *Gravity and Grace*, Routledge, Nueva York, 2002. Versión en castellano de Ortega, Carlos, *De gravedad y gracia*, Trotta, Madrid, 1994.

Werner, Emmy y Smith, Ruth. S., *Overcoming the Odds: High Risk Children from Birth to Adulthood*, Cornell University Press, Ithaca, 1992.

Werner, Emmy E. y Smith, Ruth S., *Journeys from Childhood to Midlife: Risk, Resilience, and Recovery*, Cornell University Press, Ithaca, 2001.

WERNER, Emmy E. y SMITH, Ruth S., «An Epidemiologic Perspective on Some Antecedents and Consequences of Childhood Mental Health Problems and Learning Disabilities (A Report from the Kauai Longitudinal Study)», *Journal of American Academy of Child Psychiatry* 18, n.º 2 (1979): p. 293.

WERNER, Emmy, «Risk, Resilience, and Recovery: Perspectives from the Kauai Longitudinal Study», *Development and Psychopathology* 5, n.º 4 (otoño de 1993): pp. 503-515. <https://doi.org/10.1017S095457940000612X>.

WHILLANS, Ashley V. *et al.*, «Buying Time Promotes Happiness», *PNAS* 114, n.º 32 (2017): pp. 8523-8527. <https://doi.org/10.1073/pnas.1706541114>.

WHILLANS, Ashley, «Time Poor and Unhappy», *Harvard Business Review* (2019). <https:// awhillans.com/uploads/1/2/3/5/123580974/whillans_03.19.19.pdf>.

WHITE, Judith B. *et al.*, «Frequent Social Comparisons and Destructive Emotions and Behaviors: The Dark Side of Social Comparisons», *Journal of Adult Development* 13 (2006): pp. 36-44.

WHITTON, Sarah W. *et al.*, «Prospective Associations from Family-of-Origin Interactions to Adult Marital Interactions and Relationship Adjustment», *Journal of Family Psychology* 22 (2008): pp. 274-286. <https://doi.org/10.1037/0893-3200.22.2.274>.

WILE, Daniel, *After the Honeymoon: How Conflict Can Improve Your Relationship*, Wiley & Sons, Hoboken, NJ, 1988.

WILLIAMS, J. M. *et al.*, *The Mindful Way Through Depression*, Guilford Press, Nueva York, 2007. Versión en castellano de PRAT, Meritxell, *Vencer la depresión*, Paidós, Barcelona, 2010.

WILSON, Timothy y GILBERT, Daniel T., «Affective Forecasting», en ZANNA, Mark P. (ed.), *Advances in Experimental Social Psychology*, vol. 35, pp. 345-411, Academic Press, San Diego, 2003.

WILSON, Timothy D. y GILBERT, Daniel T., «Affective Forecasting: Knowing What to Want», *Current Directions in Psychological Science* 14, n.º 3 (junio de 2005): pp. 131-134.

WOHN, Donghee Y. y LAROSE, Robert, «Effects of Loneliness and Differential Usage of Facebook on College Adjustment of First-Year Students», *Computers & Education* 76 (2014): pp. 158-167. <https://doi.org/10.1016/j.compedu.2014.03.018>.

WOLF, Anthony, *Get Out of My Life, but First Could You Drive Me and Cheryl to the Mall?*, Farrar, Straus & Giroux, Nueva York, 2002. Versión en castellano, *No te metas en mi vida: pero antes, ¿me llevas al burguer?*, Alfaguara, Barcelona, 2001.

Zagorski, Nick, «Profile of Elizabeth F. Loftus», *Proceedings of the National Academy of Sciences* 102, n.º 39 (septiembre de 2005): pp. 13721-13723. <doi:10.1073/pnas.0506223102>.

Zanesco, Anthony P. *et al.*, «Mindfulness Training as Cognitive Training in HighDemand Cohorts: An Initial Study in Elite Military Servicemembers», *Progress in Brain Research* 244 (2019): pp. 323-354. <https://doi.org/10.1016/bs.pbr.2018.10.001>.

ÍNDICE

Los números de página en *cursiva* se refieren a los gráficos.